煤化工事故处置实用手册

Practical Handbook of Coal Chemical Accident Disposal

内蒙古公安消防总队　编著

科学技术文献出版社
SCIENTIFIC AND TECHNICAL DOCUMENTATION PRESS
·北京·

图书在版编目（CIP）数据

煤化工事故处置实用手册 / 内蒙古公安消防总队编著. —北京：科学技术文献
出版社，2018.1

ISBN 978-7-5189-3764-6

Ⅰ.①煤…　Ⅱ.①内…　Ⅲ.①煤化工—事故处理—手册　Ⅳ.① TQ53-62

中国版本图书馆 CIP 数据核字（2018）第 011157 号

煤化工事故处置实用手册

策划编辑：丁芳宇　责任编辑：崔灵菲　李　晴　杨瑞萍　责任校对：文　浩　责任出版：张志平

出　版　者	科学技术文献出版社	
地　　　址	北京市复兴路15号　　邮编　100038	
编　务　部	（010）58882938，58882087（传真）	
发　行　部	（010）58882868，58882874（传真）	
邮　购　部	（010）58882873	
官 方 网 址	www.stdp.com.cn	
发　行　者	科学技术文献出版社发行　全国各地新华书店经销	
印　刷　者	北京时尚印佳彩色印刷有限公司	
版　　　次	2018 年 1 月第 1 版　2018 年 1 月第 1 次印刷	
开　　　本	787×1092　1/16	
字　　　数	315千	
印　　　张	16.75	
书　　　号	ISBN 978-7-5189-3764-6	
定　　　价	138.00元	

前 言
Preface

煤化工是关乎国家能源发展战略的一项新技术、新工艺，是以煤为原料，经过物理化学反应，使煤转化为气体、液体、固体燃料，并生产出化工产品的工业，属于典型的政策驱动型产业。

煤化工分为传统煤化工和新型煤化工。传统煤化工已有200多年的发展史，主要涉及合成氨、甲醇、焦炭和电石等行业，目前这些行业高能耗、高污染，附加值低，产能过剩。新型煤化工主要指煤制天然气、煤制烯烃、煤制油、煤制乙二醇等，以生产洁净能源和可替代石油化工产品为主，其产品附加值高、市场缺口大，发展新型煤化工可以高效利用煤炭资源、优化能源结构、大规模补充国内石油供需缺口，在作为国家战略储备缓解能源安全问题、实现节能减排目标等方面，具有很强的战略意义和现实意义。

"十三五"以来，现代煤化工项目将进入升级示范和商业化开发阶段。我国煤化工企业园区主要分布在内蒙古、新疆、山西等煤炭资源丰富的地区。内蒙古依托煤炭资源优势，煤化工产业发展迅猛，正由"示范项目"向"示范基地"转变，产业化、规模化、集群化发展势头强劲。"十三五"期间，内蒙古将形成煤制油产能350万吨/年，煤制天然气产能100亿立方米/年，煤制烯烃产能480万吨/年，煤制乙二醇产能180万吨/年。

煤化工企业在生产过程中具有一定危险因素，主要是因为生产装置高大、集中，管线狭长、密集，工艺复杂、不稳，而且连锁反应性强，储罐集群、类别多、储量大，涉及危险化学品种类多，使用范围广，具有易燃、易爆、高温、高压、临氢、剧毒和腐蚀等危险因素。但是目前，国内并没有成形的煤化工防火设计规范和风险评估依据，特别是现代煤化工实际投产时间短，特有的煤粉、固液气并存的油煤浆、煤气化合成气等物料危险性大，本质安全缺陷，防控手段不足，缺乏足够的运行经验与事故案例的支撑，存在很多不确定因素。一旦发生火灾、爆炸、泄漏事故，危害极大，处置技术要求高，作战区域受限，内攻风险大，外攻灭火难，二次爆炸危险性大，有毒气体危及人身安全。

近年来，内蒙古相继发生了多起煤化工火灾事故，如2009年4月内蒙古鄂尔多斯市发生煤制油中间罐区爆炸起火、2014年3月内蒙古赤峰市发生石脑油储罐爆炸起火、2016年8月内蒙古锡林郭勒盟发生甲醇储罐爆炸起火，造成重大财产损失。

内蒙古公安消防总队作为本地灭火救援的主力军，除了加强对煤化工火灾事故的预防外，为了攻克煤化工灭火救援处置难题，特组织开展了课题研究，了解煤化工企业生产工艺流程和重要工艺参数，掌握火灾危险性、灾害事故特点和处置对策，有针对性地开展器材装备测试和实战演练，提升了灾害事故专业处置能力。

为认真总结、巩固和发展煤化工灭火救援技术课题研究成果，深化灭火救援理论研究，推广实战性、实用性的技战术，指导应急处置力量大力开展煤化工事故灭火救援针对性训练，全面提升煤化工事故灭火救援的攻坚克难能力，内蒙古公安消防总队组织专人编写了《煤化工事故处置实用手册》一书。全书分为煤化工发展趋势和产业布局、煤化工定义和主要工艺流程、煤化工生产装置和储罐概述、煤化工企业消防布局和消防设施、煤化工危险特性分析、煤化工事故分类及处置难点、煤化工事故处置应用计算、煤化工火灾事故灭火与应急救援处置、煤化工类型事故和主要装置事故处置对策、煤化工事故处置实战操法和附录，精选了煤化工事故灭火救援技术课题研究成果，收录了煤化工事故灭火救援训练操法。

本书由曹奇、于杰武、罗源任编委会主任，王晋忠、徐向东任编委会副主任，何宁、安卫东任编委会执行副主任，张斌、程向东、卫泽任编委会委员，庞集华、李大勇、冯晓光、蔡浩、刘潇宇、赵飞、赵克飞参加编审；曹奇任编写组组长，何宁、安卫东任副组长，卫泽任执行副组长，庞集华、程向东、赵海波、孟培林、郝海冰、赵利、王铮、廖其涛、张泽参加编写。其中，第一章由何宁、程向东编写，第二章由庞集华、孟培林编写，第三章由卫泽、赵海波编写，第四章由何宁、庞集华、孟培林、李大勇编写，第五章由程向东、孟培林、赵海波编写，第六章由何宁、孟培林、郝海冰编写，第七章由卫泽、赵海波、赵利编写，第八章由卫泽、孟培林、赵利、李大勇编写，第九章由何宁、卫泽、赵利编写，第十章由卫泽、郝海冰、廖其涛编写，附录由赵海波、廖其涛、张泽编写。

本书主要用于资料查询、业务培训、操法训练和实战演练，并可用于指导煤化工事故灭火救援。为解决煤化工事故灭火救援这一世界性难题开辟新思路、拓展新途径、提供新方法，对于提升公安消防部队、煤化工企业及微型消防站、专制消防队煤化工事故防控水平和灭火救援战斗力将起到积极的推动作用。由于事故现场情况复杂，本书仅供学习借鉴，非强制性规程使用过程中可结合实际灾情、客观环境、作战实力等情况，正确理解并合理利用。由于时间仓促，水平有限，不当之处，恳请批评指正。

编者
2018 年 1 月

目　录
Contents

第一章
煤化工发展趋势和产业布局

近年来，煤化工行业发展势头迅猛，已由"示范项目"向"示范基地"转变，并由最初的"粗放型传统煤化工"向"集成型现代煤化工"转型，国内一批现代煤化工项目在世界上已处于领先地位。本章主要介绍国内和内蒙古自治区的煤化工发展趋势和产业布局。

第一节 国内煤化工发展趋势和产业布局

在我国能源探明储量中，煤炭占 94.0%、石油占 5.4%、天然气占 0.6%，呈现鲜明的"富煤、贫油、少气"资源特点，决定了我国以煤为主的能源格局将长期占据主导地位。煤化工的发展主要受"煤和水"两种资源分布的影响。我国煤炭资源分布是西多东少，北部集中、南部分散。目前，探明煤炭储量前 6 位的省（市、自治区）依次为：山西、内蒙古、陕西、新疆、贵州、宁夏。"三西"地区（山西、陕西、蒙西）集中了我国煤炭储量的 60%。但我国水资源和煤炭资源呈逆向分布，使得水资源成了制约煤化工产业发展的最重要因素。根据煤炭和水资源分布，国家将重点布局六大煤化工产业基地：内蒙古 2 个、新疆 2 个、宁夏和陕西各 1 个，大部分为水资源匮乏地区。目前，国内沿海地区和南部省市利用水资源丰富的优势，从国外进口煤炭资源，逐步发展煤化工产业。

进入 21 世纪以后，随着世界石油资源不断减少，煤炭储量巨大，作为可替代石油的资源越来越受到重视，煤化工有着非常广阔的前景。我国现代煤化工项目主要集中在内蒙古、新疆、山西、陕西、宁夏、河南、安徽、云南、贵州等省（市、自治区），产业发展的园区化、基地化格局初步形成。目前，已经初具规模的煤化工基地主要有鄂尔多斯煤化工基地、宁东能源化工基地、陕北煤化工基地，以及新疆的准东、伊犁等煤化工基地（图 1.1）。这些现代煤化工基地大都建设在煤炭资源地，上下游产业延伸发展，部分实现了与石化、电力等产业多联产发展，向园区化、基地化、大型化方向发展，产业集聚优势得到了充分发挥，为"十三五"发展打下了较好的基础（表 1.1）。

表 1.1　国内重点发展的现代煤化工产业基地

布局地区	布局内容
能源金三角 （蒙西、陕北、宁东）	依托该地区大型煤炭基地建设，形成若干煤化工深加工园区，以煤制油、煤制烯烃、煤制乙二醇、煤制芳烃为龙头，合理规划下游深加工产品方案，建设具有竞争力的煤基化工原料及合成材料项目
新疆准东和伊犁地区	合理布局煤制天然气和煤制烯烃项目，同步建设外输油气管线，形成适度规模的煤基燃料替代能力
蒙东地区	重点开展大规模低阶煤提质、建设煤制烯烃、煤制天然气等示范项目
云贵地区	利用当地丰富的褐煤、水资源建设煤制油等项目，支持当地经济发展，解决成品油、天然气长期依靠外调问题
其他地区 （山西、河南、安徽、甘肃等）	靠近煤炭运输主干管网或靠近消费中心的地区，结合炼油、石化基地，可少量布局煤制油、煤制烯烃、煤制气和煤制乙二醇项目

鄂尔多斯煤化工基地　　宁东能源化工基地　　陕北煤化工基地　　新疆伊犁煤化工基地

图 1.1　全国四大煤化工基地

　　"十二五"时期，在石油需求快速攀升和国家油价居高的背景下，我国以石油替代产品为主要方向的现代煤化工，随着一批示范工程的建成投产，快速步入了产业化轨道，产业规模快速增长；技术创新取得重大突破，攻克了大型先进的煤气化、煤液化、煤制烯烃、煤制乙二醇等一大批技术难题，开发了一大批大型装置；随着四大煤化工基地的发展，园区化、基地化格局初步形成；技术创新和产业化均走在了世界前列，现代煤化工已经成为我国石化学工业"十二五"发展的亮点之一。其中，煤制油、煤制天然气、煤制烯烃、煤制乙二醇等项目技术逐步成熟。截至 2015 年年底，我国投入运行的煤制油产能 258 万吨／年，煤炭转化能力约 900 万吨；煤制天然气产能 31 亿立方米／年，煤炭转化能力约 1400 万吨；煤制烯烃产能 404 万吨 / 年（不包括甲醇制烯烃），煤炭转化能力约 1700 万吨；煤制乙二醇产能约 160 万吨 / 年，煤炭转化能力约 287 万吨。

"十三五"是我国石油和化学工业由大国向强国跨越的重要时期，国家已经明确"十三五"期间，将严格控制产能过剩的传统煤化工规模，重点发展以煤基石油替代品为代表的现代煤化工，煤化工项目将进入升级示范和商业化开发阶段。预计到 2020 年，将实现煤制油产能 1200 万吨 / 年，煤制天然气产能 200 亿立方米 / 年，煤制烯烃产能 1600 万吨 / 年，煤制芳烃产能 100 万吨 / 年，煤制乙二醇产能 800 万吨 / 年（图 1.2）。

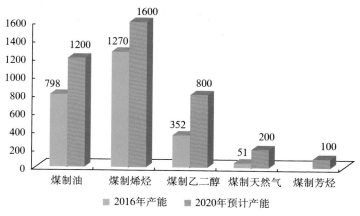

图 1.2　"十三五"时期煤化工发展规划

第二节　内蒙古煤化工发展现状趋势和布局

内蒙古煤化工行业已经走在了世界发展的前沿，而这些项目就是构建现代煤化工生产示范基地的先锋队，一批新型煤化工项目处于国内外领先地位。例如，神华 108 万吨煤直接液化项目，采用了自主研发的世界上第一套煤直接液化的工业化装置；包头神华煤制烯烃 60 万吨项目（图 1.3）是世界首套煤制烯烃工业化示范装置；通辽金煤化工建设了世界首套 20 万吨煤制乙二醇生产线等。内蒙古各盟、市、地区均建有煤化工企业，主要集中在鄂尔多斯市和乌海市等地区。煤制油、煤制烯烃、煤制天然气、煤制乙二醇、煤制二甲醚等国家"五大示范工程"全部落户内蒙古。内蒙古煤化工产业正由"示范项目"向"示范基地"转变，产业化、规模化、集群化发展势头强劲。2016 年，内蒙古全区已形成 142 万吨煤制油、286 万吨煤制烯烃、50 万吨煤制乙二醇、17 亿立方米煤制天然气生产能力，围绕煤炭加工利用开发出的专利技术已有 100 多项。

图 1.3   世界首套煤制烯烃 60 万吨项目

目前，内蒙古推进现代煤化工产业发展的重点正在悄然发生转变，从打造国家级现代煤化工示范单个项目，转变为走集群化道路并向下游延伸，集中力量打造国家级现代煤化工示范基地。

"十三五"期间，内蒙古将形成以煤制油、煤制烯烃、煤制天然气、煤制乙二醇等为主的国家新型煤化工产业示范工程集群，构建起更加成熟稳定的循环经济产业链条。"十三五"期间，内蒙古地区煤制气在建项目 3 个，拟建项目 6 个；煤制烯烃在建项目 3 个，拟建项目 2 个；煤制油在建项目 2 个，拟建项目 1 个；煤制乙二醇在建项目 3 个，拟建项目 12 个。

2016 年煤化工产能对比，如表 1.2 所示。

表 1.2   2016 年煤化工产能对比

项目	全国产能	内蒙古产能	占比
煤制烯烃	1270 万吨	286 万吨	22.5%
煤制油	798 万吨	142 万吨	17.7%
煤制乙二醇	352 万吨	50 万吨	14.2%
煤制天然气	51 亿立方米	17 亿立方米	33.3%

▶ 第二章
煤化工定义和主要工艺流程

本章主要从煤气化、煤液化、煤焦化、煤电化4种不同形式介绍传统煤化工和现代煤化工的基本概念和主要工艺流程。

第一节 煤化工的基本概念

煤化工是以煤为原料，经过物理化学反应，使煤转化为气体、液体、固体3种形态的燃料和化学产品的工业生产过程，主要包括煤的气化、液化、干馏，以及焦油加工和电石乙炔化工等。

煤中有机质的化学结构，是以芳香族为主的稠环为核心单元，并带有各种官能团的大分子结构。煤化工的基本原理是通过将煤热加工和催化加工，获得固体产品，如焦炭和半焦，同时还可以得到大量的煤气（包括合成气），以及具有经济价值的化学品和液体燃料。此外，也可以通过部分氧化的方法得到合成气，再加工成其他化学品。因此，煤化工的发展包含着能源和化学品生产两个重要方面，两者相辅相成。

煤气化是一个热化学过程，是以煤或煤焦为原料，以氧气（空气、富氧或纯氧）、水蒸气或氢气等作气化剂，在高温条件下通过化学反应将煤或煤焦中的可燃部分转化为气体燃料或下游原料的过程。煤气化技术是现代煤化工的龙头技术、关键技术。

煤液化是把固体煤炭通过化学加工过程，使其转化成为液体燃料、化工原料和产品的先进洁净煤技术。根据不同的加工路线，煤炭液化可分为直接液化和间接液化两大类，煤的液化属于化学变化。煤直接液化是指煤在高温、高压、氢气和催化剂作用下，通过加氢裂化，使煤直接转变为液体燃料的过程。裂化是一种使烃类分子分裂为几个较小分子的反应过程。因为煤直接液化过程主要采用加氢手段，故又称煤的加氢液化法。煤间接液化是以煤为原料，先通过气化制成合成气，然后通过催化剂作用将合成气转化成烃类燃料、醇类燃料和化学品的过程。

煤干馏是指煤在隔绝空气条件下加热、分解，生成焦炭（或半焦）、煤焦油、粗苯、煤气等产物的过程。按加热终温的不同，可分为 3 种：900 ～ 1100 ℃为高温干馏，即焦化；700 ～ 900 ℃为中温干馏；500 ～ 600 ℃为低温干馏。

焦油加工是将煤经过高温干馏过程得到的复杂组成煤焦油，通过化学及物理加工，分离成化工、能源等产品的过程。国内煤焦油加工产品主要是酚类、萘、洗油、粗蒽、沥青等。

电石乙炔化工是指焦炭和生石灰在高强电能作用下，合成电石、生成乙炔气体的过程。

第二节　传统煤化工和现代煤化工

由于煤化工发展的时间比较长、范围广、产品多，因此，一些学者和企业习惯把煤化工分成"传统煤化工"和"现代煤化工"两类。

一、传统煤化工

传统煤化工是指煤焦化、煤电化等，主要生产合成氨、甲醇、焦炭及焦油深加工和电石等产品。传统煤化工是我国国民经济的支柱产业，涉及农业、钢铁、轻工和建材等相关工业，已趋于成熟，基本属于粗放型发展，产品产能严重过剩，资源和能源消耗较大（图 2.1）。

图 2.1　国内某传统煤化工煤制油企业

二、现代煤化工

现代煤化工是指煤制油、煤制烯烃、煤制芳烃、煤制天然气、煤制乙二醇等，主要生产燃油、甲醇、二甲醚、乙烯、聚乙烯等石油和其他化工产品。现代煤化工具有装置规模大、技术集成高、煤炭资源利用率高、优化能源结构等特点，在石油价格波动起伏、总体攀升的情况下，已成为部分国家特别是中国应对石油危机的重要对策，可以有效补充国内石油供需缺口，缓解能源安全问题（图2.2）。

图2.2　国内某现代煤化工煤制油企业

三、两类煤化工的交融

实际上，传统煤化工和现代煤化工在发展过程中是互相交融的（图2.3），典型的问题是"分质利用"，就是利用传统煤化工的中低温焦化产生的3种气、液、固产品，后续进行现代煤化工的加工。例如，宁夏宝丰集团有限公司将建设400万吨/年焦炭气化生产线。

图2.3　国内某传统煤化工与现代煤化工交融企业

第三节　煤化工主要工艺流程

传统煤化工主要是指以乙炔为主要中间介质生产氯乙烯等产品的煤电化工艺和以煤为原料，经过高温干馏生产焦炭、焦油等产品的煤焦化工艺。现代煤化工主要有煤液化和煤气化两种工艺。

一、煤化工总体工艺流程

煤化工根据产品的不同，按工艺分为煤电化、煤焦化、煤液化、煤气化4种形式（图 2.4 ）。

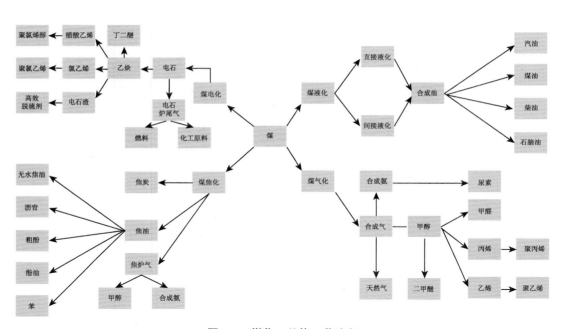

图 2.4　煤化工总体工艺流程

二、煤焦化主要工艺流程

煤焦化工艺主要有煤洗选车间、配煤车间、焦化车间、煤气净化车间、焦油加工车间等常见工段，随着下游产品的深加工，还有焦炉煤气制甲醇、合成氨等。

主要生产工艺（以捣固焦为例，目前国内主要工艺）：原料煤经过破碎，根据配煤实验确定的配比进行粉碎，混合均匀送入煤塔。摇动给料器将煤塔内的煤粉装入捣固装煤车的煤箱内，将煤捣固成煤饼，由捣固装煤车按作业计划送入炭化室内，煤饼在炭化室内经过一个结焦周期的高温干馏炼制成焦炭和荒煤气，焦炭通过熄焦、晾晒等工艺后出售。荒煤气经过氨水冷凝后进入离心机油水分离，脱水后的焦油经过精馏、洗涤等工艺后，得到轻油、粗酚、工业萘、洗油、甲基萘油、一蒽油、二蒽油和沥青等工业产品。荒煤气进入净化车间通过脱硫、脱氨、脱苯等工艺再进入甲醇厂进一步脱萘、脱油、脱硫后，形成净化的焦炉煤气。净化的焦炉煤气可以继续进行深加工，合成甲醇、氨等（图 2.5）。

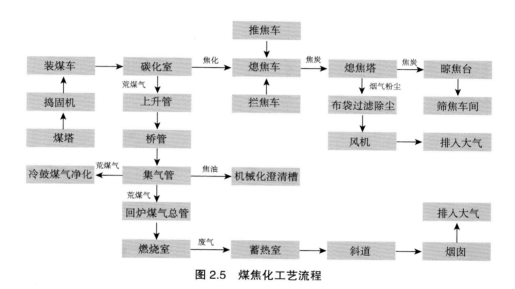

图 2.5 煤焦化工艺流程

三、煤电化主要工艺流程

煤电化是采用电热法生产电石，即生石灰和含碳原料（焦炭、无烟煤或石油焦）在开放或密闭的电炉中，电弧和电阻所产生的热把炉料加热至 1900 ~ 2200 ℃，依靠电弧高温熔化反应而生成电石。反应式：$GaO+3C \rightarrow CaC_2+CO$。电石送入乙炔制备车间制成乙炔，乙炔与氯化氢反应生成氯乙烯，氯乙烯聚合生成产品聚氯乙烯。电石反应中生成的尾气（主要成分为 CO）排出后放空或再利用（图 2.6）。

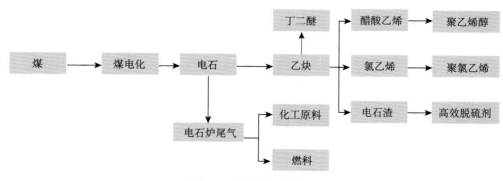

图 2.6 煤电化工艺流程

四、煤液化主要工艺流程

(一)煤直接液化

原煤加工成所需煤粉,煤粉、溶剂油和催化剂混合制成油煤浆,油煤浆和煤制氢装置产生的氢气送入煤液化装置进行煤直接液化。液化后的粗油不断加氢提纯,经过加氢稳定、加氢改制、轻烃回收等装置生产出所需要的油品(图 2.7)。

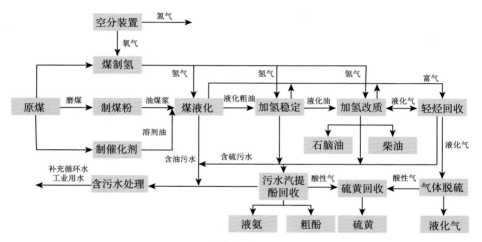

图 2.7　煤直接液化工艺流程

(二)煤间接液化

煤间接液化是指煤气化生成合成气,合成气再合成油品的过程。原煤经过磨煤、干燥制成所需要的煤粉,煤粉经煤气化装置生成合成气,送入费托合成装置(采用费托合成工艺的装置),在一定工艺条件下,利用催化剂将合成气转化为合成油品,合成油品再加工生产出所需油品(图 2.8)。

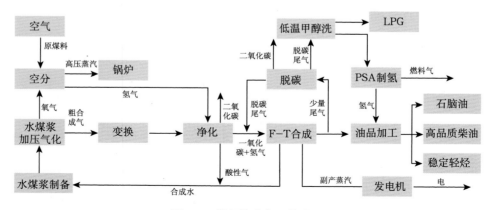

图 2.8　煤间接液化工艺流程

五、煤气化主要工艺流程

（一）煤制天然气

煤制天然气主要以煤为原料，经过气化生成合成气，合成气主要成分是 H_2 和 CO。合成气经过变换、净化、甲烷化等工序，合成天然气（图2.9）。

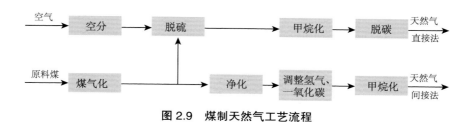

图 2.9　煤制天然气工艺流程

（二）煤制乙二醇

煤制乙二醇主要以褐煤为原料经过气化生成合成气，合成气主要成分是 H_2 和 CO。合成气经过净化、变换后，然后经酯化、羰化、加氢、精制工艺，生产出乙二醇（图2.10）。

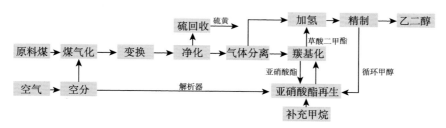

图 2.10　煤制乙二醇工艺流程

（三）煤制甲醇、烯烃、芳烃

煤制甲醇主要以煤为原料经过气化生成合成气，合成气主要成分是 H_2 和 CO。合成气经过净化、变换后合成甲醇。甲醇继续合成烯烃和芳烃（图2.11）。

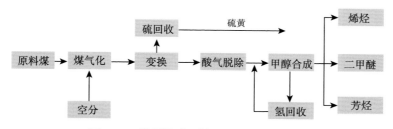

图 2.11　煤制甲醇、烯烃、芳烃工艺流程

（四）煤合成氨

煤合成氨主要以煤为原料经过气化生成合成气，利用合成气中的 H_2 和空气中的 N_2 合成氨（图 2.12）。

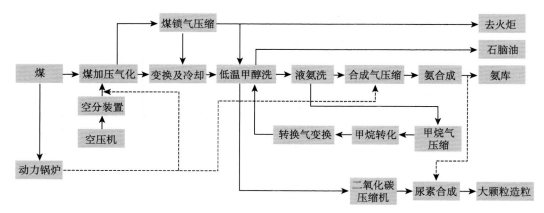

图 2.12　煤合成氨工艺流程

▶ 第三章
煤化工生产装置和储罐概述

本章主要介绍煤化工产业的 11 类主要生产装置和 4 类主要储存形式、结构及储存条件，系统整理了煤化工生产装置的生产流程和涉及的各类化学品。

第一节　煤化工主要生产装置概述

煤气化是国内现代煤化工的核心技术，气化炉作为其中主要组成部分，根据煤的性质和对煤气产品的要求不同，具有多种形式，本节将主要对空分装置、煤气化装置、净化装置等 11 类煤化工生产装置和 17 种气化炉的类型、工作原理、技术特点等进行分析。

一、空分装置

（一）原理及装置组成

空分装置是以空气为原料，采用深冷分离精馏原理，利用氧、氮沸点不同，在低温条件下将空气中的氧气、氮气在空气压缩机中进行压缩分离，经分子筛除去水分、二氧化碳、碳氢化合物等杂质，生产出气氧、气氮、液氧、液氮的一套装置。空分装置主要包括压缩机组单元、预冷单元、纯化单元、制冷单元、换热单元、精馏单元、产品输送单元及后备单元（图 3.1）。

图 3.1　空分装置

（二）工艺流程

原料空气通过空气过滤器进入空气压缩机升压后送入空气预冷和净化系统，脱除水分和碳氢化合物的净化空气进入冷箱进行空气分离。出冷箱的产品氮气一部分直接送往备煤装置，剩余氮气经氮气压缩机升压后送公用工程系统；出冷箱的产品氧气供煤气化装置使用。从冷箱抽出部分液氧液氮，送液氧液氮储存后备系统（图 3.2）。

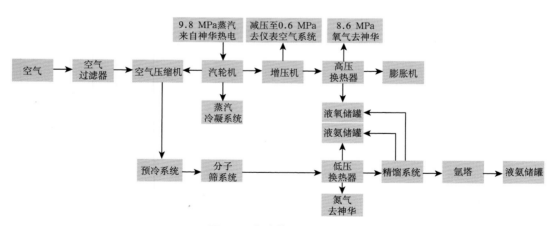

图 3.2　空分装置工艺流程

二、煤气化装置

（一）原理及装置组成

煤气化装置是煤化工的核心装置，具有装置高大、技术要求高、种类多等特点。国内目前共有 10 余种不同的气化技术。煤气化装置是以煤、煤焦为原料，在催化剂和高温的条件作用下，通过化学反应将煤或煤焦中的可燃部分转化为可燃气体（煤气）的过程。煤气的种类主要有空气煤气（干煤粉）、水煤气（水煤浆）和焦炉煤气等，主要包括水煤浆气化装置（干煤粉气化装置）、炼焦炉、净化装置，同时建设相配套的储运系统、公用工程及辅助生产设施。全装置性工程主要包括煤气化区域的内部管廊（不含装置内管廊）及火炬凝液分离设施。备煤装置包括原煤输送及分配工序、磨煤干燥工序（包含热气体制备系统）、煤粉气流输送等工序（图 3.3）。

水煤浆气化装置主要包括气化公用系统，磨煤制浆系统，气化、洗涤及渣水系统，黑水闪蒸及灰水系统 4 个单元。水煤浆气化装置以煤为生产原料，与氧气、水在高温高压下进行反应生成合成气，并送合成气至净化装置处理。合成气主要包括一氧化碳、二氧化碳、水蒸气、氢气和硫化氢等气体。

干煤粉气化装置包括煤粉加压输送工序、气化工序、除渣工序、合成气洗涤工序、黑水闪蒸工序、黑水处理工序、氮气和氧气工序、公用工程工序。干煤粉气化装置以煤为生产原料，煤粉与氧气在高温高压下进行反应生成合成气，并送合成气至净化装置处理。合成气主要包括一氧化碳、二氧化碳、水蒸气、氢气和硫化氢等气体。

焦炉煤气是指用烟煤配制成炼焦用煤，在炼焦炉中经过高温干馏后，在产出焦炭和焦油产品的同时所产生的一种可燃性气体，是炼焦工业的副产品。焦炉气是混合物，其产率和组成因炼焦用煤质量和焦化过程条件不同而有所差别，产物主要有氢气、甲烷、一氧化碳、C2 以上不饱和烃等可燃组分和二氧化碳、氮气、氧气等不可燃组分。

图 3.3　煤气化工气化装置

（二）工艺流程

气化装置工艺流程，如图 3.4 所示。

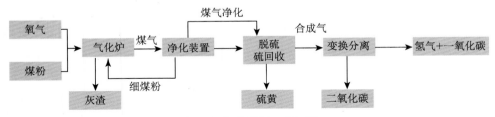

图 3.4　气化装置工艺流程

1. 晋华炉气化（清华炉）

清华炉煤气化技术是清华大学和北京达立科公司、山西阳煤丰喜肥业（集团）股份有限公司共同开发的具有自主知识产权的气化技术。将燃烧领域的凝渣保护技术和自然循环膜式壁技术引进气化领域，解决原水煤浆气化技术的煤种限制瓶颈和高能耗点火问题。形成了可适应高灰熔点煤种，具备本质安全的世界上第一个水煤浆水冷壁煤气化工艺（图 3.5）。

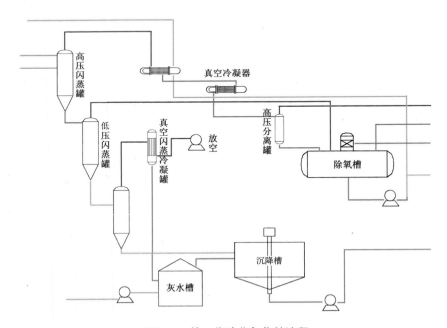

图 3.5　第二代清华气化炉流程

技术特点：

（1）稳定性好：水煤浆气化工艺成熟。用水煤浆进料稳定可靠，水冷壁挂渣稳定。水煤浆运行安全可靠，避免了干粉煤进料不稳定、易燃、易爆、易磨损、泄漏等难题。

（2）煤种适应性强：气化温度不受耐火材料限制，工业实际运行温度已达 1520 ℃（或更高），气化反应速度快，碳转化率高，煤种适应性好，能够消化高灰分、高灰熔点、高硫煤，易于实现气化煤本地化。

（3）系统运转率高：装置运行连续稳定，烧嘴头部采用特殊处理，一次连续运行周期保证 100 天以上，每年不再因为更换耐火砖而停炉检修，年运行时间可达到 8000 h。

（4）安全性强：水冷壁采用热能工程领域成熟的悬挂垂直管结构，既保证了水循环的安全性又避免了复杂的热膨胀处理问题。水循环按照自然循环设计，强制循环运行，事故状态下能实现自然循环，最大限度保证水冷壁的安全运行。

（5）环境友好，环保高效：炉温高，残炭含量低，易于收集处理，制浆可以使用各种难以处理的废水。

（6）系统启动快：组合式点火升温过程简化，点火、投料程序一体化完成。水煤浆投料点火采用独特的"火点火"技术，气化炉从冷态到满负荷仅需 5 h。

（7）气化压力高：气化压力不受原料输送系统影响，可根据后续工段要求进行更加合理的选择，能实现与甲醇合成等压，降低能耗。

（8）技术细节处理好：清华炉气化技术的工业化过程，在细节的设计上有很多创新，如洗涤塔底部的气体分布器，使灰水和煤气的充分混合，保证了煤气的洗涤效果；闪蒸罐中的环槽分布器设计，使闪蒸系统的检修更方便；真空闪蒸的液封设计，使闪蒸罐不再堵塞等，细节上的改进使气化系统能够实现长周期稳定运行。

2. 鲁奇加压气化工艺

鲁奇炉造气工艺流程如图 3.6 所示。

技术特点：

（1）以碎煤为原料，进入气化炉处理费用低。

（2）耗氧率低。

（3）气化后煤气质量较好。

（4）煤气成分有利。粗煤气中 H_2/CO 的比为 2.0，不经变换或者少量变换可用于 F-T 合成、甲醇合成、天然气合成等工艺。

（5）产物热回收方便。

（6）气化工艺成熟，设备国产化率高，造价较低，在投资上较气流床占有较大优势。

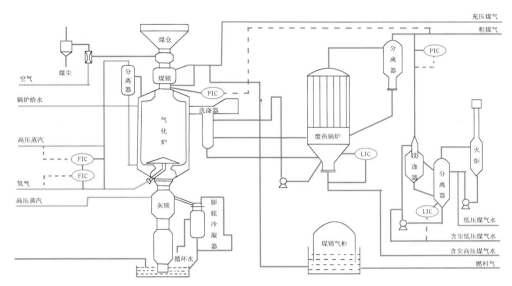

图 3.6　鲁奇炉造气工艺流程

3. BGL 气化工艺（液态排渣鲁奇炉）

BGL 气化工艺是在 Lurgi 气化工艺基础上发展起来的，最大的改进是将鲁奇的固态排渣改为熔融态排渣，提高了操作温度，同时也提高了生产能力，更适合灰熔点低的煤种（图 3.7）。

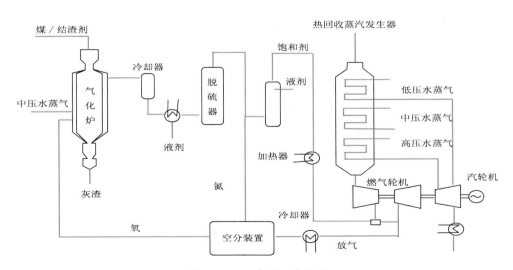

图 3.7　BGL 气化工艺流程

技术特点：

（1）与其他以氧气为主的气化系统相比，BGL 气化炉耗氧量较低，从而使总效率

明显提高。

（2）煤料床顶部的气体温度一般为 -450 ℃，因而不需要昂贵的热回收设备。

（3）气体出口处凝结的焦油和油类副产品可保护炉壁金属表面，使之不受腐蚀，这样炉壁使用低成本的碳钢就足够了。

（4）灰渣是质地紧密的固体物质，封存了微量元素。灰渣无害并具非浸溶性，适于用作建筑材料。

（5）气化过程中无飞灰产生；原始产品气的 CO_2 含量低；能够满足改变负荷的要求。

（6）气化炉可快速开机和关机。

（7）水蒸气／氧气喷射系统（利用的是与鼓风炉里相似的喷嘴）可使焦油和油类副产品气化。

（8）喷嘴也可用来把其他废物喷入气化炉中进行焚烧。

（9）在气化炉底部的高温区，炉壁被一层固体灰渣所保护。

（10）煤中 90% 以上的能量被转化成可利用的燃料。

（11）原煤可被气化，粉煤可另加工成型煤投入或从喷嘴喷入。

（12）BGL 设备不必由专门生产商提供部件。

（13）可利用成熟的气体处理技术予以脱除原始产品气中的硫。

（14）净化后的产品气可直接用作燃料气，其热值约为 13 MJ/m^3，或用作各种化工工艺所需的原料气。

（15）气体出口温度低，无须担心产生高压水蒸气，提高了工艺效率，并可灵活选择气化炉场地。

4. 德士古气化工艺

德士古水煤浆加压气化技术是美国德士古公司于 20 世纪 80 年代初开发的煤气化技术，它是将一定粒度的煤粒及少量添加剂与水在磨机中磨成可以用泵输送的非牛顿流体，与氧气或富氧在加压及高温状态下发生不完全燃烧反应制得高温合成气。高温合成气经辐射锅炉与对流锅炉间接换热回收热量（废锅流程），或直接在水中冷却（激冷流程）（图 3.8）。

技术特点：

（1）采用水煤浆进料，没有干法磨煤、煤锁进料等问题，比干法加料安全可靠，容易在高压下操作，制备的水煤浆用隔膜泵来输送，操作安全又便于计量控制。

（2）在高温、高压下气化，碳转化率高达 98%～99%，可以使用各种煤；有效组分（$CO+H_2$）含量约为 80% 以上，甲烷量 < 0.1%。碳转化率 96%～98%。冷

煤气效率 70% ～ 76%，气化指标较为先进。气化炉为专门设计的热壁炉，为维持 1300 ～ 1350 ℃下反应，燃烧室内由多层特种耐火砖砌筑。

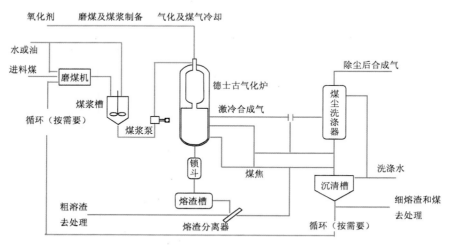

图 3.8　德士古气化工艺流程

（3）负荷适应性强，在 50% 负荷下，仍能正常操作。

（4）在环境保护上，德士古气化方法优于其他气化方法，不但无废水生成，还可添加其他有机废水制煤浆，气化炉起焚烧作用。排出灰渣呈玻璃光泽状，不会产生公害。三废量小，污染环境轻，废渣可做水泥原料。投资较低，工程建设时间短，运行成本相对其他工艺的气化装置要低。

（5）在节能上，德士古废锅流程水煤浆加压气化工艺充分利用水煤浆燃烧产生的显热，产生 10 MPa 高压蒸汽，用于发电。

（6）由于气化气温度高且带有大量煤渣，对废锅有磨蚀冲刷，设备材质要求高，一次投资及维修费用较大。

（7）由于气化反应产生大量的灰尘，造成管道和设备积灰及堵塞严重，需要在停车时对部分管道和设备进行高压清洗，检修任务加大。由于有部分作业涉及有限空间和特殊登高作业增加了安全风险。

5. 壳牌气化工艺

壳牌气化工艺，主要用于大型化肥企业进行氮肥原料及动力结构调整改造，即采用大型气流床粉煤气化工艺，替代油气化和小型固定床无烟块煤气化工艺，生产合成氨和甲醇，是国内首套用于煤制油项目的制氢装置。气化炉生产合成氨和甲醇第一次实现都是在中国，即中国是全世界首家把壳牌炉用于氮肥生产的国家（图 3.9）。

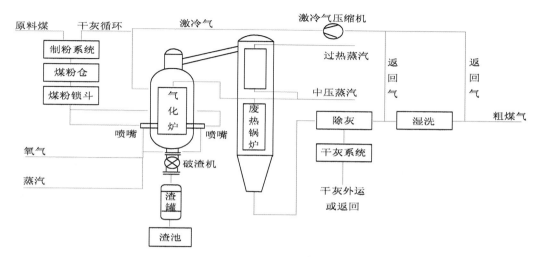

图 3.9　壳牌气化工艺流程

技术特点：

（1）煤种适应性广。SCGP 工艺对煤种适应性强，从褐煤、次烟煤、烟煤到无烟煤、石油焦均可使用，也可将 2 种煤掺混使用。对煤的灰熔点适应范围比其他气化工艺更宽，即使是较高灰分、水分、硫含量的煤种也能使用。

（2）单系列生产能力大。煤气化装置单台气化炉投煤量达到 2000 t/d 以上，生产能力更高的煤气化装置也正在建设中。

（3）碳转化率高。由于气化温度高，一般在 1400 ～ 1600 ℃，碳转化率可高达 99% 以上。

（4）产品气体质量好。产品气体洁净，煤气中甲烷含量极少，不含重烃，$CO+H_2$ 体积分数达到 90% 以上。

（5）气化氧耗低。与水煤浆气化工艺相比，氧耗低 15% ～ 25%，可降低配套空分装置投资和运行费用。

（6）热效率高。煤气化的冷煤气效率可以达到 80% ～ 83%，其余 15% 副产高压或中压蒸汽，总热效率高达 98%。

（7）运转周期长。气化炉采用水冷壁结构，牢固可靠，无耐火砖衬里。正常使用维护量小，运行周期长，无须设置备用炉。煤烧嘴设计寿命为 8000 h。烧嘴的使用寿命长，是气化装置能够长周期稳定运行的重要保证。

（8）负荷调节方便。每台气化炉设有 4 ～ 6 个烧嘴，不仅有利于粉煤的气化，同时生产负荷的调节更为灵活，范围也更宽。负荷调节范围为 40% ～ 100%，每分钟可调节 5%。

6. 多喷嘴对置气化

"九五"国家重点科技攻关项目"新型多喷嘴对置式水煤浆气化技术",由华东理工大学、兖矿鲁南化肥厂、天辰化学工程公司共同承担,并于2000年10月通过国家石油和化学工业局考核和鉴定,是我国拥有自主知识产权的煤气化技术(图3.10)。

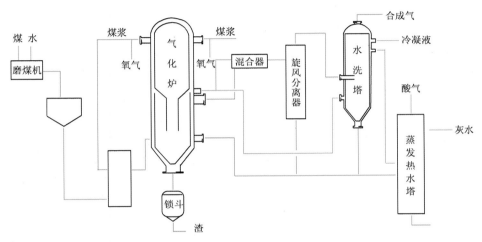

图3.10　多喷嘴对置气化工艺流程

技术特点:

(1)4个对置预膜式喷嘴使喷出的煤浆和氧气高效雾化和撞击,三相混合好,无短路物流,平推流段长,比氧耗和比煤耗低,气化反应完全,转化率高。

(2)多喷嘴使气化炉负荷调节范围大,适应能力强,有利于装置的大型化。

(3)激冷室为喷淋+鼓泡复合床,没有黑水腾涌现场,液位平稳,避免了带水带灰,合成气和黑水温差小,提高了热能传递效果。

(4)粗煤气混合+旋风分离+水洗塔分级净化,压降小、节能、分离洗涤效果好,渣水直接换热,热回收效率高,没有结垢和堵灰现场。

(5)在充分研究剖析国外水煤浆气化不足之处的基础上,全过程完全的自主创新,整套技术均具有自主知识产权,技术转让费大大低于国外技术。

7. 航天炉气化工艺

航天炉粉煤加压气化技术属于加压气流床工艺,是在借鉴壳牌、德士古及GSP加压气化工艺设计理念的基础上,由北京航天万源煤化工工程技术有限公司自主开发的,具有独特创新的新型粉煤加压气化技术(图3.11)。

技术特点:

(1)技术先进,具有的热效率可达95%,碳转化率高可达99%。

（2）气化炉为水冷壁结构，气化温度能到 1500 ～ 1700 ℃。

（3）对煤种要求低，可实现原料本地化。

（4）具有自主知识产权，专利费用低。

（5）关键设备全部国产化，投资少。

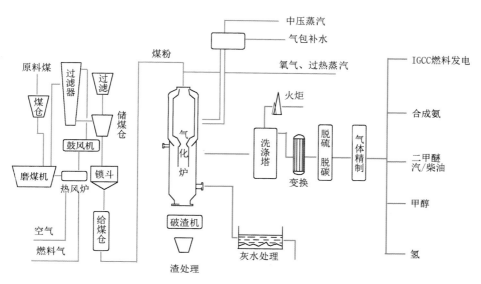

图 3.11　航天炉工艺流程

8. 恩德炉工艺

恩德炉粉煤流化床气化技术是朝鲜恩德"七·七"联合企业在温克勒粉煤流化床气化炉的基础上，经过长期的生产实践，逐步改进和完善的一种煤气化工艺（图 3.12）。

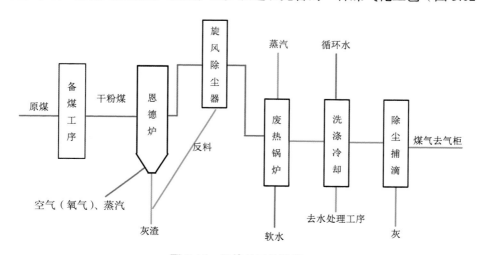

图 3.12　恩德炉工艺流程

技术特点：

（1）适用煤种丰富，原料价格相对低廉。

（2）气化强度大，工艺成熟，装置系列化。

（3）运行成本、设备投资相对较低。恩德炉运行周期在 90% 以上，设备维护费用较低，操作定员比同等规模的固定层气化炉减少 1/3。由于是常压装置，并有自主专利，装置投资较低。

（4）气化效率较高、气体适用性广。恩德炉煤气化效率可以达到 76%，介于固定层煤气化工艺和德士古水煤浆气化工艺之间，与加压鲁奇炉相当。采用不同的气化剂（如空气、富氧或氧气＋蒸气为气化剂），可以生产出民用燃料气、工艺合成气、水煤气等气体产品，满足不同的使用要求。

9. GSP 气化工艺

GSP 粉煤加压气化技术，是德国未来能源开发的工艺技术。气化炉的操作压力为 2.5 ～ 4.0 MPa。气化温度为 1350 ～ 1600 ℃（图 3.13）。

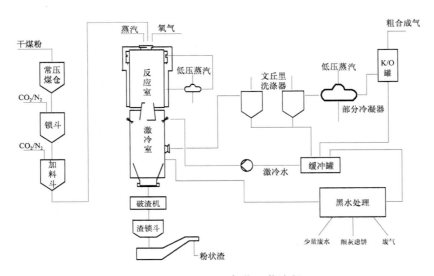

图 3.13　GSP 气化工艺流程

技术特点：

（1）气化炉内部采用膜式水冷壁，可承受高达 2000 ℃ 的气化温度。对原料煤的灰熔点限制较少，可以气化高灰熔点的煤。

（2）由于是干粉进料，粗合成气中有效气（CO+H_2）浓度高，接近 90%，CO_2 含量低。

（3）气化效率高，原料煤及氧气消耗低。碳转化率 ≥ 99%，原料利用率高。

（4）采用激冷工艺流程，设备结构简单，装置投资少。

（5）采用水冷壁副产低压蒸汽，通过监控水冷壁的出水温度，判断炉壁的挂渣情况，有利于气化炉的稳定操作及延长设备的寿命。

（6）组合式工艺烧嘴（点火及工艺烧嘴合一）及特殊的烧嘴结构，保证了气化较长的周期和较大的操作弹性。

（7）经过冷激和洗涤，粗合成气含尘量低，同时有较高的水气比，变换无须外补蒸汽。

10. SE-东方炉气化技术

中石化宁波技术研究院和宁波工程公司在 2007 年与华东理工大学合作开发了具有自主知识产权的"单喷嘴冷壁式粉煤加压气化技术"（中国石化"SE-东方炉"技术）（图 3.14）。

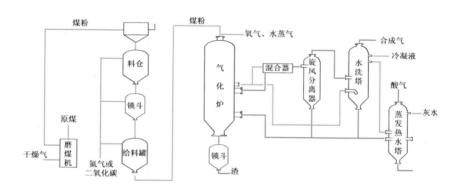

图 3.14　SE–东方炉气化工艺流程

技术特点：

（1）先进高效的气化炉与烧嘴技术。

（2）稳定可靠的粉煤供料与输送系统。

（3）节能成熟的灰分合成气分级净化系统。

（4）智能化气化操作控制系统。

（5）可视化火焰可视检测系统（FVS）。

（6）水冷壁炉膛直接测温系统（DTM）。

11. 高温温克勒气化技术

高温温克勒 HTW™ 气化技术是一种广泛适用于褐煤等劣质煤种的加压气泡型流化床气化技术，其气化工艺主要包含进料单元、气化单元、合成气冷却单元、干尘脱除单元及合成气洗涤单元（图 3.15）。

技术特点：

（1）原料适应性广：高温温克勒 HTW™ 气化技术具有广泛的原料适应性，经过近 50 年的技术发展及实践经验的积累，成功处理了世界范围内的多种原料，涵盖了高活性的褐煤及长焰煤，高熔点、高灰量、高含硫量的三高煤，生物质及民用垃圾等，是针对劣质煤的最佳气化技术。

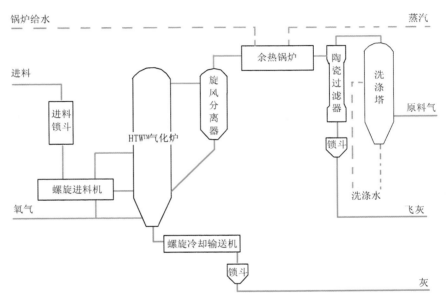

图 3.15 高温温克勒 HTW™ 气化技术工艺流程

（2）加压型流化床气化技术：最高气化压力达 3.0 MPa。随着气化压力的升高，气化过程反应速度加快，气化炉单位截面积处理负荷增大，有利于装置生产能力的强化，并有利于合成气进一步净化处理及与下游工序系统的压力衔接。

（3）环保、节水：由于气化温度低于煤的灰熔点，并采用了干法排渣排灰及灰渣的再利用，避免了富含焦油以及酚类的黑水产生，废水量极少，处理简单，工业上接近零排放。

（4）低成本、高效率：高温温克勒 HTW™ 气化炉是一个带耐火衬里的压力容器，炉内无任何内件，具有结构简单、维护费用低及运行可靠等特点。高温温克勒 HTW™ 气化工艺的冷煤气效益大于 77%，碳转化率达到 95% 以上。

（5）工艺可靠、已实现工业化：高温温克勒 HTW™ 气化技术的可靠性在德国白仁拉特的褐煤制甲醇工业项目中得到了充分的验证。连续 12 年的可靠运转，平均设备在

线率超过 85%，最佳年份设备在线率达到 91%。

12. 加压灰熔聚流化床粉煤气化技术

加压灰熔聚流化床粉煤气化技术工艺流程，如图 3.16 所示。

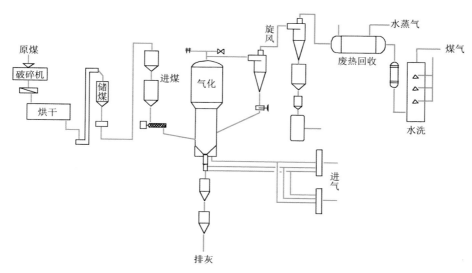

图 3.16 加压灰熔聚流化床粉煤气化技术工艺流程

技术特点：

（1）煤种适应性宽，可实现气化原料本地化。

（2）操作温度适中，氧耗低、干法排渣。无特殊材质要求，操作稳定，连续运转可靠性高。

（3）工艺流程简单，气化炉及配套设备结构简单，造价低，维护费用低。

（4）灰团聚成球，借助重量的差异与半焦有效分离，排灰碳含量低（＜10%）。

（5）炉内形成一处局部高温区（1200～1300℃），可处理高灰、高灰熔点煤、气化强度高。

（6）飞灰经旋风除尘器捕集后返回气化炉，循环转化，碳利用率高。

（7）产品气中不含焦油，洗涤废水含酚量低，净化简单。

（8）设备投资低，气化条件温和，消耗指标低，煤气成本低。

（9）中国自主专利，同等规模下，与引进气化技术相比，投资低 50%。

13. U-Gas 灰熔聚气化技术

U-Gas 气化工艺由美国煤气工艺研究所（IGT）开发，属于单段流化床粉煤气化工艺，采用灰团聚方式操作（图 3.17）。

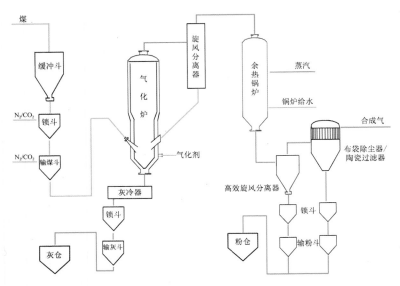

图 3.17 U-Gas 灰熔聚气化工艺流程

技术特点：

（1）运用灰凝聚技术实现煤到气的高转化率。

（2）能气化所有煤阶的煤。

（3）能接受细粒煤原料。

（4）设计简单，运行安全、可靠。

（5）易于控制，负荷调节范围宽。

（6）产品气明显的不含焦油和油类。

（7）没有环境问题。

14. 多元浆料新型气化技术

多元浆料新型气化技术（MCSG）是西北化工研究院自主开发创新的大型气化技术。该技术属于湿法气流床加压气化技术，是指对固体或液体含碳物质（包括煤、石油焦、沥青、油、煤液化残渣）与流动相（水、废液、废水）通过添加助剂（分散剂、稳定剂、pH 调节剂、湿润剂、乳化剂）所制备的浆料，与氧气进行部分氧化反应，产生 $CO+H_2$ 为主的合成气的工艺（图 3.18）。

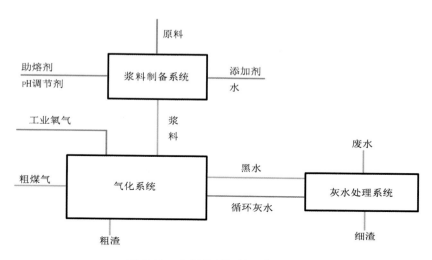

图 3.18　多元浆料气化工艺流程

技术特点：

（1）通过不同原料（特别是难成浆原料）的制浆技术研究，大大提高浆料的有效组成，降低气化过程的消耗。

（2）该技术原料适应性广，包括煤、石油焦、石油沥青、渣油、煤液化残渣、生物质等含碳物质，以及纸浆废液、有机废水等。

（3）长距离浆料输送技术，解决了高浓度、高黏度浆料难输送的问题。

（4）新型结构的气化炉，具有结构简单、操作安全易控的特点，而且有利于热量回收和耐火材料保护，使用周期延长两倍左右。

（5）富有特色的固态排渣和液态排渣工艺技术，不仅解决了高灰熔点原料的气化难题，而且从技术角度解决了原料适应性问题。

（6）通过配煤技术，优化资源配置，既解决了原料成浆性问题，又解决了灰熔点问题，是多元料浆主要特色之一。

（7）独具特色的灰水处理技术（Ⅰ～Ⅲ级换热闪蒸技术），减少了设备投资，简化了工艺流程。

（8）成熟完善的系统放大技术，解决了不同规模、不同压力等级装置的气化工程化问题。

（9）设备完全立足于国内，投资少，效益显著。

（10）三废排放少，环境友好，属洁净气化技术。

（11）通过十余年的开发和完善，多元浆料气化技术形成了完整、系统的气化专利技术。

15. 熔铁气化工艺

熔铁气化是将气化用煤连续不断地加入如图 3.19 所示的熔铁浴炉内，制得类似于转炉顶吹炼钢所产生的干净可燃性气体。熔铁浴炉内熔铁的温度约为 1500 ℃，含碳量为 1% ~ 3%，按一定配比将气化剂（熔铁浴气化主要以氧作为气化剂）鼓入熔铁浴，这样可获得主要成分为 CO 和 H_2 的低硫可燃气体。

技术特点：

（1）在稳定的高温反应下，可产生含 CO 和 H_2 的可燃气体，并且可实现无焦油气化。

（2）熔铁浴有熔碳能力，因此，在喷煤量改变的情况下，可以制得成分稳定的气体。

（3）熔铁浴具有溶解硫的能力，减少了气体成分中硫化物的含量。

（4）煤种的适应性广。

（5）由于在高温下反应，反应速率快，单炉生产能力强。

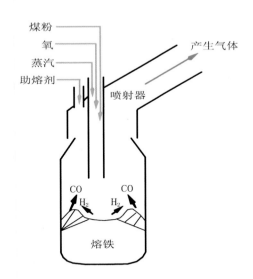

图 3.19　熔铁气化流程

16. 熔盐气化工艺

熔盐气化技术主要通过高温热稳定的熔融盐作为催化介质和热载体，使得固体燃料在熔盐中得到裂解和部分氧化。如图 3.20 所示，空气或氧气裹挟着煤粉和补充的盐进入盐浴池内，气化室内的压力为 1.0 ~ 1.9 MPa，盐浴的温度为 700 ~ 1050 ℃。

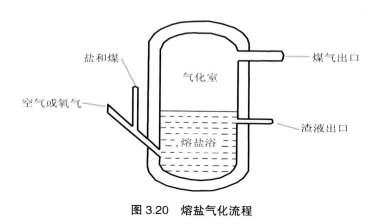

图 3.20　熔盐气化流程

技术特点：

（1）熔融盐具有高热传导率和高温稳定性、较宽范围内的低压蒸汽、高的热容量及低黏度等特点，是一种很好的蓄热介质，可使气化反应连续稳定地进行。

（2）熔融盐可以吸收煤在高温热解时释放出来的 H_2S 等有害气体。

（3）反应中生成的 Na_2S 等中间产物可以起到催化作用。

（4）相对于其他气化反应来讲，熔盐气化反应操作温度比较低。

17. 熔渣气化工艺

熔渣气化工艺是利用熔渣池作为热源，又作为主要反应区，兼具供热、蓄热和催化气化的功能，操作温度高达 1500 ～ 1700 ℃。图 3.21 为熔渣池气化原理示意图，粉煤和气化剂以较高的速度（6 ～ 7 m/s）通过喷嘴沿切线方向喷入床内，带动熔渣做螺旋状的旋转运动。燃料颗粒因为离心力也保持旋转运动，每个颗粒都有一个平衡圆周，小颗粒保持悬浮状态在其平衡圆周上旋转，较大的煤粒或灰粒撞击在气化室壁上，由于高速旋转气固两相即煤粒和气体之间的相对运动很强，气化反应速度很快。

技术特点：

（1）煤粒和气化剂在熔渣浴中反应，气、液、固三相接触紧密。由于反应温度很高，传热和反应动力学条件良好，因此，煤种适应广、气化强度高、生产能力大、碳转化率高，且煤气中不含焦油、酚类，对环境污染小。

（2）气化炉的负荷调节性能好，在 30% 负荷的条件下也能操作，仅受到为使熔渣浴维持旋转所需反应物的最小流量限制。

（3）熔渣的黏度是影响气化的一个重要因素。熔渣黏度小则熔渣浴内流动性好，进入渣池内的反应物易形成气泡。因此，增加了反应面积，加快了反应速率。然而，黏度过小流速过快，会使煤粒在熔渣浴内停留时间变短，影响气化。

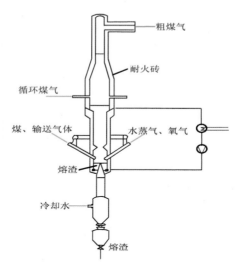

图 3.21　熔渣气化工艺

三、净化装置

（一）原理及装置组成

净化装置是将来自气化装置的合成气中的一氧化碳与水蒸气在变换催化剂的作用下，发生变换反应，转化成氢气和二氧化碳，并调整一氧化碳和氢气的比例，脱除合成气中的酸性气体，为后续工段比例使用提供条件。净化装置由耐硫变换、低温甲醇洗、丙烯（氨）制冷、冷凝液汽提和锅炉水制备等系统组成，主要包括耐硫变换单元、酸性气体脱除、丙烯（氨）制冷单元、净化装置配套设施 4 个部分，净化配套设施主要为净化机柜间、净化变电所（图 3.22）。

图 3.22　净化装置示意

（二）工艺流程

变换单元的主要任务就是调整一氧化碳和氢气的比例。低温甲醇洗工艺是 20 世纪 50 年代初由德国林德公司和鲁奇公司联合开发的一种气体净化工艺。该工艺以冷甲醇为吸收溶剂，利用甲醇在低温高压下对酸性气溶解度极大的优良特性，脱除气化装置生产的原料气中的酸性气体（H_2S、COS、CO_2 等）。

制冷单元主要是利用丙烯或者氨作为制冷剂，经过吸收、精馏、液化、汽化、再吸收的循环往复过程实现将热能转化为生产所需的冷量，为低温甲醇洗单元提供冷量（图 3.23）。

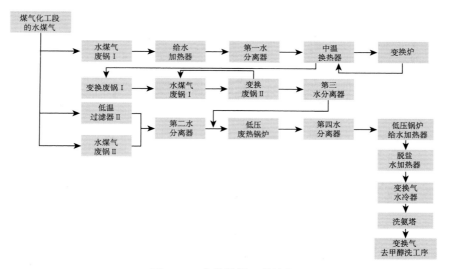

图 3.23　净化装置工艺流程

四、脱硫装置

（一）原理及装置组成

硫黄回收装置是回收处理项目，主要回收处理低温甲醇洗单元来的酸性气、一氧化碳，变换单元来的酸性气及气化单元酸性气分离器来的酸性气中的硫。脱硫装置包括制硫、尾气处理、溶剂再生 3 个部分，主要由液硫池及其脱气系统、凝结水回收系统、烟囱、酸性气分液系统组成（图 3.24）。

图 3.24　脱硫装置示意

（二）工艺流程

　　上游装置来的清洁酸性气经清洁酸性气分液罐脱液后，进入制硫燃烧炉火嘴，在制硫燃烧炉内约 50%（V）的 H_2S 进行高温克劳斯反应转化为硫，余下的 H_2S 中有 1/3 转化为 SO_2，尾气分液罐出口的制硫尾气先进入尾气加热器，与尾气焚烧炉、蒸汽过热器出口的高温烟气换热，温度升到 300 ℃，混氢后进入加氢反应器，在催化剂的作用下进行加氢、水解反应，使尾气中的 SO_2、S_2、COS、CS_2 还原、水解为 H_2S。自尾气吸收塔塔顶出来的净化尾气（总硫 $\leqslant 300 \times 10^{-6}$），进入尾气焚烧炉，在 610 ℃高温下，将净化尾气中残留的硫化物焚烧生成 SO_2，剩余的 H_2 和烃类燃烧生成 H_2O 和 CO_2，焚烧后的高温烟气经过蒸汽过热器和尾气加热器回收热量后，烟气温度降至 300 ℃左右由排气筒排入大气（图 3.25）。

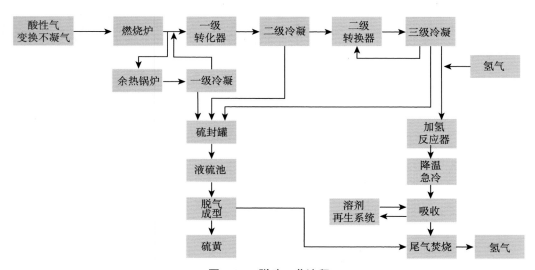

图 3.25　脱硫工艺流程

五、甲醇合成装置

（一）原理及装置组成

甲醇合成装置用于将合成气（CO 和 H_2）经催化剂合成甲醇。包括合成气的压缩、甲醇的合成、驰放气的氢气回收（膜分离＋PSA）、粗甲醇的精馏和蒸汽过热炉系统五大部分。其上游是净化装置，即 CO 变换、低温甲醇洗和合成制冷装置，下游甲醇制烯烃、甲醇制二甲醚等装置。因此，在整个甲醇合成装置处于中心的工序环节（图 3.26）。

图 3.26　甲醇合成装置示意

（二）工艺流程

甲醇合成装置的主要任务是将低温甲醇洗装置送来的合格净化气（也即新鲜气）经过压缩提压后送入甲醇合成反应器，在适宜温度、压力、空速和有催化剂存在的条件下合成甲醇，同时生成水、甲酸、甲酸甲酯、二甲醚和石蜡等少量的有机杂质（图 3.27）。

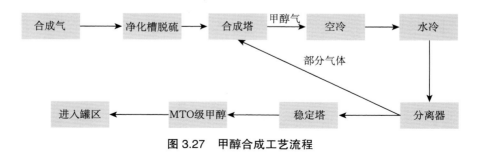

图 3.27　甲醇合成工艺流程

六、甲醇制烯烃装置

（一）原理及装置组成

甲醇制烯烃装置主要用于将甲醇合成烯烃。装置由为甲醇转化和烯烃分离两部分组成，以工艺气进压缩机入口为界，上游为甲醇转化部分自压缩机入口开始烯烃分离。甲醇转化部分包括：反应—再生单元（含反应—再生系统、能量回收和余热锅炉部分）、进料气化和产品急冷单元。烯烃分离部包括：工艺气压缩及碱洗单元、丙烯制冷单元、冷分离单元、热分离单元、界区内火炬系统（图 3.28）。

图 3.28　甲醇制烯烃装置示意

（二）工艺流程

来自装置外的甲醇，经甲醇—蒸汽换热器、甲醇—反应气换热器换热后进入反应器。在反应器内甲醇与来自再生器的高温催化剂直接接触，迅速进行放热反应生成乙烯、丙烯等烯烃混合物（图 3.29）。

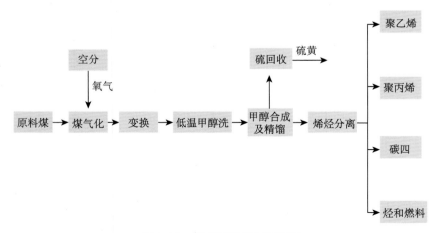

图 3.29　甲醇制烯烃工艺流程

七、煤间接液化油品合成装置

（一）原理及装置组成

油品合成装置是将来自净化装置的新鲜合成气及来自尾气处理装置的氢气转化为中间产品的装置。主要产品为轻质石脑油、稳定重质油、合格蜡，副产品主要为F-T合成水、汽提凝液、压缩凝液、脱碳尾气。油品合成装置，由5个单元组成，分别为费托合成（F-T）单元、催化剂还原单元、蜡过滤单元、尾气脱碳单元和精脱硫单元（图3.30）。

图3.30　油品合成装置示意

（二）工艺流程

精脱硫单元以来自净化装置的新鲜合成气为原料，经过精脱硫过程将合成气中的总硫含量降至 0.05×10^{-6} 以下，以满足费托合成反应的要求。

费托合成单元以来自精脱硫单元的 F-T 净化气、来自尾气脱碳单元的循环气及来自尾气制氢装置的氢气为原料，生产轻质石脑油、稳定重质油、稳定蜡等中间产品。轻质石脑油和稳定重质油送油品加工装置进一步加工处理，稳定蜡送至蜡过滤单元脱除固体杂质后送油品加工装置。催化剂还原单元为费托合成单元提供还原活化的催化剂，还原好的催化剂以浆料的形式，通过对还原反应器加压送至费托合成反应器。催化剂还原单元操作为间歇操作，其操作频率可根据费托合成单元的操作要求进行调整。蜡过滤单元是将来自费托合成单元的稳定蜡及反应器定期置换催化剂排出的含高浓度废催化剂的渣蜡进行处理，脱除其中的铁离子等固体颗粒，把过滤后的合格蜡送至油品加工装置进行进一步处理。尾气脱碳单元是将来自费托合成单元的合成尾气、释放气中的二氧化碳脱除，脱除二氧化碳后的脱碳尾气一部分作为循环气返回费托合成单元，一部分送油品加工装置低温油洗单元回收烃类（图3.31）。

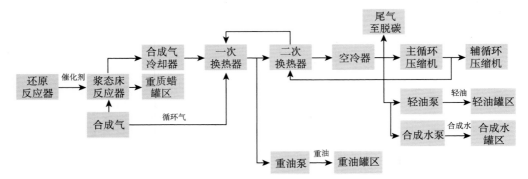

图 3.31　煤间接液化工艺流程

八、煤直接液化装置

（一）原理及装置组成

煤直接液化装置是将油煤浆与氢气反应生成合油品。装置分为油煤浆制备部分、反应部分、分馏部分（图 3.32）。

图 3.32　煤直接液化装置示意

（二）工艺流程

煤粉自备煤装置来，进入干煤粉储罐。经过计量后的煤粉经过重力流至煤粉预混捏机与温供氢溶剂和催化剂油浆混捏，混捏后的物料经过重力流向油煤浆第一级混合罐（图 3.33）。

催化剂和煤粉自界区外来，进入催化剂和干煤粉储罐。经过计量后的催化剂和煤粉经过重力流至催化剂和煤粉预混捏机与温供氢溶剂和催化剂油浆混捏，混捏后的物料经过重力流向催化剂油煤浆混合罐。

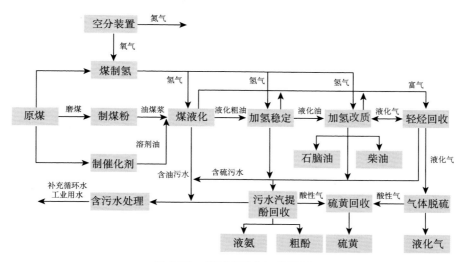

图 3.33　煤直接液化工艺流程

自加氢稳定装置来的温循环供氢溶剂经过中温供氢溶剂空冷器冷却至 100 ℃后分成 5 路。一路去煤粉预混捏机，一路去油煤浆气洗涤塔作为洗涤油，一路去催化剂 + 煤粉预混捏机，一路去油催化剂和煤浆气洗涤塔作为洗涤油，还有一路去罐区作为缓冲以减少供氢溶剂的波动。

自罐区来的供氢溶剂和加氢稳定装置来的供氢溶剂混合，维持供氢溶剂的总量。

自加氢稳定装置来的热循环供氢溶剂进入油煤浆混合罐和混捏后的煤粉配制油煤浆。油煤浆混合罐中闪蒸出的气体经过油煤浆气洗涤塔洗涤冷却后去洗涤塔顶罐。在洗涤塔顶罐设有洗涤塔顶抽真空系统，以维持油煤浆第一级混合罐、油煤浆气洗涤塔和洗涤塔顶罐的负压操作。洗涤塔顶罐分离出的油返回油煤浆混合罐，水作为注水回用。

油煤浆混合罐中的油煤浆与液硫混合后去反应系统。液硫从装置外进入液硫罐，与油煤浆混合至反应部分。

由于干煤储罐搅动器和煤粉在线流量计等设备制造能力的限制，在油煤浆配制流程中需要 3 条生产线并联操作才能达到油煤浆配制处理能力。催化剂＋煤粉配制油煤浆流程同干煤粉。配好的催化剂油煤浆送至油煤浆混合罐。

自油煤浆制备部分来的高压油煤浆分成四路与小部分补充氢混合进入油煤浆进料加热炉。和油煤浆进料泵对应有 3 台油煤浆进料加热炉并联操作。经过油煤浆进料加热炉，混氢油煤浆加热至 365.5 ℃后与经过氢气加热炉加热至 538 ℃的其余氢气混合后至煤液化第一反应器。第一反应器产物和氢气及急冷油混合后至煤液化第二反应器继续进行煤液化反应。第二反应器的反应产物经过急冷后去热高压分离器。

从热高压分离器闪蒸出的热高分气体换热、冷却后进入中温高压分离器进行气液分离。分离出的气体冷却至 54 ℃进入冷高压分离器。为了防止铵盐结晶，在空冷器入口设有注水点。冷高分油水减压后进入冷中压分离器。从冷高分中闪蒸出的气体经过高压膜分离设施回收氢气。膜分离氢气升压后与补充氢混合。

补充氢自装置外来，经过压缩后与膜分离压缩机出来的膜分离氢气混合，换热后一部分同高压油煤浆混合，另一部分经过氢气加热炉加热后再同油煤浆混合。

从热高压分离器底部出来的油煤浆经过减压阀减压进入热中压分离器。热中压分离器底部热低分油进入分馏装置，顶部闪蒸出的热低分气体和中温高压分离器分离出的液体混合后冷却至 225 ℃进入中温中压分离器。中温中压分离器分离出的液体一部分升压经过空冷器冷却后作为急冷油返回反应部分，另一部分进入分馏部分。中温中压分离器顶部闪蒸出气体经过温中压分离气空冷器冷却至 54 ℃。经过冷却后的气体进入冷中压分离器。冷中压分离器中闪蒸出来的气体进入轻烃回收装置，液体进入分馏部分，酸性水进入酸性水汽提装置。

常压分馏塔设 3 个侧线抽出，底部油煤浆与减压分馏塔闪蒸油及汽提蒸气混合后进入减压塔。减压塔的主要目的是液固分离，保证塔底固体物的含量为 50%，并且尽量防止固体物被携带至侧线产品中。减压塔设两个侧线，侧线产品与常压塔侧线混合后作为加氢稳定装置进料。减压塔顶设有三级抽真空系统，保证塔顶维持在 2 kPa 的压力。塔顶油与常压塔顶油混合后送至加氢稳定装置，分离出的水和常压塔顶冷凝水一起返回注水罐作为注水回用。减压塔底含 50% 的固体的物料送出装置。

九、加氢稳定装置

（一）原理及装置组成

加氢稳定装置的主要作用是为煤液化装置提供满足要求的溶剂，并且对煤液化装置生产出来的液化油进行全馏分预加氢。主要由换热器、缓冲罐、分馏塔、分离罐等组成（图 3.34）。

图 3.34　加氢稳定装置示意

（二）工艺流程

　　加氢稳定装置原料煤液化重油自煤液化装置和罐区来，经过原料温供氢溶剂换热器至原料油缓冲罐。煤液化轻油直接去分馏塔，原料油经过升压及换热升温后与煤液化来的液体硫黄混合，再与换热后的混合氢一起进入反应进料加热炉，经加热后进入反应器进行反应。反应器底部循环泵将反应器中的油循环起来，保证催化剂床层成沸腾床，并保证了反应器内部物流的均一性（图 3.35）。

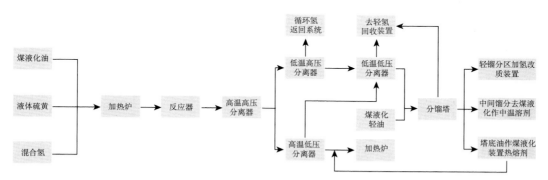

图 3.35　加氢稳定装置工艺流程

　　补充氢自制氢装置进入补充氢压缩机，后与循环氢在循环氢压缩机出口混合。混合氢依次经过换热器同热高分气体换热升温后，在反应进料加热炉前与原料油混合。

　　反应产物自反应器至热高压分离罐进行汽液分离后，进入冷高压分离器。在冷高压分离器进行汽液水三相分离。冷高分顶部气体为循环氢，经过循环氢分液罐后至循环氢压缩机。循环氢经过压缩机升压后，与补充氢混合后返回反应系统。冷高分油和水经过减压后进入冷低压分离罐。热高分油经过减压后进入热低压分离罐。热低分油经过滤器滤除固体后去分馏部分。热低分气经过换热后进入冷低压分离罐。冷低压分离罐顶气体去轻烃回收装置，冷低分分离出酸性水去污水汽提装置，冷低分油和煤液化轻油混合后经过换热后至分馏部分。

热低分油进入分馏进料加热炉加热后去分馏塔第 6 层塔盘。换热后冷低分油直接进入分馏塔第 17 层塔盘。分馏塔设 3 个侧线。分馏塔顶油气经过冷却分离后，塔顶气体和石脑油去轻烃回收装置。分馏塔第一个侧线从 24 层塔盘抽出，一部分作为中段回流返回第 27 层塔盘，另一部分为轻馏分油产品；分馏塔第二个侧线从 18 层塔盘抽出，一部分作为中段回流返回第 20 层塔盘，另一部分为馏分油产品；分馏塔第三侧线从第 12 层塔盘抽出，为全抽出。抽出一部分作为中段回流，经过与轻烃回收换热后返回分馏塔第 15 层塔盘，另一部分返回下一层塔盘，其余部分为中间馏分产品。中间馏分产品经过换热后，大部分去煤液化装置，作为温溶剂。其余部分与馏分产品混合物混合后去加氢改质装置。分馏塔底油作为煤液化装置的热溶剂。另外，塔底产品和加氢改质进料有少部分作为冲洗油，去煤液化装置。

十、加氢改质装置

（一）原理及装置组成

加氢改质装置的任务是深度改善稳定加氢油的质量，提高柴油十六烷值的必要手段。主要由缓冲罐、加热炉、精制反应器、分馏塔、高压分离器等组成（图 3.36）。

图 3.36　加氢改质装置示意

（二）工艺流程

进装置原料油先进入原料油缓冲罐，然后经过滤后与换热后的混合氢混合，混氢油再混入经过计量的二硫化碳。由于装置原料的硫含量较低，所以正常操作时，需要在原料中补硫。混入二硫化碳的混氢油再经反应进料加热炉加热至反应所需的温度，进入加氢精制反应器。在加氢精制反应器中，混氢油在催化剂的作用下，进行加氢脱硫、脱氮、芳烃饱和等反应。精制反应产物经冷氢调节至改质反应所需的温度，进入加氢改质反应器，进行加氢改质反应。在催化剂床层间设有控制反应温度的冷氢点。加氢改质反应产物依次与混氢油、分馏塔进料、混合氢换热后，经反应产物空冷器冷却，注水后进入高压分离器，进行气、油、水三相分离。为防止在低温下反应过程中所生成的硫化氢与氨所形成的铵盐生成结晶析出堵塞空冷器，在反应产物进入空冷器前注入脱盐水，以溶解铵盐（图 3.37）。

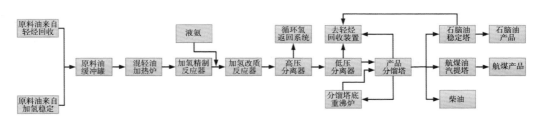

图 3.37　加氢改质工艺流程

从高压分离器分离出的气体，即为循环氢，经循环氢压缩机升压后返回反应系统，其中一部分作为冷氢调节反应器床层温度，其余与来自加氢稳定装置的补充氢混合，与原料油混合换热后经加热炉加热进入反应器。高分油经减压后进入低压分离器，进一步进行气、油、水三相分离。含硫污水减压后送出装置至污水汽提装置处理。

低压分离器分离出的低分油分成两路，分别与分馏部分产品换热后合并，再与反应产物换热，换热后的低分油进入分馏塔。低分气送至轻烃回收装置回收。

分馏塔设一个侧线，一个中段回流。侧线抽出航煤馏分。分馏塔底设置分馏塔重沸炉。塔顶为石脑油，塔底抽出柴油产品。中段回流进入航煤汽提塔重沸器做重沸器热源。产品分馏塔塔底由柴油产品泵抽出后经换热，空冷器冷却后出装置。航煤汽提塔塔底由航煤产品泵抽出后经换热，空冷器冷却，水冷器冷却后出装置。

产品分馏塔塔顶石脑油经分馏塔顶回流泵升压后分为两路，一路进入石脑油稳定塔塔顶做冷回流，一路经航煤与石脑油换热器换热后进入石脑油稳定塔中部，石脑油稳定塔塔顶气体与产品分馏塔塔顶气体一起进入轻烃回收装置，塔底产品经石脑油空冷器、石脑油水冷器冷却后自压出装置。

十一、甲烷合成装置

（一）原理及装置组成

甲烷合成装置主要是将净化气经甲烷化反应生产甲烷含量大于 96% 的合成天然气。主要包括气体分配反应器、甲烷炉等（图 3.38）。

图 3.38　甲烷合成装置示意

（二）工艺流程

来自低温甲醇洗工段的净化气经进料预热器预热，并经脱硫槽脱除微量硫化物并与部分循环气混合后进入气体分配反应器，经变换反应后进入甲烷化炉，在甲烷化催化剂作用下发生甲烷化反应，使得合成气中部分 CO、CO_2 与 H_2 反应生成 CH_4，经 4 级甲烷化反应生产出 CH_4 含量在 96% 以上的合成天然气，并经降温分水后送往天然气液化工段（图 3.39）。

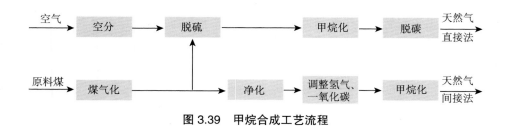

图 3.39　甲烷合成工艺流程

第二节　煤化工主要储罐概述

根据煤化工产品的物理、化学性质不同，其储罐类型多样，主要分为固定顶储罐、内浮顶储罐、液化烃储罐和 LNG 储罐。储存形式有常温常压储存、低温压力储存、低温常压储存和常温压力储存等。本节对储罐结构、储存方式、储存条件和可能发生的事故危险性进行分析。

一、固定顶储罐

固定顶储罐一般存储的是煤化工中柴油等不易挥发产品。

固定顶储罐是指罐顶周边与罐壁顶部固定连接的储罐（图 3.40）。

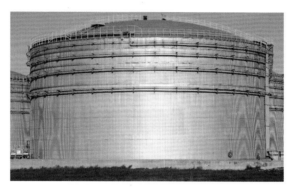

图 3.40　某煤化工企业固定顶储罐

二、内浮顶储罐

内浮顶储罐一般存储的是煤化工中甲醇等易挥发的中间产品（图 3.41）。

图 3.41　某煤化工企业内浮顶储罐

内浮顶储罐是指在固定顶储罐内装有浮盘的储罐。根据浮盘材质的不同，可分为：铝合金或不锈钢易溶盘和钢质浮盘两种。根据浮盘形式的不同，可分为如下类型。

①易溶式浮顶储罐：浮盘材质由铝合金或不锈钢材质制作构成，煤化工企业内浮顶储罐主要采用易溶式浮顶罐。

②浅盘式内浮顶储罐：钢制浮盘不设浮舱且边缘板高度不大于 0.5 m 的内浮顶储罐。浮顶无隔舱、浮筒或其他浮子，紧靠盆型浮顶直接与液体接触的内浮顶储罐。

③敞口隔舱式内浮顶储罐：浮顶周围设置环形敞口隔舱，中间仅为单层盘板的内浮顶。

④单盘式内浮顶储罐：浮顶周圈设环形密封舱，中间仅为单层板的浮顶。

⑤双盘式内浮顶储罐：整个浮顶均由隔舱构成的浮顶。

由于内浮顶浮盘无法从外部判断，因此，辨识各类内浮顶储罐时需现场与企业人员确认，必要时查设计图、施工图、竣工图核实。各种内浮顶的结构如图 3.42 所示。

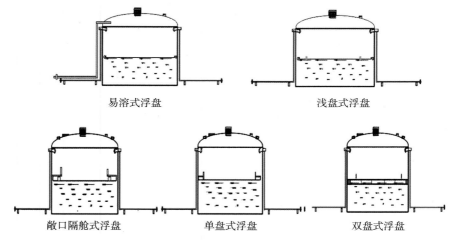

图 3.42　5 种内浮顶储罐浮盘结构与区别示意

单盘式内浮顶储罐浮顶无排水设施。浮盘结构类似外浮顶单盘结构，有泡沫挡板。其结构示意如图 3.43 所示。

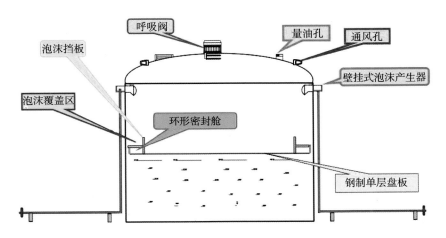

图 3.43　单盘式内浮顶储罐结构

双盘式内浮顶储罐浮顶有排水设施。浮盘结构类似外浮顶双盘结构，有泡沫挡板。结构示意如图 3.44 所示。

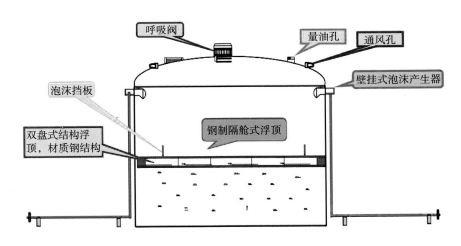

图 3.44　双盘式内浮顶储罐结构

敞口隔舱式内浮顶浮顶无排水设施。浮盘有泡沫挡板。结构示意如图 3.45 所示。

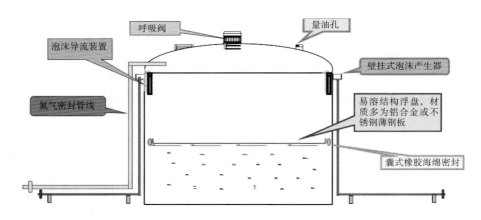

图 3.45　浅盘式敞口隔舱式内浮顶罐结构

内浮顶储罐：浮顶无隔舱、浮筒或其他浮子，仅靠盆形浮顶直接与液体接触的内浮顶储罐。这类储罐按固定顶储罐对待。易溶盘氮气压力在 0.900 ～ 0.115 MPa。泡沫导流装置有螺旋式、槽钢式、浮筒式。浮顶无排水设施。结构示意如图 3.46 所示。

图 3.46　易溶盘内部结构示意

三、液化烃储罐

液化烃是指在 15 ℃时，蒸气压力大于 0.1 MPa 的烃类液体及其他类似的液体。包括液化石油气，不包括液化天然气。通过加压或降低温度等方式变成液态的烃类，再经过加压或降温使之变为液体的烃类即为液化烃。液化烃类物质都属于甲类和甲 A 类火灾危险性介质，具有明显的火灾爆炸危险性。液化烃的成分一般包括：乙烯、乙烷、丙烯、丙烷、丁烯、丁烷及其他碳氢化合物，还有微量的含硫化合物，属多组分混合物。

液化烃可以采取常压下降低温度或常温下增加压力两种方式储存。储存温度在 -196 ～ 50 ℃。这种常温下为气体的混合气，沸点很低，自燃点一般在 250 ～ 480 ℃ 不等。常温、常压下极易在空气中形成爆炸性气体混合物。液化烃爆炸性气体混合物密度一般比空气重（甲烷、乙烯除外），泄漏后极易在低洼处积聚。液化烃的点燃能量很低，一般都在 0.25 MJ 左右（乙烷 0.25 MJ、丙烷 0.26 MJ、丁烷为 0.25 MJ）。乙烯的爆炸性气体混合物的点火能量仅为 0.0096 MJ，很容易被点燃爆炸。压力下储存的液化烃减压或升温都可以使其气化，体积可在瞬间增大 250 ～ 300 倍，从而引起超压爆炸。

（一）储存方式

液化烃的储存方式有低温压力储存、低温常压储存、常温压力储存。

（1）低温压力储存方式

在较低温度和较低压力下储存液化烃或其他类似可燃液体的方式。

半冷冻式液化烃储罐：利用制冷系统将液化烃适当冷冻储存，相应降低了储存设备的设计压力以减薄其壁，从而降低储罐的投资。储存压力比常温储存压力低。

设备特征：球罐和冰机。

储存介质：乙烯、丙烯等带保温层的地上球型罐。

煤化工企业部分液化烃储罐不采用单独冰机，利用工艺制冷装置制冷。

（2）低温常压储存方式

在低温和常压下储存液化烃或其他类似可燃液体的方式。目前国际上储量大的液化烃储罐一般采用低温常压储存方法。

全冷冻式液化烃储罐：将液化烃冷冻至不高于它的沸点，使得液化烃对应的气相压力与大气压力相同或相近，从而可以采用常压容器（双层低温罐）装盛储存，以最大限度降低储罐投资。

（3）常温压力储存方式

在常温和较高压力下储存液化烃或其他类似可燃液体的方式。常温压力储存是指液化烃储存温度为常温，储存压力为其对应的饱和蒸气压，且要求储罐内部工作压力略高于常压下的储存方式。

全压力式储罐是指液化石油气在常温和较高压力下的液态储罐。

设备特征：球型罐或卧式罐。

全压力式储罐常温压力储存的投入少，运行成本低，但火灾危险性较大，储罐压力随液化石油气组分和气温条件而变化，在气温较高的地区需要采用喷淋水等降温措施。

目前，我国的液化烃储罐大部分为常温压力类型的储罐，其中又以球罐为多（图 3.47）。部分煤化工企业全压力储罐加装了外保温材料，从外观上辨识容易误认为半冷冻球形储罐，如有外保温材料没有冷冻冰机即为全压力球型储罐。液化烃的常温储存一般也选用常温压力储罐。乙烯、乙烷、丙烯、丙烷、液化石油气等不带保温的全压力球型罐等，压力在 0.6 ～ 1.6 MPa。

图 3.47　某煤化工企业液化烃球型储罐

（二）储罐附件

为了保证液化烃储罐的安全运行，罐上必须安装压力表、液位计、温度计、安全阀和放空管、排污管等附件。

压力表：压力表一般要求正常操作的压力量程为全量程的 50%，表盘刻度的极限值应为罐体设计压力的 2 倍左右，并在对应于介质的温度 40 ℃和 50 ℃的饱和蒸气压处涂以红色标记，当储罐内压力超过红色标记时能与报警装置联动。

液位计：储罐常用的液位计有板框式玻璃液位计和固定管式液位计，也有采用浮子跟踪远传式液位指示设备。液位计在 85% 及 15% 的位置上应画有红线，以示出液化石油气储罐允许充装的液位上限和下限，当储罐液位高于 85% 或低于 15% 时报警装置能启动发出警报。

温度计：为了控制和掌握储罐内液化烃液态的温度，设温度测量仪表。其温度计测温范围为 -40 ～ 60 ℃。

安全阀和放空管：大容量使用全启式弹簧安全阀，小容量使用微启式弹簧安全阀。大型储罐至少设置两个以上的安全阀，以保证罐内压力在出现异常或发生火灾的情况下，均能迅速排气。安全阀的开启压力不大于储罐设计压力的 1.1 倍，全开压力不高于罐体设计压力的 1.2 倍，而回座压力不低于开启压力的 0.8 倍。安全阀出口接放空管。放空管的高度距罐顶不小于 2 m，距地面不小于 5 m，有条件的地方可引至安全地点。

排污管：液化烃储罐设置的排污管，在其上部串联装有两个排污截止阀。

全压力液化石油气球罐结构示意，如图 3.48、图 3.49 所示。

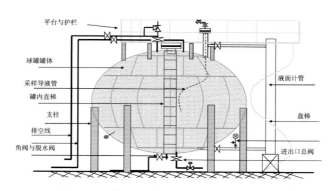

图 3.48　全压力液化石油气球罐结构示意 1

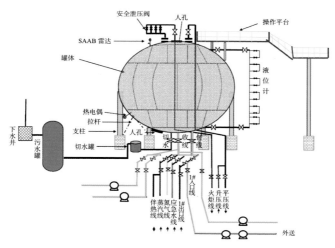

图 3.49　全压力液化石油气球罐结构示意 2

四、LNG 储罐

由于 LNG 具有可燃性和超低温性（-162 ℃），因此，对 LNG 储罐有很高的要求。储罐在常压下储存 LNG，罐内压力一般为 3.4 ～ 30.0 kPa，储罐的日蒸发量一般要求控制在 0.04% ～ 0.2%。出于安全目的，储罐必须防止泄漏（图 3.50）。

图 3.50 某煤化工企业 LNG 储罐

（1）地下式储罐

地下式储罐（图 3.51）是指罐内 LNG 最高液位不超过地表高程，除了罐顶外，其他部分都坐落在地面以下，罐体坐落在不透水的稳定地层上，外层一般采用混凝土结构来支持周围的压力。内部需要安装保冷层保持罐内低温。罐顶一般选用圆弧形普通钢材，或在外面加一层混凝土，顺便还可起到加强保护的作用。储罐底部和侧壁设加热器，防止 LNG 吸收周围的热量而导致周围土壤冻结。有些储罐还在周围设 1 m 厚的冻土，用来提高周围土壤的水密性强度。地下式 LNG 储罐占地面积小，因为储罐被埋在地下，因此受到地震载荷等外部载荷影响较小，抗震性和安全性都比地上式储罐要高很多。地下式储罐，不会受风载荷影响，也不会受到撞击，一般不会发生泄漏，对周围环

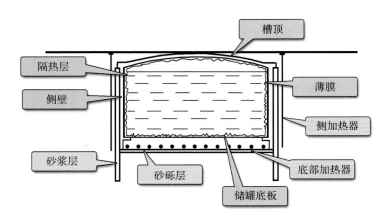

图 3.51 LNG 地下罐结构

境要求相对于其他形式的储罐来说较低，但其罐底需要位于地下水位以上，建造之前必须对周围环境进行详细的地质勘查，而且投资巨大，建设周期长。

（2）单容式储罐

单容式储罐（简称单容罐）是常用的一种结构形式，它分为单壁罐和双壁罐两种形式，但单壁罐不适合存储。

双壁单容罐外壁用普通碳钢制成，它不能承受低温，主要是起固定支撑和保护绝热层的作用，低温由内壁来承受，通常采用钢制造。出于安全和防火的考虑，单容罐之间需要较大的安全距离并设置防火堤。单容罐的选址通常在远离人口密集和不易受到灾害破坏的地区。单容罐设计压力不高，一般为 17 ~ 20 kPa，操作压力一般为 12.5 kPa。单容罐的一个较大问题就是泄漏，一旦发生泄漏，它直接漏到外界环境中。由于它的安全距离较大和设有防火堤，将造成单容罐实际占地面积大大增加。单容罐由于安全性不高周围不能有重要设备，对安全检测和操作要求较高。单容罐普通碳钢的外壁需要进行严格的防腐保护，外部容器要求经常检查和刷漆。近年来在大型生产厂和接收站较少使用单容罐（图 3.52 至图 3.56）。

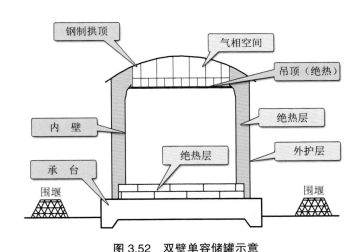

图 3.52　双壁单容储罐示意

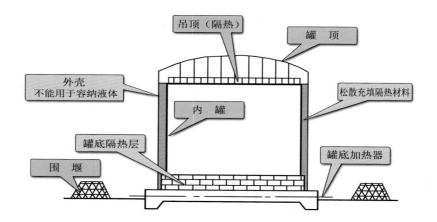

图 3.53　单包容储罐示意图 1（底座式）

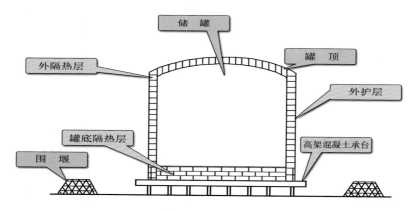

图 3.54　单包容储罐示意图 2（架空式）

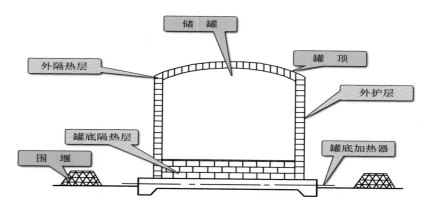

图 3.55　单包容储罐示意图 3（底座式）

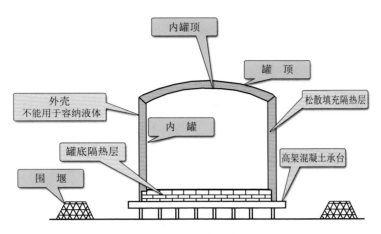

图 3.56　单包容储罐示意图 4（架空式）

（3）双容式储罐

对于双容式储罐来说，内、外罐都能够单独容纳低温液体。外罐由混凝土或耐低温的金属材料制造，内罐采用 9Ni 钢制造。正常储存液体时，内罐盛装低温液体，当内罐发生意外造成液体介质泄漏时，内罐与外罐之间的空间可容纳泄漏产生的液体介质，气体会逸散到空气中，不会对储罐及周围环境造成危险。外部混凝土墙能够起到保护作用，双容式储罐安全性较单容式储罐要高。双容罐与全容罐相比较，投资费用和施工周期相差不多，虽然设计压力低一些，但安全性也比较低，相对于现在的 LNG 储罐设计来说比较陈旧，因而不被选择（图 3.57）。

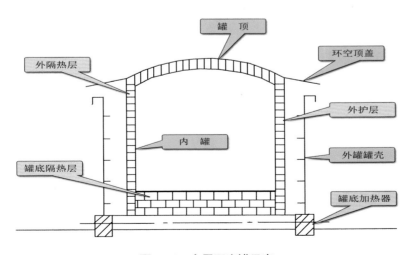

图 3.57　金属双容罐示意

（4）全容式储罐

全容式储罐内罐采用 9Ni 钢制造，外罐采用预应力混凝土制造。内、外罐之间的距离为 1 ～ 2 m。内罐盛装低温液体介质，当内罐发生泄漏时，外罐可容纳泄漏的低温液体，也容纳液体产生的蒸发气，从而避免 LNG 向周围环境泄漏而造成的污染和损失。外罐和混凝土墙可承受一定的外界灾害。当发生事故时，天然气的供应和设备的控制还可持续。虽然全容罐的投资相对于其他形式储罐稍微高一些，但实际上它的安全性更有保障，按性价比来说，全容罐是最出众的，现在的接收站普遍采用全容式储罐，并且全容罐的混凝土顶具有工艺优势，并且能够对储罐提供额外保护。与石油化工相比，煤化工 LNG 储罐缺少应急制冷装置，一旦低温液化装置出现故障，LNG 快速气化，后果极其危险（图 3.58）。

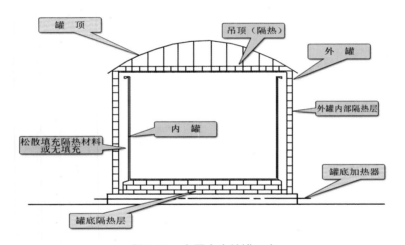

图 3.58　金属全容储罐示意

这几种型式的储罐各有其优缺点，选取罐型时应该综合考虑它们的安全性、经济性、技术性、施工周期、占地面积、场址条件和环境等有关因素的影响。

▶ 第四章
煤化工企业消防布局和消防设施

传统煤化工企业由于建设年代较早，受技术条件和各种客观因素的影响，消防布局落后，消防设施比较简陋。现代煤化工虽然是新兴的煤化工，消防布局和设施有所完善，但是由于目前国内尚未出台煤化工方面的消防技术规范标准，也没有成熟的经验可以借鉴，仅参照现行的《石油化工企业设计防火规范》《建筑设计防火规范》，难以满足煤化工企业现实安全需求。一旦发生事故，落后的消防布局将影响现场救援行动，由于消防设施的设计缺陷，会导致消防设施突破本质安全，给灭火救援行动带来极大困难。

第一节　煤化工企业消防队站

《中华人民共和国消防法》规定生产、储存易燃易爆危险化学品的大型企业，火灾危险性大，距离当地公安消防队较远的大、中型企业应建立企业专职消防队。《石油化工企业设计防火规范》要求，消防站的规模应依据企业的规模、火灾危险性、固定消防设施的设置情况，以及邻近单位消防协作条件等因素确定。绝大多数煤化工企业均设置了企业专职消防队站，但规模大小不一。达不到建立企业专职消防队站的煤化工企业应建立微型消防站，做好初期事故处置。

煤化工企业专职消防队站消防车辆需要根据企业自身的产品物料、建设规模、工艺特点和危险特性等进行配置，主要配置的消防车辆包括：水罐消防车、泡沫消防车、泡沫水罐联用车、干粉消防车、干粉泡沫联用车、举高喷射车、应急救援指挥车、三相射流消防车等。根据《石油化工企业设计防火规范》规定，煤化工以大流量、大吨位、远射程的大型水罐消防车、泡沫消防车、举高喷射车为主战车，其供水能力不低于 80 L/s，泡沫混合液的供给能力 60 L/s 以上、压力 1 MPa 以上。同时，消防水源条件的企业视情况配备拖车炮、远程供水系统等（图4.1）。

图 4.1 某煤化工企业消防站

消防站应由车库、通信室、办公室、值勤宿舍、药剂库、器材库、干燥室（寒冷或多雨地区）、培训学习室及训练场、训练塔及其他必要的生活设施等组成，煤化工企业消防站在人员、车辆、器材装备配备上均应参照《城市消防站建设标准》有关规定建设，并结合企业本身风险和事故处置难点视情增加企业消防队员，加强车辆装备建设，采购先进实用的车辆装备。

第二节 消防水源

根据现行《石油化工企业设计防火规范》，项目总占地面积小于 100 公顷，厂区内同一时间火灾次数为一处，占地面积大于 100 公顷的煤化工企业的消防设施设计按同时发生两处火灾考虑，一般设定生产装置区或罐区一处，辅助生产区一处。

一、水源设置情况

以内蒙古为例，内蒙古属于缺水地区，消防水源主要是以厂区设置的消防水池为主，有些消防水池与生产水池合建，生产水进入合建水池。消防泵有两路出水管与厂区环状管网相连，确保消防供水安全可靠。煤化工企业消防给水系统除接入一般的消火栓、消防水炮、自动喷淋、泡沫等系统外，备煤、煤气化等装置高大建（构）筑物内的消火栓系统，煤栈桥的自动喷淋给水系统、水幕系统，以及储罐区自动水喷雾灭火系统等均需直接引自高压消防水管网。因此，管网内的压力比较高，一般大于 1 MPa。消防环状管网上用阀门分成若干独立段，以保证阀门间消防栓及消防水炮数量不大于 5 个，以便检修或故障时不影响其他部分的正常使用。厂区附近可以设置天然水池（鱼塘）等天然水源，并在水池内加装水泵和管网，在水池边缘修建取水码头，保证火场用水需求。

二、消防水泵

煤化工企业消防水泵房一般与生产或生活水泵房合建，减少了操作人员的交叉作业，能保证消防水泵经常处于完好状态，火灾时能及时投入运转，但也为消防水泵操作人员提出了更高的消防操作技能要求。为了保证消防水泵安全、稳定、启动快，要求水泵采用自灌式引水，而且在灭火过程中有时停泵后还需再启动，在此情况下为了满足再启动，消防泵应有可用引水设备。为避免消防水泵启动后水压过高，在泵出口管道应设置回流管或其他防止超压的安全设施，泵出口管道直径大于 300 mm 的阀门，人工操作比较费力、费时，可采用电动阀门、液动阀门、气动阀门或多功能水泵控制。消防水泵应设双动力源，供电方式应满足一级负荷供电要求。通过调研，大多新型煤化工企业消防水泵的供电方式在满足一级负荷供电要求的基础上，设置了柴油机作为动力源。

三、消防管道

消防给水管道呈环状布置。煤化工企业的消防给水系统单独设置，尤其不得与循环水管道合并建设，避免消防时大量用水，引起循环水水压下降而导致二次灾害。

煤化工企业工艺装置、建构筑物、储罐大型化，为了保证工艺装置、高大建筑内的消防水炮、水喷淋等固定式消防设备用水要求，企业设置了稳高压消防给水系统。这样避免了火灾情况下，采用消防车向低压消防给水系统加压供水，减少了所需车辆及消防人员。稳高压消防给水系统压力为 0.7 ~ 1.2 MPa。稳高压消防给水系统，平时采用稳压设施维持管网的消防水压力，当发生火灾启动消防水设施时，管网系统压力下降，用水量不能满足要求，设置了自动启动消防水泵措施。

煤化工厂区的低压消防给水系统，其压力应确保灭火时最不利点消火栓的水压不低于 0.15 MPa（自地面算起）。

四、消防用水量

煤化工企业的消防给水系统设计主要是以现行《石油化工企业设计防火规范》和《建筑设计防火规范》等设计规范为依据的。同一时间内火灾次数按一次计，消防用水量按全厂消防需水量最大处考虑。煤化工企业的消防用水一般包括工艺装置、建构筑物、储罐区及辅助设施等。工艺装置的消防用水量应根据其规模、火灾危险类别及消防设施的设置情况等综合考虑确定；火灾延续供水时间不宜小于 2 h；建筑物的消防用水量应根据《建筑设计防火规范》等相关国家标准规范的要求进行计算；储罐区的应按火灾时消防用水量最大的罐组计算，其水量应为配置泡沫混合液用水及着火罐和邻近罐的冷却用水量之和；辅助生产设施的消防用水量可按 50 L/s 计算。但经过调研及案例分析，通过上面计算所需的消防用水量不能满足多罐组等较大火场灭火实际需求，应加强消防用水量储备，并建立多个备用独立的消防泵。

第三节　消防设施

　　煤化工企业内主要设置的消防设施系统有室内外消火栓系统、消防水炮、消防竖管、水幕系统、水喷淋 / 喷雾灭火系统、蒸气灭火系统和小型灭火器、火灾自动报警系统、泡沫灭火系统、消防冷却水系统等。

一、消火栓

　　煤化工企业装置的占地面积大，装置内有时布置多条消防道路，当装置发生火灾时，为了便于消防车进入装置扑救，装置的消防道路边也应设置大量消火栓，消火栓的间距不超过 60 m。煤化工企业的消防供水管道压力均较高，压力是有保证的，从而使消火栓的出水量可相应加大，满足供水量的要求。煤化工企业可在厂区内建大口径的消防水鹤，满足火场供水需求。

二、消防水炮

　　固定消防水炮在石油化工企业属于岗位应急消防设施，一人可操作，能够及时向火场提供较大量的消防水，达到对初期火灾控火、灭火的目的。煤化工企业煤气化、煤液化等装置中，针对甲、乙类可燃气体、可燃液体设备的高大建构筑物和设备群多，均设置了水炮保护。固定式水炮的布置应根据水炮的设计流量和有效射程确定其保护范围，消防水炮有效射程的确定应考虑灭火条件下可能受到的风向、风力及辐射热等因素影响。消防水炮的出水量为 30 ～ 50 L/s，采用直流和水雾两种喷射方式。喷雾状水，覆盖面积大、射程短，用于保护地面上的危险设备群；喷直流水，射程远，可用于保护高的危险设备。同时，煤化工企业工艺设备、管道布置密集，尤其是建构筑物内的工艺设备管道，地面上的消防水炮很难直接喷射，企业设置高架消防水炮数量较少。

三、消防竖管系统

本系统主要用于高大设备框架的灭火，系统采用半固定式。水源主要来自于机动消防车。煤化工企业内，备煤、煤气化框架，渣水处理框架，酸性气体脱除框架等高大设备框架在沿疏散出口处设消防给水竖管，竖管管径为 DN100，并在每层框架平台设 DN65 的带阀门的管牙接口。

四、水喷淋、水喷雾、水幕

对于消防炮不能有效覆盖，人员又难以靠近的危险设备及场所，若着火后不及时给予水冷却保护会造成重大的事故或损失，如备煤、煤气化装置中的煤粉仓等，无隔热层的可燃气体设备，若自身无安全泄压设施，受到火灾烘烤时，可能因内压升高、设备金属强度降低而造成设备爆炸，导致灾害扩大。此类设备设置了水喷淋或水喷雾系统，由于此类设备大多设置位置高，煤粉制备、煤气化等装置，建筑物高度在 100 m 左右，如果全厂稳高压消防给水系统压力不能满足最不利点消防设施用水时，要单独设置高压给水系统。系统供水的持续时间、响应时间及控制方式等应根据被保护对象的性质、操作需要确定，目前煤化工企业大多参照《自动喷水灭火系统设计规范》和《水喷雾灭火系统设计规范》。

根据建筑专业防火分区的要求，在输煤栈桥、煤气化框架的吊装孔等需要进行阻挡火灾蔓延的场所设置了防火分隔水幕系统。水幕系统由水幕喷头、系统管道、感温雨淋阀等组成，当火灾发生时感温雨淋阀上的探测喷头破裂，感温雨淋阀打开水幕喷头开始喷水，水幕系统开始工作，设计喷水强度为 2 L/s·m。

五、蒸气灭火系统

工艺装置设置固定式蒸气灭火系统简单易行，对于初期火灾灭火效果好。煤化工企业蒸气源充足，除了在使用蒸气可能造成事故的部位外，大量设置了采用蒸气灭火。在室内空间小于 500 m³ 的封闭式甲、乙、丙类泵房或甲类气体压缩机房内沿一侧墙高出地面 150 ~ 200 mm 处设固定式筛孔管，并沿另一侧墙壁适当设置半固定式接头，在其他甲、乙、丙类泵房或可燃气体压缩机房内设半固定式接头。在甲、乙、丙类设备的多层构架或塔类联合平台的每层或隔一层设置了半固定式接头，固定式筛孔管或半固定式接头的阀门安装在明显、安全和开启方便的地点。

六、火灾自动报警及可燃气体报警

在煤化工企业的火灾危险场所设置火灾报警系统、可燃和有毒气体检测报警系统，可及时发现和通报初期火灾，防止火灾蔓延和重大火灾事故的发生。煤化工生产区各装置、辅助生产设施、全厂性重要设施和区域性重要设施等火灾危险性场所设置的区域性火灾自动报警系统，通过网络集成为全厂性火灾自动报警系统，区域性火灾报警控制器设置在该区域的控制室内，全厂性消防控制中心设置在中央控制室或生产调度中心。由于煤化工局部火灾危险往往会造成大面积的灾害，工艺处置也是一个重要部分。因此，火灾自动报警系统和火灾电话报警、可燃和有毒气体检测报警系统、电视监控系统等企业安全防范和消防监测的手段和设施与全厂的 DCS 控制系统，在系统设置、功能配置、联动控制等方面有机结合。甲、乙类装置区周围和罐组四周道路边设置手动火灾报警按钮。区域控制室、中央控制室或生产调度中心 24 h 有人值班。

七、低倍数泡沫灭火系统

煤化工企业生产、储存、装卸、使用甲（液化烃除外）、乙、丙类液体的装置、储罐区等可能发生可燃液体火灾的场所采用低倍数泡沫灭火系统，依照《石油化工企业设计防火规范》，设置固定式、半固定式、移动式泡沫灭火系统。煤化工企业根据可燃液体种类不同，选用的灭火系统形式不同，选用的泡沫种类也不相同，有蛋白、氟蛋白、水成膜或成膜氟蛋白泡沫液等。某些储罐区既有水溶性液体储罐又有非水溶性液体储罐，为了降低工程造价设计一套泡沫灭火系统是可行的，但须选抗溶性泡沫液。低倍数泡沫灭火系统具体的设计依据《低倍数泡沫灭火系统设计规范》执行。

八、罐区消防冷却水系统

煤化工企业可燃气体、液体储罐区的消防冷却水系统是参照《石油化工企业设计防火规范》等消防技术规范标准设计的，包括固定式和移动式冷却水系统。《石油化工企业设计防火规范》规定，罐壁高于 17 m 储罐、容积等于或大于 10 000 m³ 储罐、容积等于或大于 2000 m³ 低压储罐应设置固定式消防冷却水系统；中间罐区储罐的容积较小，设置固定冷却水系统的比较少。

第四节　煤化工企业交底箱

煤化工企业交底箱主要存放企业应急预案、平面图、工艺流程图等厂区技术资料等，以及防爆手电筒、望远镜、测温仪、测距仪、记号笔、尺子、哨子、手写笔记本等。一旦发生事故，企业和消防部门可以第一时间查阅信息相关资料，对现场进行侦察，掌握现场情况，为科学施救提供技术支持。

为不断创新工作机制，加强煤化工企业消防安全体系机制建设并进一步提升综合火灾防控能力，有效预防和处置各类事故，积极构建社会化消防工作新格局，全力确保火灾形势持续稳定。现制定本制度：

一、交底箱制作要求

①煤化工企业交底箱应存放在厂区出入口门岗内，便于发生火灾后取用。

②交底箱材质采用不锈钢材质，并设置密码锁，辖区现役消防中队、企业专制消防队和企业安全负责人共同留存密码。

③门岗内摆放存放企业交底箱的储存柜，并有标识。

④箱体长宽高参考尺寸为：650 mm × 400 mm × 680 mm，材质为不锈钢，喷红色油漆。箱体内按存放物品种类，设置不同储存抽屉，安装滑轨，进行分类储存（图 4.2）。

⑤煤化工企业交底箱表面字体大小统一为黑体特号（荧光）（图 4.3）。

图 4.2　煤化工企业交底箱内部结构

图 4.3　煤化工企业交底箱外观

二、图纸资料收集范围

①企业基本概括说明（建筑面积、建筑层数、建筑高度、楼层分布、生产和储存危险化学品等参数）。

②建筑总平面图、主要危险源工段工艺流程图纸、各生产单元布局立体图、关键设备结构图、公用工程管网图、生产装置、罐体设计交工图纸。

③安评报告、安全生产事故预案、企业工艺处置预案、消防预案。

④罐区维修记录、介质储存记录。

三、器材配备要求

便携式防爆手电、手写笔记本、伸缩式教鞭、记号标注笔、望远镜、测温仪、测距仪、可燃气体检测仪、尺子、哨子等。

四、图纸资料的管理

①消防图纸的管理，实行专人负责制度。

②加强消防图纸的保养、更换，发现损坏及时处理。

③做到定位存放，妥善保管，方便利用。

④对新建、扩建、改建（用途变更）的新图纸在 3 日内及时更换。

⑤消防图纸大小统一为 A0 或者 A3，图纸内容均单面印制，使用防水纸质打印。

⑥非火灾情况下，任何人不得擅自将图纸材料带到公共场合。

⑦以上所有图纸均应有备份。

五、煤化工交底箱的管理

①发现煤化工交底箱标识不符合要求时，及时调整；对褪色或损坏的资料应及时复制或修复。

②消防交底箱要经常保持清洁通风，注意防尘、防火、防水、防潮、防晒和防盗。防止档案被虫蛀、鼠咬、霉烂等。

③每周一、三、五由专人对煤化工交底箱进行检查，确保图纸完好无损。

④煤化工企业交底箱保持清洁，不准存放其他无关物品。

⑤煤化工企业交底箱存放处周围严禁吸烟。

六、管理要求

①消防重点单位应制定特定的管理制度，并建立档案管理制度。

②如有管理人员调动，做好衔接工作。

③做好煤化工企业交底箱内图纸资料及器材出入情况登记。

▶ 第五章
煤化工危险特性分析

本章对煤化工危险特性进行了系统分析，指出其中可能存在的安全隐患及 3 类煤化工事故的类型、特点及成因，并从物料、装置、储运设施 3 个方面对煤化工进行风险性分析。

第一节　煤化工危险特性概述

随着国内煤化工产业规模的不断扩大，使用和生产出的危险物料储量也在不断增加，火灾事故的规模和处置的困难程度陡增，由于煤化工生产过程中常伴随高温、高压、放热，同时使用和产出的物料还具有有毒、腐蚀、易燃易爆等特性，极易造成爆炸事故和人员伤亡。本节总结归纳了煤化工的危险特性。

一、建构筑物防火设计难点多，潜在危险大

目前，我国煤化工消防安全缺乏理论依据和成熟的经验，煤化工项目大多是从初试或中试直接进入大规模生产的，没有针对煤化工企业的专门的消防技术规范标准，国内外没有成熟的经验可循，其消防设计只能参照《石油化工设计防火规范》等现行消防技术规范执行。但煤化工企业火灾危险性与石油化工、火力发电厂等企业有所区别，现行规范并不能完全涵盖煤化工工艺单元的消防要求，使煤化工项目的消防设计出现了很多疑难问题，从而导致潜在的风险增大。

二、部分封闭装置建构筑物高大，运行风险大

煤化工企业的建（构）筑物多，且部分为封闭的建（构）筑物。例如，鄂尔多斯神华煤制油备煤框架高 84 m，框架内设置煤粉制备和油煤浆制备两个工艺单元，由于油煤浆溶剂油火灾危险性为甲 B 类，因此该建筑的火灾危险性也属于甲类，全厂超过 50 m 的大型生产装置区有 8 个，火灾危险性均为甲乙类。国内煤气化装置框架最高达

104 米，煤气化合成气为甲类，封闭的煤气化框架属于甲类厂房。根据现行的防火设计规范要求甲类厂房高度不能超过 24 m，因此，此类建筑的建筑构造、防火分区、防爆泄压、消防设施设置等防火设计缺乏成熟的理论支持。

气化炉开停车的频率很高，北方地区冬季寒冷，当气化装置在冬季发生停车、检修或设备故障抢修时，气化气体通过管线紧急排往火炬系统、整个气化框架水系统、除渣系统、湿洗系统等处，极易结冰、冻结，造成设备损坏。为了避免可能带来的事故隐患，很多煤气化大型框架建筑采用封闭式，这给及时排放可燃气体、建筑防爆泄压、灭火扑救等带来不便，从而增加了装置的火灾危险性。

三、煤化工采用生产工艺多种多样，火灾危险性多

煤化工根据产品的不同，工艺虽然原理大同小异，但是不同的企业所采用的工艺技术也不同，工艺种类多种多样。以煤气化工艺为例来说，煤直接液化采用的是荷兰壳牌技术，煤制烯烃采用的是德国的德士古、中天合创美国 GE 公司的水煤浆气化技术、鲁奇等。甲醇合成、MTO 装置等工艺均存在此类情况。因此，采用的工艺不同，设备参数也不同，火灾危险性也有区别。

四、装置设备管线高温高压，易发生泄漏爆炸

煤化工生产装置和管道通常比石化企业的管线压力大、温度高。例如，神华煤制油液化反应器压力高达 19.6 MPa，气化炉工作温度在 1400 ～ 1600 ℃，高压蒸气管道压力 9.8 MPa。这些生产工艺设备如果设计不符合标准，不严格执行操作规程，或者不按照规定进行定期检测、维修等，一旦发生超温超压，都容易造成容器的安全防护装置失效或承压元件失效，使其内部的工质失控，从而导致泄漏或破裂爆炸事故的发生。事故不仅使设备本身遭到损坏，而且常常会破坏周围的建筑物和其他设备，甚至产生连锁反应，造成重大人员伤亡，污染周围环境，酿成灾难性事故。

五、中间罐区物料种类多、储存量大、危险性大

根据煤化工工艺中间产品多的特点，装置内设置中间罐区。中间罐区储存形式较为复杂，同一罐区内储存的物料杂，有气体罐，也有多种油品罐，混存现象严重。由于出装置油温过高，容易发生油罐突沸事故，进罐区的油品，要严格控出装置温度，特别是重质油品因黏度大，出装置温度控制较高，一旦温度过高或油罐底部有水，最易发生热油进罐油罐突沸爆炸事故。油中含轻组分超过规定指标，油进罐后，轻组分快速气化，也容易发生油气外逸挥发。遇明火爆炸着火事件。现行《石油化工防火设计规范》对于中间罐、小容量储罐的喷淋冷却系统、氮封系统未作强制性要求，不利于事故的有效预

防和处置。

六、装置互相联通，易发生连锁反应

煤化工工艺复杂，工艺链长，生产装置包含多个工艺单元。例如，神华直接液化备煤装置就包括磨煤、催化剂制备等工艺单元，而且工艺单元之间比邻，设备和管线距离近，一旦发生爆炸容易造成附近设备损坏。同时大量易燃易爆物质泄漏，容易引起连锁反应，造成多次连环爆炸。

七、生产装置含"固"运行，火灾危险性大

煤化工与石油化工的另一显著区别是，生产工艺中存在固、液、气三相介质，生产管线和设备始终"含固"（煤粉颗粒和催化剂颗粒）运行，易堵塞、结焦或冲蚀设备、管线、阀门等。特别是煤直接液化工艺，固体介质对于管道阀门腐蚀、磨损最为严重。

八、煤粉储量大、泄漏范围大

例如，鄂尔多斯神华煤直接液化备煤装置的煤粉仓，4 座圆柱形煤粉仓，体积 760 m³ 设在备煤框架 45 m 平台上。由于煤粉容易自燃产生 CO，可能导致煤粉仓内部超压，压力超出煤粉仓爆破片的设计爆破压力（20 kPa）时，会导致爆破片启动。如果煤粉流量控制不好，进入煤粉仓的物料流量太大，也会导致煤粉仓超压而使得爆破片启动。这些泄漏出的煤粉在空气中会飘散到 60 m 远的地方，遇到点火就会发生爆炸，从而造成严重的后果。

第二节　主要物料危险特性分析

煤化工生产过程中，产品不同，工艺各异，从原料到产品，包括各种半成品、中间体、溶剂、添加剂、催化剂等，绝大多数属于易燃易爆、有毒有害和强腐蚀性的物质，具有发生各类火灾、爆炸、泄漏、损伤、毒害事故的可能。主要危险物料有煤粉、一氧化碳、氢气、硫化氢、甲醇、二甲醚、LNG、LPG、液体石蜡、石脑油、柴油、汽油、乙烯、丙烯等（参见附录 1）。

一、气体物料

（一）合成气

煤气化合成气主要成分为 H_2、CO、H_2S 等，爆炸极限范围很宽，火灾危险性很大。尤其对于采用封闭式设计的此类高大框架气化厂房，一旦发生泄漏，合成气集聚不容易扩散，遇火源极易发生爆炸、燃烧、中毒等事故。

（二）天然气

天然气的主要成分是甲烷，无色、无臭、无味、无毒性的气体，比空气轻，微溶于水。天然气爆炸极限范围是 4.7% ～ 15.0%。天然气可液化，液化后其体积将缩小为气态的 1/600。天然气的热值较高，1 m^3 天然气燃烧后发出的热量是 35.6 ～ 41.9 MJ/m^3。

（三）氢气

氢气通常状况下是无色无味的气体，密度是空气密度的 0.07 倍，氢气的爆炸极限极宽，为 4.0% ～ 74.2%，氢气爆炸威力很大。氢气本身无毒，但可引起人窒息，甚至死亡。氢气着火颜色很浅，不易看到。燃烧发热值高，每千克高达 28 900 千卡，是汽油热值的 3 倍。

（四）一氧化碳

标准状况下一氧化碳纯品为无色、无臭、无刺激性的气体。相对分子质量为28.01，密度 1.25 g/L，冰点为 -207 ℃，沸点 -190 ℃。在水中的溶解度甚低，不易溶于水。空气混合爆炸极限为 12.5% ～ 74.0%。一氧化碳进入人体之后会和血液中的血红蛋白结合，产生碳氧血红蛋白，进而使血红蛋白不能与氧气结合，从而引起机体组织出现缺氧，导致人体窒息死亡，因此，一氧化碳具有毒性。由于其无色、无臭、无味的特性，故易于忽略而致中毒。

（五）乙烯

乙烯是一种无色稍有气味的气体，密度为 1.256 g/L，比空气的密度略小，难溶于水，易溶于四氯化碳等有机溶剂。熔点 -169.4 ℃、沸点 -103.9 ℃、凝固点：-169.4 ℃、爆炸极限为 2.74% ～ 36.95%（V/V）。易燃，与空气混合能形成爆炸性混合物，遇热源和明火有燃烧爆炸的危险。具有较强的麻醉作用，吸入高浓度乙烯可立即引起意识丧失。对眼睛及呼吸道黏膜有轻微刺激性。液态乙烯可致皮肤冻伤。

（六）丙烯

丙烯是一种无色、稍带有甜味的气体。易燃，爆炸极限为 2%～11%。不溶于水，溶于有机溶剂，属于低毒类物质。易燃，与空气混合能形成爆炸性混合物。遇热源和明火有燃烧爆炸的危险。丙烯为单纯窒息剂及轻度麻醉剂。它稍有麻醉性，吸入丙烯可引起意识丧失，当浓度为 15% 时，需 30 min；浓度为 24% 时，需 3 min；浓度为 35%～40% 时，需 20 s；40% 以上时，仅需 6 s，并引起呕吐。长期接触丙烯，可引起头昏、乏力、全身不适、思维不集中。个别人胃肠道功能发生紊乱。

（七）氨气

氨气是一种无色有特殊刺激性臭味的气体，相对密度为 0.7714，蒸气与空气混合物爆炸极限为 16%～25%（最易引燃浓度 17%）。极易溶于水成为氨水，常温下加压可液化成液氨。氨和空气混合物达到上述浓度范围遇明火会燃烧和爆炸，如有油类或其他可燃性物质存在，则危险性更高。与硫酸或其他强无机酸反应放热，混合物可达到沸腾。氨不能与下列物质共存：乙醛、丙烯醛、硼、卤素、环氧乙烷、次氯酸、硝酸、汞、氯化银、硫、锑、过氧化氢等。氨气主要经呼吸道吸入，对黏膜和皮肤有碱性刺激及腐蚀作用，可造成组织溶解性坏死。空气中氨气浓度达 553 mg/m^3 时，接触者会出现强烈的刺激症状，可耐受时间 1.25 min；空气中氨气浓度达 3500～7000 mg/m^3 时，接触者会出现立即死亡现象。

（八）氧气

氧气为无色、无臭、无味的气体，性质很活泼，有助燃性，易与其他物质发生氧化反应。氧气本身不燃烧，但能助燃，是易燃物、可燃物燃烧爆炸的基本元素之一，与易燃物易形成爆炸性混合物。液氧易被衣物、木材、纸张等吸收，见火即燃，液氧和有机物及其他易燃物质共存时，特别是在高压下，也具有爆炸的危险性。

二、液体物料

（一）油煤浆

油煤浆溶剂油主要由石脑油、蒽油、洗油等组成，综合判定火灾危险性为甲 B 类。油煤浆主要存在于煤直接液化工艺中，过程中还会加入氢气进行反应，在反应器中处于固液气并存状态，火灾危险性增大。另外，油煤浆进入反应器前加氢的同时，还要通过明火加热炉进行加热，存在较大的火灾、爆炸危险。由于油煤浆有固体煤粉的存在，容易发生物料堵塞事故，可能会导致装置超压爆炸。

（二）甲醇

甲醇，无色透明的易挥发液体，有刺激性气味，有毒，可引起失明、死亡。溶于水，可混溶于乙醇、乙醚、酮类、苯等有机溶剂。闪点为 11 ℃，爆炸极限为 5.5% ～ 44.0%，自燃温度为 464 ℃，最小点火能 0.215 MJ。其沸点低、闪点低、易挥发，甲醇蒸气与空气易形成爆炸性混合物，遇明火、高温能引起燃烧爆炸。在煤化工企业中，应用广、储量大，是防范的重点。甲醇有较强的毒性，对人体的神经系统和血液系统影响最大，它经消化道、呼吸道或皮肤摄入都会产生毒性反应，甲醇蒸气能损伤人的呼吸道黏膜和视力。在甲醇生产工厂，我国有关部门规定，空气中允许甲醇浓度为 50 mg/m³，在有甲醇气体的现场工作须佩戴防毒面具，废水要处理后才能排放，允许含量小于 200 mg/L。

（三）液化石油气

液化石油气主要成分是丙烷、丙烯、丁烷等碳氢化合物，在常温常压下呈气态，而压力升高或温度降低时，又很容易使它转变为液态，所以称之为液化石油气。液化石油气呈气态时，重量比空气重，在大气中扩散较慢，易向低洼地区流动很远，着火温度为 430 ～ 460 ℃；爆炸极限为 1.5% ～ 9.5%（V/V）。

（四）汽油

汽油常温常压状态下为液体，极易挥发，其蒸气与空气可形成爆炸性混合物。遇明火、高热极易燃烧爆炸。与氧化剂能发生强烈反应。其蒸气比空气重，能在较低处扩散到相当远的地方，遇明火会引着回燃，用水灭火无效。

（五）石脑油

石脑油为无色或浅黄色液体。不溶于水，溶于多数有机溶剂。闪点为 -2 ℃，引燃温度 350 ℃，爆炸极限为 1.1% ～ 8.7%（V/V），其蒸气与空气可形成爆炸性混合物，遇明火、高热能引起燃烧爆炸，与氧化剂能发生强烈反应。其蒸气比空气重，能在较低处扩散到相当远的地方，遇火源会着火回燃。

三、固体物料

（一）煤粉

煤粉作为煤化工工艺中最主要的介质，一般在 200 目（粒径 75 μm）以上，着火温度只有 200 ℃左右，由于比表面积大，具有更强的氧化生热能力，极易自燃，引起爆炸。煤尘爆炸火焰温度为 1600 ～ 1900 ℃，爆源的温度达到 2000 ℃以上，这是煤尘爆炸得以自动传播的条件之一。特别是在密闭的筒仓、除尘器等设施设备中，造成的损失是无法估量的。由于煤尘爆炸具有连续且很高的冲击波速，能将输煤栈桥、筒仓、除尘器等设施设备中的落尘扬起，形成新的爆炸环境，导致二次爆炸，有时可如此反复多次，形成连续爆炸，这是煤尘爆炸的重要特征。煤尘爆炸时产生的 CO，在灾区气体中浓度可达 2% ～ 3%，甚至高达 8% 左右，爆炸事故中受害者的大多数（70% ～ 80%）是由于 CO 中毒造成的。

（二）聚乙烯

聚乙烯粉末运输和储存中发生的爆炸，通常是因为存在高浓度的聚乙烯粉末和挥发性气体，造粒或粒料输送过程中产生的聚合物细粉与同样尺寸的聚乙烯粉末一样具有爆炸性。聚合物细粉（小于 74 μm）的最小爆炸浓度为 0.10 ～ 0.20 kg/m^3。在空气中如果超过这个浓度时，遇有火花点燃，则会迅速燃烧，引起严重爆炸。

（三）聚丙烯

聚丙烯粉末运输和储存中发生的爆炸，通常是因为存在高浓度的聚丙烯粉末和挥发性气体，造粒或粒料输送过程中产生的聚合物细粉与同样尺寸的聚丙烯粉末一样具有爆炸性。由于聚丙烯粉料粉尘本身具有可燃性，当粉尘悬浮物与空气形成的混合物达到一定浓度，就易引起爆炸。聚合物细粉（小于 74 μm）的最小爆炸浓度为 0.10 ～ 0.20 kg/m^3。在空气中如果超过这个浓度时，遇有足以引起粉尘爆炸的起始能量，如明火、静电、电火花等条件就会发生恶性粉尘爆炸事故。

主要危险有害物质特性数据，如表 5.1 所示。

表 5.1　主要危险有害物质特性数据

序号	物质名称	闪点/℃	自燃温度/℃	爆炸极限/(mg/m³)	火灾危险类别	爆炸危险 类级	爆炸危险 组别	职业危害程度分级	有毒物质容许浓度 最高容许浓度/(mg/m³)	有毒物质容许浓度 时间加权平均容许浓度/(mg/m³)	有毒物质容许浓度 *短时间接触容许浓度/(mg/m³)
1	煤粉	/	430	15.0~35.0	乙（固）	ⅢB	T12	/	/	/	/
2	氧气	/	/	/	乙	/	/	/	/	/	/
3	氮气	/	/	/	戊	/	/	/	/	/	/
4	氢气	<-50	500	4.1~74.1	甲	ⅡC	T1	/	/	/	/
5	硫化氢	-60	260	4.3~46.0	甲	ⅡB	T3	Ⅱ	10	/	/
6	一氧化碳	<-50	610	12.5~74.2	乙	ⅡA	T1	Ⅱ	/	20	30
7	二氧化碳	/	/	/	/	/	/	/	/	/	/
8	二氧化硫	/	/	/	/	/	/	Ⅲ	/	5	10
9	氨	/	651	15.0~28.0	乙	ⅡA	T1	Ⅳ	/	20	30
10	硫黄	>180	232	35.0~1400.0	乙	ⅡB	T3	/	/	5	10
11	甲醇	11	385	5.5~44.0	甲	ⅡA	T2	Ⅲ	/	25	50
12	丙烯	-108	455	1.0~15.0	甲	ⅡA	T2	Ⅳ	/	/	/
13	柴油	≥45	230~338	/	丙A	ⅡA	T3	Ⅳ	/	/	/
14	盐酸	/	/	/	/	/	/	Ⅲ	/	/	/
15	氢氧化钠	/	/	/	/	/	/	Ⅳ	0.5	/	/

序号	物质名称	闪点/℃	自燃温度/℃	爆炸极限/(mg/m³)	火灾危险类别	爆炸危险		职业危害程度分级	有毒物质容许浓度		
						类级	组别		最高容许浓度/(mg/m³)	时间加权平均容许浓度/(mg/m³)	*短时间接触容许浓度/(mg/m³)
16	液化石油气	-80～-60	426～537	5.0～33.0	甲	ⅡA	T2	/	/	1000	/
17	次氯酸钠	/	/	/	/	/	/	Ⅳ	/	/	/
18	MDEA（N-甲基二乙醇胺）	135	265	0.9～8.4	丙B	/	/	/	/	/	/
19	燃料气	/	482～632	5.0～14.0	甲	ⅡA	T1	Ⅳ	/	/	/
20	乙烯	-136	425	2.7～36.0	甲	ⅡB	T2	Ⅳ	/	/	/
21	甲烷	-218	537	5.0～15.0	甲	ⅡA	T1	Ⅳ	/	/	/
22	乙烷	<-50	472	3.0～12.5	甲	ⅡA	T1	Ⅳ	/	/	/
23	丙烷	-104	450	2.1～9.5	甲	ⅡA	T1	Ⅳ	/	/	/
24	正丁烷	-60	405	1.8～8.4	甲	ⅡA	T2	Ⅳ	/	/	/
25	异丁烷	-82.8	460	1.8～8.5	甲	ⅡA	T2	Ⅳ	/	/	/
26	丁烯-1	-80	385	1.6～10.0	甲	ⅡA	T2	Ⅳ	/	100	/
27	异戊烷	-56	420	1.4～7.6	甲B	ⅡA	T2	Ⅳ	/	500	1000
28	丙醛	-30	190	2.3～21.0	甲B	ⅡA	T4	Ⅳ	/	/	/
29	汽油	-43	415～530	1.3～7.6	甲B	ⅡA	T2	Ⅳ	/	300	450
30	三乙基铝	-18.33	<-52	/	/	/	T11	/	/	/	/
31	低密度聚乙烯	/	510（粉尘）	30.0～	丙	/	/	/	5（总尘）	/	10（总尘）

续表

序号	物质名称	闪点/℃	自燃温度/℃	爆炸极限/(mg/m³)	火灾危险类别	爆炸危险 类级	爆炸危险 组别	职业危害程度分级	有毒物质容许浓度 最高容许浓度/(mg/m³)	有毒物质容许浓度 时间加权平均容许浓度/(mg/m³)	有毒物质容许浓度 *短时间接触容许浓度/(mg/m³)
32	聚丙烯	/	420（粉尘）	20.0～	丙	/	T11	/	/	5（总尘）	10（总尘）
33	MTBE	-10	191.7	1.6～15.1	甲 B	/	/	Ⅲ	/	/	/
34	异丁烯	-77	465	1.8～8.8	甲	ⅡA	T2	/	/	/	/
35	燃料气、天然气（以甲烷计）	-188	482～632	4.0～75.0	甲	ⅡA	T₁	/	300（苏联MAC）	/	/
36	汽油	-43	415～530	1.4～7.6	甲 B	ⅡA	T₃	Ⅳ	/	300	450
37	柴油	50～90	350～380	1.5～4.5	丙 A	ⅡA	T₃	/	/	/	/
38	石脑油	<-20	285	>1.2	甲 B	ⅡA	T₃	Ⅳ	/	300	450
39	硫化氢	<-50	260	4.0～46.0	甲	ⅡB	T₃	Ⅱ	10	/	/
40	煤液化油	<30	250	/	甲 B	ⅡA	T₃	Ⅳ	/	300	/
41	液氨、氨	/	651	15.7～27.4	乙	ⅡA	T₁	Ⅲ	30	20	30
42	粗酚	80	715	1.7～8.6	丙	ⅡA	T₁	/	/	10	25
43	二异丙基醚	-12	442	1.0～21.0	甲	ⅡA	T₂	Ⅲ	/	/	/
44	二硫化碳	-30	90	1.0～60.0	甲 B	ⅡA	T3	/	/	/	/
45	二甲基二硫	24	/	1.1～16.0	甲 B	ⅡA	T3	Ⅱ	/	/	/
46	氨水（20%）	/	/	16.0～25.0	乙	/	/	/	/	/	/
47	硫酸	/	/	/	乙	/	/	/	/	/	/

第三节　主要装置危险特性分析

本节主要对煤化工的 12 个主要生产装置存在的有害物质和有害因素及其分布进行分析。

一、备煤装置

（一）主要危险有害物质

煤化工备煤装置主要是将原料煤经过卸煤、输煤、磨煤等工艺制成所需的煤粉，再将煤粉输送到煤气化、煤液化等反应单元的过程。备煤装置中存在的危险有害物质主要有煤粉、氮气。

（二）主要危险有害因素及其分布

煤是一种可自燃物质，其自燃能力和煤的粉碎程度、不饱和化合物含量和硫化物含量有关。当煤破碎成细小颗粒后，表面积大大增加，氧化能力显著增强。受热时单位时间内能够吸收更多的热量，在较低的温度（300 ～ 400 ℃）下，就能放出大量的可燃性气体，聚集于尘粒的周围。这类可燃性气体一经与空气混合便在高温作用下吸收能量，形成一定数量的活化中心。如果这时氧化反应放出的热量能够有效地传播给附近的煤尘，这些煤尘也就迅速变热分解，跟着燃烧起来。此种过程连续不断地进行，氧化反应越来越快，温度越来越高，活化中心越来越多，满足爆炸"三要素"同时存在，便能发展为剧烈的爆炸。同时，爆炸之后产生的气浪会使沉积的煤粉二次飞扬，并发生连锁爆炸事故。

煤尘爆炸必须同时具备以下 3 个条件：一是有煤尘及助燃空气积存，且空气含氧量大于16%；二是煤尘与空气混合后浓度达到爆炸浓度；三是有足够的点火能源产生明火。

备煤装置是将煤磨成煤粉，产品就是很细的煤粉，在整个过程中都会有泄漏造成煤尘悬浮在厂房内，人吸入久了易造成粉尘危害，煤尘吸入人体可引起煤尘肺。粉煤运输、出炉飞灰均为密闭输送、干法操作。由于输送压力较高，如发生泄漏，极易产生粉尘危害。备煤装置开工时热风炉用燃料气做燃料。如果在开工空气置换和停车燃料气排净方面出现疏漏，会造成爆炸事故。燃料气的泄漏也会导致火灾爆炸。

二、空分装置

（一）主要危险有害物质

空分装置作为原料气体制备装置，广泛存在于煤化工企业中，主要危险化学品为氮气、氧气。氮气是窒息性气体，氧为助燃气体，纯度很高，液态储存。装置运行中还使用透平油、润滑油等可燃性物质。

（二）主要危险有害因素及其分布

装置生产过程中存在火灾、爆炸、低温、窒息、噪声、粉尘、机械伤害、高空坠落等危险有害因素。

液氧、液氮在低温下储存，如遇热会迅速发生膨胀、蒸发，压力升高。液氧、液氮储槽如遇热，压力超高，安全设施失灵，也可发生物理爆炸。

液氧采用液氧泵输送，泵出口压力高。如液氧泵内进入异物，异物与叶轮、泵壳摩擦，液氧泵有可能发生泵体爆炸，爆炸造成液氧大量泄漏，还可引发火灾事故。如液氧泵在预冷开车或运行中，密封发生泄漏，氧与润滑油等可燃物接触，也可引发泵壳体外爆炸、着火。纯氧是空分装置的产品，属强氧化剂。纯氧与可燃物质相遇可发生氧化反应，从而引起着火、爆炸。如果氧气管道内存有油脂、铁锈等，极易发生管内燃烧、着火。易燃物质在纯氧的环境中爆炸极限会扩大，从而增大危险性。

氮气为空分装置的产品，氮气为无色无臭气体，当液氮、氮气发生大量泄漏，空气中氮含量超过 84% 时，可引起窒息伤害。

三、煤直接液化装置

（一）主要危险有害物质

煤直接液化装置大体分为油煤浆制备和煤液化两个工艺单元。存在的主要危险有害物质有煤粉，溶剂油（石脑油、蒽油、洗油等），氢气等。

（二）主要危险有害因素及其分布

煤液化装置生产是在高温、高压、临氢和有煤粉存在的工况下运行的，生产过程中使用的原料和产品、副产品绝大部分为可燃液体、固体和气体，属于甲类火灾危险性生产装置。

按照《国家安全监管总局关于公布首批重点监管的危险化工工艺目录的通知》（安监总管三〔2009〕116 号）中的要求，煤液化装置加氢反应属于重点监控的加氢工艺生产单元。氢气的爆炸极限为 4% ～ 75%，具有高燃爆危险特性；加氢反应为强烈的放热反应，氢气在高温、高压下与钢材接触，钢材内的碳分子易与氢气发生反应生成碳氢化合物，使钢制设备强度降低，发生氢脆；催化剂再生和活化过程中易引发爆炸；加氢反应尾气中有未完全反应的氢气和其他杂质在排放时易引发着火或爆炸。

装置流体介质含有固体，易堵塞、结焦或冲蚀设备、管线、阀门和机泵等，会引起泄漏和仪表失灵（如催化剂＋煤粉预混捏机、油煤浆混合罐、反应器等），引起火灾爆炸危险。另外，设备、管线、阀门、附件的选材不合理，施工质量监控不到位或热处理工艺不落实酿成硫化氢应力腐蚀开裂、氢脆及超压造成泄漏（如油煤浆进料加热炉、氢气加热炉、热高分及反应器），从而引起火灾爆炸。装置的主要设备在苛刻的工艺条件下泄漏也会导致火灾爆炸的风险。

煤液化装置有两台反应器是煤液化装置的核心设备，反应器采用全返混沸腾床技术。操作温度在 455 ℃ 左右，工作压力在 19.02 MPa。煤液化反应器器壁直接与高温、高压含氢或氢与硫化氢介质接触，属于高压高温的热壁反应器，氢分压很高，催化剂及煤粉颗粒含量较高，在使用过程中反应器可能出现高温氢腐蚀、氢脆、硫化物的应力腐蚀开裂、磨损开裂、介质泄漏引起火灾爆炸。同时操作期间温升没控制好，造成床层热点，导致局部过热引起爆炸，这类事故在加氢反应装置中屡有发生。

四、煤气化装置

（一）干式煤气化装置（壳牌工艺）

（1）主要危险有害物质

装置中存在的危险有害物质有煤粉、合成气（氢气、一氧化碳、硫化氢、二氧化碳、氧气、氮气、氢氧化钠等）。

（2）主要危险有害因素及其分布

气化炉采用的原料为干燥的煤粉，煤粉在输送、加料过程中如发生泄漏，在空气中达到一定的浓度和条件，也可能发生粉尘爆炸、火灾。

气化炉所用的纯氧压力较高，如发生泄漏，遇到可燃物质，发生点火条件也可发生火灾、爆炸。

气化炉操作压力为 4 MPa，操作温度为 1400 ～ 1600 ℃。炉内发生部分氧化反应，入炉煤粉与氧气及水蒸气量的比例必须严格控制。如果控制不当，可造成炉内过氧、超温等事故，严重的甚至发生炉内爆炸。

气化炉为连续作业的设备，但煤粉进料仓、灰渣出料仓、过滤器飞灰出料仓均为间歇操作。操作过程中，如果设备磨损或发生故障，造成泄漏，泄漏出来的可燃物或原料气也可发生爆炸、火灾。

气化炉出口原料气温度 1300 ～ 1500 ℃，采用冷激气冷激到 800 ℃后进入废热锅炉。运行中，若循环气压缩机发生故障，废热锅炉入口气温将上升到 1300 ～ 1500 ℃，发生严重超温。处理不当会造成设备损坏，甚至发生火灾、爆炸事故。

气化炉炉内无耐火砖，采用水冷壁。生产过程中，要控制好水冷壁、废锅（合成气冷却器）汽包的液位及锅炉水循环量，防止发生过热、超温而导致损坏设备。

原料气洗涤塔如果液位超低，高压原料气可窜入低压汽提系统。处理不当，也有发生爆炸、火灾的危险。

气化反应生成的合成原料气，如果发生泄漏，具备一定的条件，均存在发生火灾、爆炸事故的可能性。

气化炉开、停车的频率很高，在寒冷地区将避免不了在严寒的冬季停车。当气化装置在冬季发生停车、检修或设备故障抢修时，气化气体通过管线紧急排往火炬系统、整个气化框架水系统、渣系统、湿洗系统等，极易结冰、冻结，造成设备损坏，带来事故隐患。

气化炉煤粉运输、出炉飞灰均为密闭输送、干法操作。由于输送压力较高，如发生泄漏，极易产生粉尘危害。

（二）水煤浆煤气化装置（德士古、鲁奇、GE 等）

1. 主要危险有害物质

装置中存在的危险有害物质有煤粉和合成气（氢气、一氧化碳、硫化氢、二氧化碳、氧气、氮气、氢氧化钠等）。

2. 主要危险有害因素及其分布

气化炉的原料为水煤浆和氧气，操作压力 6.5 MPa（G）、操作温度 1300 ℃，反应产物中含有 H_2、CO、CO_2、H_2S 等气体。如气体发生泄漏，由于压力高、温度高，极易发生着火、爆炸。其中，泄漏到环境中的 CO、H_2S 可以造成人员中毒。

煤气化采用加压水煤浆气化技术，设计采用 GE 单喷嘴水煤浆气化技术。气化炉入炉水煤浆的浓度应控制在一定范围内，入炉的水煤浆与氧气的流量比也应严格控制。如控制不当，有可能造成炉内反应失控，从而引起气化炉发生超温、过氧，甚至发生炉膛爆炸事故。

气化炉设计采用 GE 气化炉。气化炉烧嘴如发生磨损，会造成偏流，影响炉内反应温度的分布及耐火砖的寿命，严重时会损坏耐火砖，从而引发事故。运行中，烧嘴应定期检查并及时更换。

气化炉的外壳为钢制压力容器，内衬耐火砖承受高温。运行中，耐火衬里如发生损坏，外壳温度会上升而发生超温。壳体发生超温，严重时会发生变形、破裂，从而引发重大炉体爆炸、火灾事故。因此，生产中应严格控制外壳温度，发生超温应及时处理，避免事故扩大。

气化炉的排渣作业是通过渣阀定期开关来实现的。由于采用间歇操作，如渣阀发生磨损或开关未到位，会造成煤气外泄。外泄的煤气也可导致中毒、爆炸、火灾事故的发生。因此，渣阀应采用耐磨的材料，并确保阀门制造质量。

合成气洗涤系统，易发生设备腐蚀和管线结垢，灰渣堵塞。如发生腐蚀泄漏，泄漏出来的合成气，可引发中毒或火灾、爆炸事故。合成气水洗塔在运行中，如液位过低，高压合成气有可能随同灰水窜入灰渣水闪蒸系统，从而造成闪蒸系统超压，如安全设施失灵，也有可能导致爆炸事故发生。

氧气发生泄漏，遇可燃物质可发生着火、爆炸。高温原料气发生泄漏，可发生火灾。

合成气中的硫化氢、一氧化碳，发生泄漏，可造成中毒危害。N_2 气体属于窒息性气体，如果大量泄漏到环境中，达到一定浓度，人体会由于缺氧而窒息。

五、合成氨及尿素合成装置

（一）主要危险有害物质

合成氨装置区存在的危险有害物质有氨、氢气、氮气，主要存在于合成塔、氨分离器、氨冷凝器等设备。尿素合成装置存在的危险有害物质有氨，主要存在于合成塔等设备中。

（二）主要危险有害因素及其分布

在下述诸类情况下，有可能导致各类原料气、高浓度硫化氢气体、氨蒸气大量泄漏。当遇明火、静电、电气设备产生的电火花时可能发生燃烧爆炸。

①氨合成、尿素合成装置主体生产设备（压缩机、合成塔、泵类设备、动力电机及其控制电器）发生故障或安全装置失效时；②变换炉、解吸塔、冷凝塔、废热锅炉、各类分离器、压力储罐等各类压力容器将超温或超压运行时；③各类原料气（包括水煤气、变换气、净化气、合成气等含有一氧化碳、氢气、甲烷、甲醇等）的设备及其输送管道、法兰及阀门密封不良或失效时；④储存液氨、甲醇、液化甲烷 LNG 的储罐因阀门及法兰密封失效、管道破裂时。

煤化工企业在生产过程中涉及的有毒物料较多，如 CO、H_2S、甲醇、氨等，均具有一定程度的毒性。在生产运行过程中如果操作不当或发生意外事故，有引起人员中毒事故发生的可能性。

六、净化装置

(一)主要危险有害物质

合成气净化装置由 CO 变换、酸性气体脱除、冷冻站 3 个单元组成。装置中存在的危险有害物质主要有氢气、硫化氢、丙烯、一氧化碳、甲醇、氮气、二氧化碳等。

(二)主要危险有害因素及其分布

合成气净化装置中存在的主要危险危害是火灾、爆炸和中毒。此外,装置中还存在高温、低温、噪声、机械伤害等危险有害因素。

CO 变换工艺单元中含有 H_2、CO、CO_2、H_2S 等气体,工艺气体发生泄漏可引起着火、爆炸或造成人员中毒。运行状态下,变换催化剂处于还原态。余热锅炉产生中、低压蒸汽,运行中如水位过低、发生干锅,易发生管道爆炸事故。运行中应严格控制水质、水位和压力,防止发生超压、超温。

酸性气体脱除工艺单元中,塔、泵设备较多,工艺气体中含有 H_2、H_2S、CO、CO_2 等气体,如工艺气体发生泄漏,可引发火灾、爆炸、中毒事故。装置中洗涤液甲醇用量大,装置中甲醇泵种类多,出口压力高,如密封发生泄漏,甲醇发生大量泄漏,不但可造成火灾、爆炸事故,还可造成人员中毒。装置在低温下运行,采用丙烯作冷冻介质,如丙烯发生泄漏也可引发火灾、爆炸事故。

冷冻系统采用丙烯作制冷剂。运行中,如设备、管线发生泄漏,丙烯泄漏到环境中,可引发爆炸、火灾事故。

装置内介质中存在 H_2S、一氧化碳、甲醇等有毒有害物质,如其发生泄漏可造成中毒危害。N_2、CO_2 气体属于窒息性气体,如果大量泄漏到环境中,达到一定浓度,人体会由于缺氧而窒息。

变换单元中余热锅炉、变换炉、反应器操作温度均较高,保温不良均可造成高温危害。

七、甲醇合成装置

(一)主要危险有害物质

甲醇合成装置由合成气压缩、甲醇合成、甲醇精馏、氢回收单元组成。装置中存在的主要危险有害物质包括:氢气、一氧化碳、甲醇、氢氧化钠等。

(二)主要危险有害因素及其分布

甲醇合成装置中存在的主要危险有害因素是火灾、爆炸和中毒。

合成气压缩工艺单元中合成气压缩机、循环机组采用蒸气透平带动的多级离心式压缩机组。压缩机组压力高、转速高、功率大。工艺气体中 H_2、CO 含量高，如压缩机密封、气封损坏，高压气体外泄，极易引发着火、爆炸事故或中毒事故。

压缩机入口分离器应严格控制液位，若液位过高，气体带液进入气缸，会造成叶片及缸体损坏，从而造成重大设备着火、爆炸事故。若液位过低，高压工艺气体窜出也可引发爆炸、火灾事故。压缩机运行中如发生喘振，处理不当，也可损坏气封、密封，造成气体泄漏，从而引发着火、爆炸或中毒事故。

压缩机各级压力必须严格控制，防止发生超压。出口压力超高，安全设施失灵，可发生超压、爆炸。

甲醇合成工艺单元操作压力高，工艺介质为 H_2、CO、CO_2 及甲醇。工艺物料发生泄漏可引发着火、爆炸。甲醇及 CO 发生泄漏还可造成人员中毒。合成反应为放热反应，反应热分别通过预热合成气及加热锅炉给水，副产中压蒸汽移出。运行中，如发生水位过低、超压、超温、催化剂中毒、气体成分失控等，会影响催化剂的寿命，也会损坏设备而引发事故。严重时，合成塔内件如损坏，还可引发重大设备爆炸事故。停车期间，如空气进入合成塔内，空气与催化剂反应，不仅会使催化剂超温、烧毁，严重时甚至造成设备损坏，从而引发重大事故。合成塔外壳如超温，会降低设备的强度。设备在运行中如因强度降低或氢脆腐蚀损坏，可引发重大设备爆炸、着火事故。高压设备、管道在制造中如存在缺陷或选材不当，也可引发设备损坏及爆炸、着火事故。甲醇分离器运行中，如液位超低，高压合成气有可能窜入低压甲醇闪蒸、储存系统，造成闪蒸、储存系统超压、爆炸。

甲醇精馏工艺单元采用单塔多效蒸馏流程，设备较多，甲醇的储存量大，设备（管线）发生大量泄漏，可引发重大火灾、爆炸、中毒事故。原料粗甲醇中含有有机酸，对设备会造成腐蚀，容易造成设备腐蚀，发生泄漏。

装置内介质中存在 H_2S、一氧化碳、甲醇等有毒有害物质，如其发生泄漏可造成中毒危害。

八、费托合成装置

（一）主要危险有害物质

费托合成装置存在的主要危险有害物质有：H_2、CO、H_2S、CH_4、丙烯、石脑油、重质油、蜡油等。

（二）主要危险有害因素及其分布

费托合成装置存在的主要危险有害因素是火灾、爆炸、中毒。此外，还存在噪声、高温烫伤、窒息及其他危险有害因素。

费托合成单元的工艺过程是合成原料气在一定的压力和温度下进入费托合成反应器，在催化剂的作用下发生 F-T 合成反应，生成轻质油、重质油、重质蜡、水及含氧化合物等一系列的产物。费托合成气及费托合成催化剂的还原气主要含 H_2 和 CO，由于合成反应器、还原反应器操作温度较高且生产压力高，如果密封发生泄漏，可造成火灾爆炸事故。

富液进富液闪蒸槽一级闪蒸，闪蒸出一部分工艺气体，其中大部分是 CO、H_2 和烃类气体。如操作不当易引发气体泄漏，与空气形成爆炸性混合气体，遇明火或高温会引发火灾爆炸。

蜡过滤工序中采用许多稳定蜡过滤泵、蜡精滤泵、渣蜡过滤泵，生产过程中可能产生腐蚀、密封不严泄漏等，导致火灾事故。

九、油品加工装置

（一）主要危险有害物质

油品加工装置存在的主要危险有害物质有：主要含有 H_2、CO、CO_2、H_2O、N_2、轻烃、石脑油、乙二醇等。

（二）主要危险有害因素及其分布

油品加工装置主要危险有害因素是火灾、爆炸、中毒。此外，还存在噪声、高温烫伤、窒息及其他危险有害因素。

在生产过程中会有 CO、H_2 等危险介质的泄漏，特别是压缩机厂房，可能会造成泄漏出来的气体堆积，发生火灾、爆炸等危险状况。

危险生产过程即醇的提浓过程，具体为醇分离部分（醇分离塔）和混醇提浓部分（萃取精馏塔、乙二醇回收塔），提浓后的醇具有火灾爆炸等危险状况。

十、甲醇制烯烃装置

（一）主要危险有害物质

甲醇制烯烃装置存在的主要危险有害物质有：甲醇、甲烷、乙烯、乙烷、丙烯、丙烷、混合 C4、粗汽油、燃料气、氢气、氮气、碱液等。

（二）主要危险有害因素及其分布

MTO 装置存在的主要危险有害因素是火灾、爆炸、中毒。此外，还存在噪声、高温烫伤、窒息及其他危险有害因素。

MTO 装置属于甲类火灾危险性生产装置，其原料及产品均属可燃物质，具有突出的火灾爆炸危险性。

反应器中有甲醇及产品乙烯、丙烯为主的烯烃混合物，而再生器中存有空气。反应再生部分为并列式，两器的压力基本相同，所以主要危险为催化剂的倒流，若发生倒流则存在空气串入反应器或产品气串入再生器的可能，这两种情况都具有发生爆炸的危险。

反应再生部分剂醇比相对于一般常规催化裂化的剂油比来说较小，存在催化剂输送中断的可能性。如果反应器中催化剂减少或没有，将会造成反应温度急剧下降，继而导致反应器部分设备温度快速下降，存在下列 3 种可能：反应器油气泄漏可发生火灾；产品气中大量水蒸气在急冷塔、分离塔全部冷凝而无烃类存在时，会造成压力急降，进而导致反应器压力下降，造成两器的负差压，从而造成操作极大波动；由于反应器中无催化剂料封，产品气体进入再生器，形成爆炸性气体而使再生器爆炸。

若再生器中催化剂减少或没有，将有可能造成反应器超温，发生产品气体泄漏着火或烟气[①] 串入反应器而造成反应器爆炸，所以两器的热量平衡、压力平衡及正常催化剂流化和输送的控制（即再生滑阀、待生滑阀压差）是最为重要的。

滑阀是该反应系统的关键控制设备，若滑阀故障操作不灵，就会影响正常操作，导致故障停车。

甲醇存在于进料气化、反应—再生等单元中，一旦发生大量泄漏，可造成中毒危险。

十一、丙烯（环管）装置

（一）主要危险有害物质

聚丙烯装置主要危险有害物质有丙烯、乙烯、氢气、三乙基铝、丙烷、氮气、过氧化物、放射性物质、聚丙烯等。

（二）主要危险有害因素及其分布

装置中存在的主要危险有害因素是火灾、爆炸，以及装置中还存在窒息，高、低温危害，放射性及其他等危险有害因素。

---

① 注：烟气中氧气浓度远比空气低，甚至没有氧气。

聚丙烯装置工艺过程中的主要原辅材料有丙烯、乙烯和氢气。原料丙烯、乙烯经精制后在 70 ℃、3.4 ~ 4.4 MPa 条件下与 CDi 催化剂、活化剂、给电子体、氢气聚合生成聚丙烯粉料，整个工艺过程涉及的物料多为易燃、易爆危险化学品。主要火灾爆炸事故有：可燃物泄漏引起大火燃烧，进而引发爆炸；聚合异常"暴聚"引起爆炸；紧急停车，误操作引起爆炸；粉尘静电引起燃烧爆炸等。

丙烯聚合反应复杂，影响因素很多。所用聚合单体丙烯的质量、助催化剂、主催化剂和改质剂及辅助化学品和公用工程、水、电、风、氮等的质量，还有设备与控制仪表状况和工艺条件执行情况等，都关系着聚合反应的质量和生产安全。上述任一因素的波动和变化，都能导致聚合反应异常，若调整不及时，处理不当，都可能发展为难以处理的"暴聚"事故。严重的"暴聚"事故可造成聚合反应器超温、超压，进而引发重大事故。因"暴聚"在停工清理反应器时，由于聚合反应器内"暴聚"而产生的塑化物中夹带残留活性物和未反应单体难于置换彻底，作业前虽经置换分析合格，但在空气环境下清理一段时间后，因残留夹带的危险物逐步积累，遇静电火花，可引发重大爆燃与人身伤亡事故。

聚丙烯装置使用的催化剂三乙基铝具有特殊危险性，三乙基铝化学性质非常活泼，其自燃点非常低，与空气接触会立即燃烧；如果与水接触，将会发生剧烈的反应从而引起爆炸，是一种高火灾危险性物质。因此，三乙基铝的储存和使用都是在氮气密封的条件下进行，不能与空气和水接触。高浓度的三乙基铝着火以后，由于会与水发生剧烈反应，所以绝不能用水或含水类灭火剂进行灭火，气体类灭火剂也不适用，可用干粉、干砂进行灭火。

聚丙烯粉料气流输送、存储、除尘等生产过程，都存在着聚丙烯粉尘发生爆炸的危险。

聚丙烯装置的高温热源主要包括：反应器、各类塔、换热器、高温机泵及中低压蒸气管线等，人体直接接触这些设施会造成烫伤事故。高温物料及蒸气泄漏，处理不当也会可造成人员烫伤事故。

十二、聚乙烯装置

（一）主要危险有害物质

聚乙烯装置存在的主要危险有害物质有：乙烯、丙烯、正丁烷、溶剂油、有机过氧化物、燃料气、放射性物质、聚乙烯、氮气等。

（二）主要危险有害因素及其分布

聚乙烯装置属于甲类火灾危险性生产装置，其原料及产品均属可燃物质，具有明显的火灾爆炸危险性。装置的最大危险是高温、高压乙烯泄漏后遇火花发生的火灾、爆炸事故，以及储存料仓中可燃气体积聚达一定浓度后遇火花发生的火灾、爆炸事故，这两类事故约占全部火灾事故的 80 % 以上。如一次压缩机、二次压缩机、反应器、高压分离器、低压分离器、料仓，以及相应的管线、泵、阀、换热器等部位，这些部位存在高温、高压的乙烯气体，特别是设备和管线的连接部位出现泄漏的概率更大。

聚乙烯装置压缩区主要设备包括一次压缩机和二次压缩机。一次压缩机是将压力为约 3.2 MPa 的乙烯气体压缩到 30 MPa 左右，二次压缩机是将 30 MPa 左右的乙烯气体压缩到最高 220 MPa。压缩机内介质是乙烯，为易燃物品，一旦压缩机的连接部件或密封部件泄漏，高压的乙烯气体进入空气中，都可能会发生火灾或爆炸事故。进入压缩机的乙烯气体携液化乙烯或压缩机的温度、压力超高，会造成压缩机损坏及乙烯气体泄漏，常见的事故是压缩机填料发生径向泄漏或连接部件、焊缝等发生乙烯泄漏，最终造成火灾或爆炸。压缩机因高速气流对系统管线（特别是弯头）的冲刷，导致系统管线（特别是弯头）减薄、穿孔，乙烯气体喷出引起火灾或爆炸事故。压缩机因振动大会使连接部件或焊缝松脱或开裂，导致乙烯气体泄漏引起火灾或爆炸事故。因操作不当使压缩机在超温、超压状态下运行，导致压缩机损坏及乙烯气体泄漏，引起火灾或爆炸事故。

聚乙烯装置聚合反应有机过氧化物作为反应引发剂，其活性很高。在较高温度下，极易自身发生分解而放出大量的热量，最终酿成火灾或爆炸事故。装置使用的是已用溶剂油配制成浓度很低的有机过氧化物，但注入反应器的流量过高，将引起反应器超温分解而停工，甚至造成反应器超温超压，酿成火灾爆炸事故。反应器在高温高压条件下操作，压力由其出口处的压力控制阀进行控制。当压力控制阀出现故障导致反应器超压时，将引起反应器超温分解而停工，甚至造成反应器超温超压，酿成火灾爆炸事故。控制阀出现故障也可能导致后面的高压分离器和高压循环系统超压，导致设备损坏，甚至出现乙烯泄漏，酿成火灾爆炸事故。反应器的连接部件和压力控制阀可能在高温高压的操作条件下长时间工作，因密封件损坏出现泄漏，酿成火灾爆炸事故。最容易发生泄漏的地方是反应器搅拌器密封件和压力控制阀。

在高压分离器和低压分离器之间有控制阀对高压分离器的液位进行控制，如果出现阀门堵塞或控制不当，导致严重的高压串低压情况，可能使低压循环系统压力严重超高，造成火灾爆炸事故。某同类装置在处理这段管线堵塞时，就因严重串压出现了爆炸事故，导致人员伤亡。

聚乙烯装置使用了多套放射性料位计，若使用管理不当，则射线会对人体造成危害。分离器中检测熔融聚合物液位的是放射源，对放射源的操作、管理不到位容易引发辐射伤人事故。

第四节　储运设施危险特性分析

储运作为煤化工行业的终端环节，易燃易爆危险品储量大，储存形式多样，技术要求高，同时也存在安全隐患和设计缺陷，储运危险性高。本节就以上具体情况进行分析。

一、储运设施主要特点

（一）原料储运的特点

由于煤化工企业产能很大，为了生产的需要，大量的原料煤需要进行储运。因此，企业建设了很多大型的储煤仓。

（二）生产产品储运特点

根据现代煤化工企业产能大的特点，成品仓库及储运设施也趋向大型化。煤化工企业主要有聚丙烯、聚乙烯、硫黄成品仓库。

（三）储罐区的特点

1. 储罐类型复杂多样

煤化工厂区储罐类型复杂，既有内浮顶罐、拱顶罐，又有全压力球罐、全冷冻罐。

2. 本质安全缺陷，防控手段不足

调研发现，个别煤化工企业中间罐区采取钢制浮盘，一旦发生火灾，浮盘破裂，极易在罐内液面形成不规则倾斜，灭火时难以形成泡沫覆盖层，且内浮顶甲醇储罐没有设置氮封系统，存在本质安全缺陷。

3. 罐组储存物料复杂，处置技术要求高

煤化工企业同一罐组、罐区内，易燃易爆、有毒有害危险品混存混放，特别是中间罐区储存物料复杂，组分多变，既有水溶性易燃液体，也有非水溶性易燃液体，一旦发生火灾，灭火药剂选用难、处置技术要求高。

4. 储罐间距不足

煤化工企业平面布置一般执行《石油化工企业设计防火规范》，而项目设计方和建设方为了节省建设用地和投资，往往按照规范要求的防火间距下限值进行平面布置，造成装置区内各装置单元之间、储罐区内罐组之间及储罐之间的防火间距设置偏低。在以往多次石油化工火灾事故中，均暴露出了现行规范防火间距不足的问题。煤化工项目配套装置较多，大量装置的密集布置加大了火灾爆炸事故的处置难度，也容易造成事故的蔓延失控。

二、煤化工各类储罐危险性分析

（一）甲醇储罐危险性分析

随着近些年来我国煤化工产业的快速发展，甲醇作为煤化工的主要产品之一，已成为我国能源多元化发展的重要领域。甲醇既是重要的大吨位基础有机化工产品和原料，又是极有前途的代用燃料之一。在世界基础有机化工原料中，甲醇消费量仅次于乙烯、丙烯和苯居第 4 位。随着甲醇产量的急剧增加，甲醇储罐的建设规模也发生了翻天覆地的变化，目前国内设计的大型煤化工装置中，最大的甲醇储罐已达上万立方米，远远超出以往几百立方米储罐的范畴。

1. 储罐区的高易燃性

甲醇的闪点为 11.11 ℃，根据我国现行 GB50160—2008《石油化工企业设计防火规范》和 GB12268—2005《危险货物品名表》，甲醇属中闪点（-18 ～ 23 ℃）甲类火灾危险性的易燃液体。甲醇的沸点为 64.8 ℃，蒸气的最小点火能为 0.215 MJ，罐区中常见的潜在点火源，如机械火星、烟囱飞火、电器火花和静电放电等的温度及能量都大大超过甲醇的最小引燃能量，极易引发储罐区发生火灾。

2. 储罐区的易爆性

由于甲醇具有较强的挥发性，在甲醇罐区通常都存在一定量的甲醇蒸气。当罐区内甲醇蒸气与空气混合达到甲醇的爆炸浓度范围 6.7% ～ 36.0% 时，遇火源即会发生爆炸。甲醇的饱和蒸气压为 13.33 kPa（21.2 ℃），温度越高，蒸气压越高，挥发性越强。特别是当甲醇储罐出现泄漏，或储罐区内的管道破裂导致甲醇外泄时，大量的甲醇蒸气与空气很快会达到爆炸浓度范围。由于甲醇的引爆能量小，罐区内外绝大多数的潜在引爆源都能引发储罐区的甲醇蒸气发生爆炸。

3. 甲醇储罐受热膨胀

甲醇具有受热膨胀性，若储罐内甲醇装料过满，当体系受热，甲醇的体积增加，密度变小的同时会使蒸气压升高，当超过容器的承受能力时（对密闭容器而言），储罐易破裂。如气温骤变，储罐呼吸阀由于某种原因未来及开启或开启不够，易造成储罐破坏。对于没有泄压装置的罐区地上管道，物料输送后不及时放空，当温度升高时，也可能发生胀裂事故，导致管道泄漏。另外，如储罐区发生火灾，火灾现场附近的储罐就会受到高温地热辐射作用，如不及时冷却，也会因膨胀而破裂，造成甲醇的泄漏，增大火灾的危险性。

4. 储罐区火灾具有扩散性

甲醇常温下为液体，黏度为 0.5945 MPa.s（2.0 ℃），甲醇的黏度会随温度升高而降低，具有较强的流动性。同时由于甲醇蒸气的密度比空气密度略大，能在较低处扩散，有风时会随风飘散，即使无风时，也能沿着地面向外扩散，并易积聚在地势低洼地带，遇静电、明火，即会着火回燃。在甲醇储存过程中，如发生溢流、泄漏等现象，特别是甲醇储罐出现破裂，着火的甲醇物料会很快向四周扩散，形成大面积燃烧。

5. 储罐区火灾具有复燃、复爆性

甲醇储罐火灾被扑灭后，如果不能有效对储罐进行冷却或处理流淌出的甲醇，火场的高温会继续引起甲醇的蒸发，储罐区很快会再形成在爆炸极限范围内的甲醇蒸气，遇到高温或残留的余火，会引起复燃复爆。2014 年 6 月 25 日 18 时 48 分，江西省抚州市抚北工业园区海川化工厂一甲醇储罐因雷击着火，储罐为内浮顶罐式，着火后罐顶被烧穿，火焰从罐顶四周喷出，形成敞开式燃烧。罐壁经长时间烈焰烘烤局部微变，泡沫短时间无法有效射入着火罐内，着火罐扑救过程中多次复燃。

（二）油品储罐危险性分析

煤制油企业是我国的新兴产业，采用新技术、新工艺、新设备，生产出新产品，油品储罐具有易燃、易爆、有毒、有害等多种危险性。一旦发生事故，不但会造成本企业的人员伤亡和财产损失，还会对周边环境、其他无辜人员的安全产生严重的影响。

储罐主要储存有轻质油品和重质油品。汽油、煤油、柴油等轻质油储罐发生火灾后，燃烧速度快，火焰高、火势猛，热辐射强，易引起相邻油罐及其他可燃物燃烧，储罐一旦发生爆炸，就会造成罐体破裂，罐盖掀开、飞出，或是罐壁底部、中间裂开，从裂口处或因罐体移位流出的油品，形成地面流淌性燃烧。原油等重质油品储罐发生火灾后，重质油品着火后蒸发速度慢，蒸发时吸收热量少，但容易使油品溢出罐外形成沸溢的现象，有时油品与火焰腾空而起，将燃油喷出罐外几十米或百余米远，形成喷溅的现象。在储罐发生流淌火、沸溢和喷溅现象时，在灭火救援中如枪、炮阵地设置于防护堤之内，势必会造成人员伤亡和装备损毁。同时，火灾扑救时需要近距离有效打击火势或冷却罐体，在这种情况下，人员容易发生烫伤、烧伤。每个液体储罐都有其防护堤（防护堤的容积大于储罐的容积），储罐的容积越大，防护堤的长宽越大，油罐与防护堤的距离也就越远，导致灭火救援中车载炮、移动炮、高喷炮等有效射程无法打击或冷却罐体。

（三）液化烃球型罐危险性分析

1. 储罐超温、超压、超装、超负荷运行

由于液化石油气具有易燃易爆的特性，所以对储罐的标准要求很高。一般储罐压力不得超过 1.6 MPa，冬天气温应设法保持在 −35 ℃以上，夏天气温不宜超过 35 ℃。液化气槽车和储罐的充装系数不应超过其容积的 80%。进储罐的充装液化气温度界限应保证其蒸气压不超过储罐的允许操作压力。

2. 管道及附件的稳定性，设备阀门、管线老化

液化烃储罐工艺配管一般有：液相进出口管、液相回流管、气相管、排污管、放散管、安全阀放散管等，储罐工艺配管配置的阀门近 20 个，运行中需要注意管系产生的荷载、应力、振动，进行必要的应力分析，确定管系的支承和防振措施。很多企业在实际的生产过程中往往忽略这一点，使与储罐连接的管道、附件的稳定性及设备阀门和管线的老化等问题成为生产中的安全隐患。

3. 火势不易控制，蔓延迅速

液化烃球型储罐发生火灾，形成稳定燃烧。当火点位于储罐顶部时，位于储罐顶部的放空线、安全阀、人孔等受火势威胁，如果得不到有效的冷却保护，可能造成密封处损坏，导致泄漏量增大，扩大火势。

当火点位于储罐底部时，如果得不到有效的冷却保护，位于储罐底部的收付线接口法兰、阀门，切水线接口法兰、阀门，底部人孔法兰极易发生密封损坏，导致泄漏增加，火势扩大。同时，球罐的支柱、拉杆受火势威胁可能发生金属材质变形，承重力不均匀造成罐体倾倒，从而导致物料大量泄漏，引发灾难性的爆炸事故。

液化烃球型储罐发生大量泄漏，无论是灌顶薄弱部位泄漏还是罐底薄弱部位泄漏，由于液化气体比空气重，泄漏后聚集于低洼处，迅速汽化形成蒸气云，液态的液化气体在防火堤内积聚成液池，蒸气云遇点火源发生蒸气云爆炸，回火点燃泄漏源在防火堤内发生池火。池火灾使储罐暴露于火焰中，如果球罐得不到有效的冷却保护，储罐内的液化气体将迅速汽化，灾情将进一步失控。

4. 爆炸危险大

压力储罐暴露于火中，罐内压力上升，液面以上的罐壁（干壁）温度快速升高，强度下降，一定时间后干壁将会发生热塑性裂口从而导致灾难性的沸腾液体扩展蒸气爆炸，造成储罐整体破裂，同时伴随强大的热辐射、冲击波及储罐碎片，对附近人员和周边建筑、储罐设备造成重大伤害和破坏。

（四）LNG 储罐危险性分析

1. 液体分层

LNG 是多组分混合物，因温度和组分的变化，液体密度的差异使储罐内的 LNG 可能发生分层。一般罐内液体垂直方向上温差大于 0.2 ℃、密度大于 0.5 kg/m³ 时，即认

为罐内液体发生了分层。实际运行中，产生液体分层的原因有两种：一种是进入储罐的 LNG 与罐内原有 LNG 的密度不同；另一种原因是 LNG 内氮含量太高。已经装有液化天然气的储罐再次充装密度不同的 LNG 时，可能出现两种液体不混合而导致液体分层。如由罐的底部充装密度较罐内液体大的 LNG，或由罐的顶部充装密度较罐内液体小的 LNG，都可能形成罐上部液层较轻、罐下部液层较重的两层液体。观察表明：储罐接受环境热量后，罐内分层液体出现各自的自然对流循环，上下两层内液体的密度和温度较为均匀，但分层液体的温度和密度不同，在层间交界面处有能量和物质的交换。

氮含量较高的 LNG，初始状态下罐内液体混合良好，由于罐体受热、贴壁液体边层温度升高，密度降低，沿罐壁向上流动到达气液自由表面时，发生蒸发。氮的常压沸点为 $-195.8\,℃$，远低于甲烷的沸点 $-161.5\,℃$，而在储存条件下氮的密度约为 $613\,kg/m^3$，是甲烷密度（$425\,kg/m^3$）的 1.44 倍。边层液体升至自由液面蒸发时，氮的挥发性强，其蒸发量远高于甲烷，蒸发后液体内 N_2 浓度减小、C_1^+ 的浓度增高、液体密度减小，停留在自由液面上。随着时间的延续，在液面上积聚一层密度较小的液层，使罐内液体分层。

若氮含量很低，如小于 1%，则贴壁液体受热上升至液面蒸发，除氮外，蒸发物内主要为甲烷，残留液相内 C_2^+ 含量增加，液体密度增大，在重力作用下向下运动，形成自然对流，不发生液体分层。在半充满的 LNG 储罐内，充入密度不同的 LNG 时会形成分层，造成原有 LNG 和新充入的 LNG 密度不同的原因有：LNG 产地不同使其组分不同；原有 LNG 与新充入的 LNG 温度不同；原有 LNG 由于老化使其组分发生变化。虽然老化过程本身导致分层的可能性不大（只有在氮的体积分数大于 1% 时才有必要考虑这种可能），但原有 LNG 发生的变化，使得储槽内液体在新充入 LNG 时形成了分层。

2. 老化

LNG 是一种多组分混合物，在储存过程中，各组分的蒸发量不同，导致 LNG 的组分和密度发生变化，这一过程称为老化[1]。

老化过程是导致 LNG 成分和密度改变的过程，受液体中初始氮含量的影响很大。由于氮是 LNG 中挥发性最强的组分，它比甲烷和其他重碳氢化合物更先蒸发。如果初始氮含量较大，老化 LNG 的密度将随时间减小。在大多数情况下，氮含量较小，老化 LNG 的密度会因甲烷的蒸发而增大。因此，在储槽充注前，了解储罐内和将要充注的两种 LNG 的组成是非常重要的。因为层间液体的密度差是产生分层和翻滚现象的关键，所以应该清楚了解液体成分和温度对 LNG 密度的影响。

---

[1] 郭揆常. 液化天然气（LNG）应用与安全 [M]. 北京：中国石化出版社，2010.

与大气压力平衡的 LNG 混合物的液体温度是组分的函数，如果 LNG 混合物包含重碳氢化合物（乙烷、丙烷等），随着重组分的增加，LNG 的高发热值、密度、饱和温度等都将增大。如果液体在高于大气压力下储存，则其温度随压力变化，大约是压力每增加 6.895 kPa，温度上升 1 K。温度每升高 1 K 对应液体体积膨胀 0.36%。

3. 翻滚 [①]

LNG 是低温液体，在储存过程中，不可避免地从环境吸收热量。若储罐内的液化天然气已经分层，被上层液体吸收的热量一部分消耗与液面液体蒸发所需的相变焓，其余热量使上层液体温度升高。随着时间的延续，上层液体的温度逐步升高，随蒸发的持续，上层液体的密度越来越大。

当不同密度的分层存在时，上部较轻的层可正常对流，并通过向气相空间的蒸发释放热量。但是，如果在下层由浮升力驱动的对流太弱，不能使较重的下层液体穿透分界面达到上层的话，下层就只能处于一种内部对流模式。上下两层对流独立进行。直到两层间密度足够接近时发生快速融合，下层被抑制的蒸发量释放出来。这时，往往伴随有表面蒸发率的骤增，大约可达正常情况下蒸发率的 250 倍。

低温液体储存时常处于过热状态，翻滚时液层的迅速融合加快了罐内液体的流动，为液体内集聚能量通过表面蒸发提供了条件，因而蒸发率骤增、储罐压力骤增，蒸气通过安全阀释放。若安全阀容量不足，可能损坏储罐。

分析表明，很小的密度差就可导致涡旋的发生。LNG 成分改变对其密度的影响比液体温度改变的影响大。一般来说，储槽底部较薄的一层不会导致严重问题，即储槽压力不会因翻滚而有大的变化。反之，储槽上部较薄的一层轻液体会导致翻滚的后果非常严重。

形成翻滚的机制比较复杂，综合如下。

①储罐周壁形成边界层，下层边界层密度降低后上升，透分界面与上边界面混合并上升至液面蒸发。

②分层面之间受到的扰动形成液体波，促进液层的混合与蒸发。

③分层液体之间存在能量和物质的交换，下层液体通过分界面进入上层，上层液体进入下层。下层液体进入上层后又卷携上层液体进入下层，上层液体进入下层后又卷携下层液体进入上层等。总的效果是使上层液体量增加，分界面下移并受到扰动。

④影响两层液体密度达到相等的时间因素有：上层液体因蒸发的成分变化、层间热质传递、底层的漏热。蒸发气体的组成与上层 LNG 不一样，除非液体是纯甲烷。如果

---

① 郭揆常 . 液化天然气（LNG）应用与安全 [M]. 北京：中国石化出版社，2010.

LNG 由饱和甲烷和某些重碳氢化合物组成，蒸发气体基本上是纯甲烷。这样，上层液体的密度会随时间增大，导致两层液体密度相等。如果 LNG 中含有较多的氮，则这一过程会被推迟，因氮将先于甲烷蒸发，而氮的蒸发导致液体密度减小。层间的质量传递较热量传递更为缓慢，但由于甲烷向上层及重烃向下层的扩散，这一过程也有助于两层的密度均匀。

⑤对于温度的影响，下部更重的层比上层更热且富含重烃。从这层向上层的传热，加快上层的蒸发并使其密度增大。从与下层液体接触的罐壁传入的热量在该层聚集。如果这一热量大于其向上层的传热量，则该层的温度会逐渐升高，密度也因热膨胀而减小。如果这一热量小于其向上层的传热量，则该层将趋于变冷，这将使分层更为稳定，并推迟翻滚的发生。

4. 间歇泉和水锤现象 [①]

如果储罐底部有很长的而且充满 LNG 的竖直管路，由于管内液体受热，管内的蒸发气体可能会定期地产生 LNG 突然喷发。产生这种突然喷发的原因，是由于管路蒸发的气体不能及时地上升到液面，温度不断升高，气体的密度减小，当气体产生浮力足以克服 LNG 液柱高度产生的压力时，气体会突然喷发。气体上升时，将管路中的液体也推到储罐内，由于这部分气体温度比较高、上升时与液体进行热交换，液体大量的闪蒸，使储罐内的压力迅速升高。如果竖直管路的底部又是比较长的水平管路，这种现象更为严重。在管内液体被推到储罐的过程中，管内部分空间被排空，储罐中的液体迅速补充到管内，又重新开始气泡的积聚，过一段时间以后，再次形成喷发。这种间歇式的喷发，称之为间歇泉现象。储罐内的压力骤然上升，有可能导致全阀的开启。因此，储罐底部竖直管路比较长时，有可能出现间歇泉。

上面提及的系统被周期性地减压和增压，则该处形成液体不断排空和充注，管路中产生的甲烷蒸气被重新注入的液体冷凝，形成水锤现象，产生很大的瞬间高压。这种高压有可能造成管路中的垫圈和阀门损坏。

5. LNG 气化超压爆炸

该种问题的产生主要是由于处于沸腾状态而引起的，主要是由于其在沸腾状态中，外来热量的传入势必会造成 LNG 的汽化，从而内部气压相应升高，最终导致安全阀打开或者是泄漏，引起相应的火灾和爆炸事故。

6. LNG 储槽冷爆炸

冷爆炸是指 LNG 在遇水情况下，其会产生沸腾并伴随巨大声响和水雾，从而造成

---

① 郭揆常. 液化天然气（LNG）应用与安全 [M]. 北京：中国石化出版社，2010.

LNG 冷爆炸。主要是由于 LNG 与水热传递速率较高，可以在短时间内吸收水中热量。该现象就类似于水落在已经烧红的铁板上，会产生瞬间的汽化蒸发，因此确保发生泄漏的 LNG 不接触水。

7. LNG 火灾

LNG 蒸气因遇到火源发生着火事件后，火焰可逐渐向有氧气的地方扩散。由于游离在云团中的天然气呈现低燃烧状态，造成其云团内压力小于 5 kPa，因此，其爆炸危害相对较小。另外，燃烧的气体能够阻止蒸气云团形成，从而呈现稳定燃烧的状态。当蒸气充分与空气混合，且达到可发生爆炸时，则可出现爆轰，进一步加大了事故损伤范围及损伤程度。

8. LNG 的泄漏

在低温操作状态下，金属部件可发生严重收缩，在储槽系统中（特别是焊缝、法兰、阀门、密封、管件及裂缝处）均可发生泄漏及沸腾蒸发。且在储运中，因长期振动储存容器，泄漏事件发生率也就更高。若不能及时加固部件或密封蒸气，则可导致其出现逐渐上浮现象，并且向远处扩散，在遇到潜在火源时，可造成火灾或爆炸事件。

▶ 第六章
煤化工事故分类及处置难点

根据煤化工原料和产品的物理化学特性及储存类型，综合近年来全国发生的多起煤化工事故典型案例，本章重点对煤化工事故特点、类型和处置难点进行分析。

第一节　煤化工事故分类

一、煤化工事故特点

（一）工艺流程复杂

近年来，随着能源利用率的不断提升，充分利用煤炭资源，发挥物质最大效能性，生产能力不断加大，使得原有的工艺更为完整，随之引入的高温、高压反应链更是加大了容器的操作极限。工艺流程更多、环节更精细、集成度更高、装置更高大、管线更密集、储罐储量更大、危化品种类和数量的急剧增加，造成火灾的危险和危害性大规模提升，给灭火救援工作带来了巨大考验。

（二）发展快、易燃、易爆

煤化工火灾热值高、火势猛，一旦发生火灾，火苗能够瞬间窜数十米甚至百米。燃烧和爆炸速度快，热辐射强，有沸溢喷溅的可能，会使大量可燃液体流散，形成大面积流淌火。如果是甲醇罐、油罐、天然气罐、石油气罐等储罐，扑救不及时极易发生连环爆炸，破坏力强，甚至造成毁灭性灾害。

（三）易形成立体火灾

煤化工单位原料和产品大多是易燃易爆物质，多生产储存天然气、甲醇、汽油、柴油、石蜡、石脑油、烯烃等易燃可燃物质。由于生产设备高大密集呈立体布置，框架结构空洞较多,如设备发生爆炸、易燃易爆物质外溢。所以,一旦初期火情控制不利,就会使火势上下左右迅速蔓延,形成立体火灾。

（四）事故处置难度大

煤化工产品工艺流程十分复杂,因燃烧物质的性质不同,需选用不同类型的灭火剂；因装置设备和着火部位不同,需采用不同的灭火技术战术,有的时候还需要人员堵漏、倒灌、转移等。火灾燃烧导致毒性物质的扩散和腐蚀性物质的喷溅流淌,各类物质的物理、化学反应或者热传导、热辐射易发生连环爆炸,恶劣的事故环境严重影响灭火战斗行动,给火灾扑救带来很大的困难,甚至造成扑救官兵伤亡。

（五）灭火作战时间长

煤化工单位多管相连,罐罐相连,建筑、生产设施林立,设备高达密集,生产工艺形成整套流程。工艺复杂,加上生产、储存的危险化学品种类多,部分化学品物质不多见,事故侦查检测困难,需要时间长。物质储存的量大、燃烧持续久。

二、煤化工事故主要类型

煤化工事故主要类型,如图 6.1 所示。

表 6.1 　煤化工事故主要类型

事件类型		事件情景	事发区域		情景可能性
			危害因素	设备设施	
泄漏		毒气 / 可燃气体 / 液化气泄漏	中毒窒息	管线、泵、压缩机、各种可燃气体 / 液化气容器	较高
火灾	喷射火	高温高压易燃液体 / 可燃气体 / 液化气泄漏	烧伤、热辐射	压力管线、压力容器、压力储罐	较高
	池火	液体外泄形成不定形状的液池火	烧伤、热辐射	各种可燃液体容器	较高
		立式储罐掀顶形成罐顶池火	热辐射	立式可燃液体储罐	低
		容器破裂在防液堤范围内形成防液堤范围的池火	热辐射	各种可燃液体储罐	较低
		储罐事故性破裂,液体冲垮或溢出防液堤,形成大范围的池火	烧伤、热辐射	各种可燃液体储罐	低

事件类型		事件情景	事发区域		情景可能性
			危害因素	设备设施	
爆炸	气云爆炸	可燃气体/液化气泄漏	烧伤、热辐射、冲击波	管线、泵、压缩机、各种可燃气体/液化气容器	较低
	BLEVE火球	沸腾液体扩展蒸气爆炸（BLEVE）火球	热辐射	液化气储罐	低
	超压爆炸	充装过量、容器缺陷等导致的超压爆炸	冲击波	压力容器	较高
	点源爆炸	反应器内出现热失控反应	冲击波	可能存在失控反应的反应器	较高
	煤粉爆炸	煤粉大量泄漏，遇火源爆炸，可发生多次爆炸	中毒、烧伤、冲击波	管线、煤粉储斗、气化框架、输煤栈桥	较高

（一）煤化工火灾爆炸事故

煤化工在整个生产过程中，所用到的原料，中间产品及最终产品，多为可燃、易燃、易爆物质，主要包括煤（煤尘）、LNG、氧气（O_2）、煤气、甲醇（CH_3OH）、甲烷（CH_4）、硫化氢（H_2S）、硫黄、丙烯（C_3H_6）、乙烯（C_2H_4）、丁烷（C_4H_{10}）等，且生产过程伴随有高温、高压、催化放热反应等，如发生可燃气体泄漏、设备或管道超压等情况，若不能及时采取有效措施进行控制，有可能引发火灾、爆炸事故。

火灾爆炸事故是指煤化工企业要害（重点）部位、关键装置、大型油气储存设施、锅炉压力容器、油气输送管线、运输油气和危险化学品的汽车、在工作场所内易燃易爆化工产品发生的火灾爆炸事故。主要分为以下事故类型：瓦斯火灾爆炸事故、容器爆炸事故、锅炉爆炸事故、易燃液体着火爆炸事故、煤粉爆炸事故和其他火灾爆炸事故。

近年来，煤化工企业已经发生多起火灾爆炸事故：2009年4月8日，内蒙古伊泰煤制油公司中间罐区重质馏分油储罐爆炸着火；2010年3月22日，内蒙古呼伦贝尔市东能煤化工公司压缩厂房煤气化原料气管道发生泄漏着火；2010年5月7日，神华煤制油公司煤粉仓锥底软连接处发生煤粉泄漏着火；2012年10月8日，山西省晋城市春晨兴汇煤化工公司10吨煤焦油储罐阀门泄漏引发厂房起火；2012年4月6日，内蒙古通辽金煤化工公司泵出口取样阀甲醇泄漏引发泵房着火；2013年4月6日，新疆哈密地区广汇新能源有限公司煤化工项目造气车间煤气水贮槽发生火灾；2014年1月21日，内蒙古鄂尔多斯市圣圆煤化工基地一煤焦油储罐发生爆炸着火；2014年3月18

日，内蒙古赤峰市国电赤峰煤化工有限公司石脑油储罐排气阀发生泄漏爆炸；2016 年 8 月 14 日，大唐内蒙古多伦煤化工有限公司甲醇罐爆炸着火。

（二）煤化工危险化学品泄漏事故

煤化工与其他炼油化工行业相比有自己独特的特点：一是气体分布广，气体用量大（如氢气、氧气、氮气等），其中氮气几乎分布在每个基层单位，煤气化气达到 30 万 m³/h，而且高浓度有毒有害气体（硫化氢等）较多，泄漏时处理不好容易造成重大事故。二是气体压力高、温度高，煤液化系统压力高达 19.02 MPa、煤制氢系统压力 4.0 MPa，一旦泄漏难以控制，煤制氢气化炉 1450 ℃、硫黄回收制硫过程气 1017 ℃、煤液化系统 455 ℃，泄漏后容易引发着火爆炸事故。

液体物料泄漏分两种、一种是常压下易挥发的易燃、易爆物料，如液化气、液氨等。一旦泄漏立即挥发，一般泄漏点明显拌有结霜结漏现象发生。易发生中毒、冻伤，遇明火易发生着火、爆炸事故。另一种是重油泄漏，遇明火易发生着火事故，重油自燃点低，灭火困难，处理不好易造成环境污染事故。

气体物料泄漏如氢气、天然气、煤合成气、硫化氢等，在物料泄漏中危险性最高，多数气体无色、无味、爆炸极限宽，如处理不善极易造成可燃气体空间爆炸，后果不堪设想。硫化氢、氨气等有毒气体泄漏极易造成人员中毒，严重时造成人员伤亡；氮气等大多数气体易造成人员窒息伤亡，另外扩散传播快、影响区域大也是气体泄漏的一个显著特点。

固体物料泄漏，如煤粉、催化剂等，易发生粉尘爆炸。煤粉爆炸后的冲击波引起煤粉冲起还可能引起二次爆炸，易造成人员伤亡。

物料泄漏按照物料相态分为：气体物料泄漏、液体物料泄漏、固体物料泄漏 3 种。按照泄漏程度分为轻微泄漏、严重泄漏、不可控泄漏。

（三）煤化工中毒窒息事故

煤化工整个生产过程中，所用到的原料，中间产品及最终产品，有可能导致发生中毒窒息事故的物料有：一氧化碳（CO）、甲醇（CH_3OH）、甲烷（CH_4）、硫化氢（H_2S）、丙烯（C_3H_6）、乙烯（C_2H_4）、丁烷（C_4H_{10}）、氮气（N_2）、二氧化碳（CO_2）、氧气（O_2）、氨（NH_3）等，若生产过程中以上物料发生泄漏，人员防护不到位的情况下有可能导致发生中毒窒息事故。在检维修作业过程中，受限空间未有效隔离、通风置换不合格的情况下，人员进入有限空间可能导致发生中毒窒息事故。在分析化验过程中，人员操作不当、个人防护不到位、分析仪器故障时，可能导致中毒事故。

1. 氢气的特性、危害及分布

氢气通常状况下是无色、无味的气体，密度是空气密度的 0.07 倍，氢气的爆炸极限为 4.0% ～ 74.2%，极限宽，爆炸威力很大。氢气本身无毒，但可引起人窒息，甚至死亡。氢气与其他气体相比特点之一是气体膨胀后温度上升，氢气燃烧火焰颜色较浅，夜间光线较暗时肉眼可以看到。氢的燃烧发热值高，燃烧热值在所有的矿物燃料、生物燃料、化工燃料中居首位，每千克高达 120 859.8 kJ，是汽油热值的 3 倍。

氢气主要分布在煤制氢、煤液化、加氢稳定、加氢改质、硫黄回收、轻烃回收等装置中。

2. 一氧化碳的特性、危害及分布

一氧化碳是一种无色、无味、无刺激性的气体，有剧毒，短时间接触容许浓度为 30 mg/m³。当空气中一氧化碳浓度为 400 mg/m³ 以上时，人吸入会出现昏迷、痉挛甚至死亡。对人体的危害原理是一氧化碳和血液中血红蛋白结合，妨碍其输氧功能。

一氧化碳分布在煤气化、变换单元、合成单元等装置中。

3. 硫化氢的特性、危害及分布

硫化氢是一种无色且具有强烈臭鸡蛋气味的气体，是强烈的神经毒物，对黏膜有强烈的刺激作用。空气中硫化氢允许浓度为 10 mg/m³。短时间内吸入硫化氢后会出现流泪、眼痛、眼内异物感、畏光、视物模糊、流涕、咽喉部灼热感、咳嗽、胸闷、头痛、头晕、乏力、意识模糊等症状，部分患者可有心肌损伤，重者可出现水肿、肺水肿。极高浓度（1000 mg/m³ 以上）时可在数秒钟致人昏迷，呼吸和心搏骤停，浓度达到 1400 mg/m³ 时会发生闪电型死亡。高浓度接触眼结膜发生水肿和角膜溃疡，长期低浓度接触，引起神经衰弱综合症和自主神经功能紊乱。硫化氢进入人体的主要途径是吸入和眼部接触。

硫化氢主要分布在煤制氢、煤气脱硫、污水汽提、硫黄回收、煤液化、加氢稳定、加氢改质等装置中。

4. 氮气的特性、危害及分布

氮气在常温、常压下为无色无臭无味气体，加压后可呈液态，1 体积液氮变为标准状态气体，体积扩大 650 倍。工业上作为惰性气体用于反应塔（釜）、储罐、钢瓶等容器和管道的气相冲洗，化工生产上用作制造硝酸、氰化物、炸药和合成氨等的原料，氮气和氧气、氦气的混合气用于深海潜水作业，此外，液氮还作为深度冷冻剂广泛应用于科学研究，常压下氮气中毒表现为单纯性窒息作用。氮约占空气的 4/5，当空气中氮含量增高至 84% 以上，可排除空气中的氧，会导致呼吸不畅甚至窒息死亡。

氮气产生于空分装置，绝大多数煤化工企业装置都有。

5. 氧气的特性、危害及分布

氧气为无色、无味的气体，在 1 大气压下冷却到 –183 ℃变为蓝色透明液体，冷到 –218.79 ℃变为蓝色固体，标准状态下密度为 1.429，1 L 液氧膨胀为标准气体，体积扩大 800 倍，氧气性质很活泼，易与其他物质发生氧化反应，氧气有助燃性质。纯氧虽为生命活动所必需，但 0.5 个大气压以上的氧却对任何细胞都有毒性作用，可引起氧中毒。氧中毒的发生取决于氧分压而不是氧浓度。当吸入气的氧分压过高时，因肺泡气及动脉血的氧分压随着增高，使血液与组织细胞之间的氧分压差增大，氧的弥散加速，组织细胞因获得过多氧而中毒。人类氧中毒有肺型与脑型两种，肺型氧中毒发生于吸入一个大气压左右的氧 8 h 后，出现胸骨后疼痛、咳嗽、呼吸困难、肺活量减少、肺部呈炎性病变，有炎性细胞浸润、充血、水肿、出血和肺不张。脑型氧中毒发生于吸入 2～3 个大气压以上的氧，可在短时内引起脑型氧中毒，患者主要出现视觉、听觉障碍和恶心、抽搐、晕厥等神经症状，严重者可致昏迷、死亡。高压氧疗时，患者易出现神经症状。

纯氧主要分布在空分和煤制氢等装置中，在实际生产中，空分车间职工应采取适当措施预防氧中毒。在使用氧气呼吸器时不宜时间过长，避免发生中毒。

6. 氨气的特性、危害及分布

氨气是一种无色有特殊刺激性臭味的气体，相对密度为 0.7714。氨蒸气与空气混合物爆炸极限为 16%～25%（最易引燃浓度 17%）。极易溶于水成为氨水，常温下加压可液化成液氨。氨溶于乙醇、甲醇、氯仿、乙醚等多种溶剂中，水溶液呈碱性，液态氨易侵蚀某些塑料制品，如橡胶和涂层。氨和空气混合物达到上述浓度范围遇明火会发生燃烧和爆炸，如有油类或其他可燃性物质存在，则危险性更高。与硫酸或其他强无机酸反应放热，混合物可达到沸腾。氨不能与下列物质共存：乙醛、丙烯醛、硼、卤素、环氧乙烷、次氯酸、硝酸、汞、氯化银、硫、锑、过氧化氢等。氨气主要经呼吸道吸入，对黏膜和皮肤有碱性刺激及腐蚀作用，可造成组织溶解性坏死。高浓度时可引起反射性呼吸停止和心脏停搏。人在 553 mg/m³ 浓度下接触可发生强烈的刺激症状，可耐受 1.25 min；3500～7000 mg/m³ 浓度下吸入可致人立即死亡。时间加权平均容许浓度（PC-TWA）不能超过 20 mg/m³。短时间接触允许浓度（PC-STEL）为 30 mg/m³。短期内吸入大量氨气后可出现流泪、咽痛、声音嘶哑、咳嗽、痰中带血丝、胸闷、呼吸困难，可伴有头晕、头痛、恶心、呕吐、乏力等症状。严重者可发生肺水肿、成人呼吸窘迫综合征，喉水肿痉挛或支气管黏膜坏死脱落致窒息。眼接触液氨或高浓度氨气可引起灼伤，严重者可发生角膜穿孔。皮肤接触液氨可致灼伤。

氨气主要分布在罐区、煤制氢、催化剂制备、污水汽提、硫黄回收等装置中。

7. 二氧化硫的特性、危害及分布

二氧化硫又名亚硫酐，是一种无色、具有强烈刺激性气味的气体，相对密度为2.264，在水中溶解度为22.8%（0 ℃）、11.5%（20 ℃），属中等毒类。它易溶于甲醇、乙醇、硫酸、乙酸、氯仿和乙醚等溶剂中。潮湿时，对金属有腐蚀作用。主要经呼吸道吸收，轻度中毒者可有眼灼疼、畏光、流泪、流涕、干咳等症状，可能伴随出现消化道症状如恶心、呕吐、上腹疼和消化不良，严重中毒很少见。空气中硫化氢允许浓度为10 mg/m³。

二氧化硫主要分布在煤气化装置中。

主要生产性毒物的急性毒性、侵入途经及毒作用等，如表6.2所示。

表 6.2　主要生产性毒物的急性毒性、侵入途径及毒作用

序号	毒物名称	急性毒性	侵入途径	职业接触限值 mg/m³			毒作用特点					
				MAC	TWA	PC-STEL	窒息	刺激	腐蚀	麻醉	灼冻伤	致癌
1	干气	微毒	呼				√	√				
2	液化气	低毒	呼		1000	1500	√	√				
3	汽油	低毒	呼、皮		300	450	√	√		√		
4	柴油	低毒	呼、皮				√	√				
5	一氧化碳		呼		20	30	√					
6	硫化氢	强烈神经	呼	10			√	√				
7	二氧化碳		呼		9000	18 000	√					
8	氮气		呼				√					
9	氨	低毒	呼、皮		20	30	√	√	√			
10	酚	高刺激	皮、呼		10	25		√	√			√
11	石脑油	低毒	呼、皮		300	450				√		
12	氢氧化钠	中等	呼、皮	2					√		√	
13	二氧化硫	中刺激	呼		5	10	√	√				
14	氮氧化物	高刺激	呼		5	10		√				

续表

序号	毒物名称	急性毒性	侵入途径	职业接触限值 mg/m³			毒作用特点					
				MAC	TWA	PC-STEL	窒息	刺激	腐蚀	麻醉	灼冻伤	致癌
15	甲醇		呼、消		25	50	√	√		√		
16	二甲基二硫	低毒	呼							√		
17	羰基镍	高毒	呼	0.002				√				√
18	N-甲基二乙醇胺	低毒	呼、皮		8	15	√				√	
19	二异丙基醚	低毒	呼、皮				√			√		
20	氢氰酸	高毒	呼	1			√	√				
21	乙酸	低毒	呼、消、皮					√	√			
22	乙醛		呼、消、皮	45				√	√			√
23	丁酮、丙酮	微毒	呼、消、皮		丁酮300 丙酮300	丁酮600 丙酮450	√	√				
24	低碳烷烃	低毒或微毒	呼				√	√				
25	低碳烯烃	低毒或微毒	呼		丁烯100	丁烯200	√			√		
26	二硫化碳	高毒	呼、皮		5	10						

备注：① MAC—最高容许浓度；② TWA—时间加权平均浓度；③ PC-STEL—短时间接触容许浓度；④多环芳烃参照焦炉逸散物；⑤呼指呼吸道、消指消化系统、皮指皮肤。

（四）煤化工粉尘爆炸事故

煤是可燃物质，粉碎成细小颗粒后，表面积大大增加，氧化能力显著增强，受热时单位时间内能够吸收更多的热量，在较低的温度（300～400℃）时，就能放出大量的可燃性气体，聚集于尘粒的周围。这类可燃性气体与空气混合在高温作用下吸收能量，形成一定数量的活化中心。如果氧化反应放出的热量有效传导至附近的煤尘，煤尘迅速变热分解，达到一定温度开始燃烧。此种过程连续不断地进行，氧化反应越来越快，温度越来越高，活化中心越来越多，达到一定程度时，便会发展为剧烈的爆炸。

煤尘爆炸必须具备下列 3 个条件。

①煤尘本身具有爆炸性。煤尘的爆炸性与挥发分含量有关，同样情况下，挥发分含量高的煤爆炸性强。

②煤尘必须悬浮于空气中并达到一定浓度。根据试验，我国煤尘的爆炸下限浓度：褐煤为 45 ～ 55 g/m³；烟煤为 110 ～ 335 g/m³。上限浓度一般为 1500 ～ 2000 g/m³。

③有一个能点燃煤尘爆炸的高温热源。其引燃温度变化范围较大，一般为 700 ～ 800 ℃，有时达 1100 ℃。煤尘爆炸可放出大量热能，爆炸火焰温度高达 1600 ～ 1900 ℃，使人员和设备受到严重损失。尤其是煤尘爆炸气体中有大量的 CO_2 和 CO，这是造成人员死亡的主要原因。

煤化工企业的原煤（精煤）、煤粉，主要分布在备煤（液化备煤、气化备煤）、煤制氢、煤液化、催化剂制备装置。

煤气化粒度要求：≤ 90 mm 的原煤粒度 > 90%；≤ 5 mm 的原煤粒度 < 10%。煤液化粒度要求：原煤粒度均 < 200 mm，≤ 100 mm 的原煤粒度 > 89%；≤ 45 mm 的原煤粒度 > 45%。由于煤粉爆炸的危险性随粒度的减小而迅速增加，75 μm 以下的煤尘特别是 30 ～ 75 μm 的煤尘爆炸性最强，所以煤化工的煤粉爆炸危险性大。

第二节　煤化工事故处置难点

煤化工事故常伴随泄漏、燃烧、爆炸等，如果处置不当，发生次生灾害，极易导致人员伤亡。本节主要从事故风险、处置难点、影响因素等方面对煤化工事故进行分析。

一、工艺技术处置难点

（1）煤化工企业发生危化品泄漏事故，一般采用关阀断料、带压堵漏等工艺措施。但由于煤化工装置高温高压特点，在事故状态下，人工加装盲板、卡具堵漏等紧急措施的难度高、风险大。

（2）煤化工工艺在逻辑上形成串联系统，装置之间布置紧密。任何子系统、单元发生故障或问题，都会导致整个系统的故障，从而引发多米诺骨牌效应。例如，神华煤制油项目的备煤、催化剂、油煤浆制备、煤液化 4 个装置组成四联合装置。神华宁东煤间接制油公司气化装置有 4 个单元、28 个气化炉。一旦发生爆炸，容易造成附近设备损坏，造成大量易燃易爆物质泄漏，容易引起连锁反应，造成多次连环爆炸。在事故状态下，利用 DCS 系统进行远程控制时，一旦处置程序不当，紧急停车错误，将会引发上下游连锁反应，造成事故后果扩大。

（3）大多数煤化工企业投产时间短，系统操控人员和岗位应急人员对事故应急处置经验不足，配合不够默契，程序处置不当，极易导致人员伤亡。

二、消防专业处置难点

（1）装置框架高，内攻风险大，外攻灭火难。煤化工企业气化、合成、输煤栈桥等装置，设计高度都在 80 m 以上，易形成立体火灾和流淌火，举高车停靠困难，灭火剂喷射高度不足。部分生产装置采取了封闭和半封闭设计，既是化工装置又是高层建筑，一旦发生火灾，极易发生装置坍塌，救援人员内攻风险高、外攻灭火无法直击火点，整体灭火救援难度大。

（2）管廊管线复杂，作战区域受限。煤化工厂区管廊管线纵横交错，互相联通，发生爆炸火灾，火点分散，容易形成流淌火，难以实施近战灭火。同时由于厂区消防通道狭窄、转弯半径不足，导致阵地设置难，力量调集不便。

（3）二次爆炸危险性大，有毒气体危及人身安全。在煤化工生产过程中，多个工段均有氢气参与反应，特别是在煤直接液化油品加氢工段，氢气压力达到了 8.9 MPa，一旦发生泄漏，二次爆炸、连锁爆炸可能性极大。煤直接制油过程经过 3 次加氢，氢气炉最高温度达 530 ℃，压缩机出口处最高压力达 20 MPa，氢气爆炸极限在 4%～74%（V/V），泄漏发现困难，是该企业重大危险源之一。煤化工超细煤粉除了具有自燃和爆炸危险性以外，在爆炸发生后，还会瞬间产生大量的一氧化碳，极易导致现场救援人员中毒伤亡。煤化工工艺中的低温甲醇洗单元，如果发生泄漏，会快速释放大量硫化氢、一氧化碳气体，个人防护和现场侦检技术要求高，一旦处置不当极易引起人员中毒。

（4）罐组储存物料复杂，处置技术要求高。煤化工企业同一罐组、罐区内，易燃易爆、有毒有害危险品混存混放，特别是中间罐区储存物料复杂，组分多变，既有水溶性易燃液体，也有非水溶性易燃液体，一旦发生火灾，灭火药剂选用难、处置技术要求高。

（5）本质安全缺陷，防控手段不足。个别煤化工企业中间罐区采取钢制浮盘，一旦发生火灾，浮盘破裂，极易在罐内液面形成不规则倾斜，灭火时难以形成泡沫覆盖层，且内浮顶甲醇储罐没有设置氮封系统，存在本质安全缺陷。例如，神华包头煤化工分公司，5 个 10 000 立方米内浮顶甲醇储罐就未设置氮封，发生火灾风险高，处置难度大。

三、地域环境不利影响

水源相对短缺、增援协同困难。与传统石油化工选址不同，煤化工园区常位于产煤基地附近，而这些基地往往是相对缺水地区，特别是天然消防水源缺乏。例如，内蒙古地域东西跨度 2400 多千米，南北跨度为 1700 多千米，一旦发生重大事故，消防部队跨区域增援十分困难。

四、救援队伍实战经验欠缺

煤化工企业大多为近年来新建，火灾事故案例少，企业消防队人员素质、专业训练和装备配备参差不齐。现役消防队对工艺了解较少，企业消防和现役消防力量大都缺乏大型煤化工火灾事故救援实战历练，初战控火能力有待提升。

▶ 第七章
煤化工事故处置应用计算

煤化工事故处置中，确定灭火剂的使用量至关重要。本章主要介绍了煤化工事故处置过程中灭火剂用量的应用计算，重点介绍了储罐区消防用水量、泡沫灭火剂用量、干粉灭火剂用量、水枪（炮）使用数量、可燃液体燃烧数值的计算。

第一节　储罐区消防用水量计算

煤化工储罐区消防用水量计算对扑灭火灾尤为重要，主要包括配制泡沫的灭火用水量和冷却用水量之和。冷却用水量又包括火罐冷却用水量和邻近罐冷却用水量之和，即

$$Q=Q_灭+Q_着+Q_邻$$

式中：Q——储罐区消防用水量，L/s；

　　　$Q_灭$——配制泡沫的灭火用水量，L/s；

　　　$Q_着$——着火罐冷却用水量，L/s；

　　　$Q_邻$——邻近罐冷却用水量，L/s。

一、配制泡沫的灭火用水量计算

（一）配制泡沫的灭火用水量计算

计算公式为：

$$Q_灭=aQ_泡$$

式中：$Q_灭$——配制泡沫的灭火用水量，L/s；

　　　a——泡沫混合液中的含水率，如94%、97%等；

　　　$Q_泡$——泡沫混合液量，L/s。

（二）泡沫灭火用水常备量计算

采用普通蛋白泡沫灭火，一次进攻 5min 计算，为保证多次进攻的顺利进行，灭火用水常备量应为一次进攻用水量的 12 倍，即按 60min 考虑，计算公式为：

$$Q_备=3.6\,Q_灭$$

式中：$Q_备$——配制泡沫的灭火用水常备量，m^3 或 t；

3.6——60 min 灭火用水量系数（泡沫灭火用水常备量以 m^3 或 t 为单位，故（$60 \times 60/1000=3.6$）；

$Q_灭$——配制泡沫的灭火用水量，L/s。

（三）普通蛋白泡沫灭火用水常备量估算

泡沫灭火一次进攻用水量 = 混合液中的含水率 × 混合液供给强度 × 燃烧面积 × 供液时间

扑救甲、乙类液体火灾：$Q_水=0.94 \times 10 \times A \times 5=47A$（L）

扑救丙类液体火灾：$Q_水=0.94 \times 8 \times A \times 5=37.6A$（L）

式中：$Q_水$——一次进攻用水量，L；

0.94——使用 6% 的泡沫液，混合液中的含水率；

10——混合液供给强度，L/（$min·m^2$），见表 7.2；

8——混合液供给强度，L/（$min·m^2$），见表 7.2；

A——燃烧面积，m^2；

5——一次进攻时间，min。

为简化起见，一次进攻用水量可按 $Q_水=50A$（L）进行估算。泡沫灭火用水常备量为一次进攻用水量的 12 倍，即 $Q_备=12\,Q_水$。

二、着火罐冷却用水量计算

$$Q_着=n \pi D q \text{ 或 } Q_着=nAq$$

式中：$Q_着$——着火罐冷却用水量，L/s；

n——同一时间内着火罐的数量，支；

D——着火罐的直径，m；

q——着火罐冷却水供给强度，L/（s·m）或 L/（$s·m^2$），见表 7.1；

A——着火罐表面积，m^2。

三、邻近罐冷却用水量计算

距着火罐壁 1.5 倍直径范围内的相邻储罐均应进行冷却，邻近罐冷却用水量，计算公式为：

$$Q_邻 = 0.5n\pi Dq \text{ 或 } Q_邻 = 0.5n\pi Aq$$

式中：$Q_邻$——邻近罐冷却用水量，L/s；

0.5——采用移动式水枪冷却时，冷却的范围按半个周长（面积）计算；

n——需要同时冷却的邻近罐数量，支；

D——邻近罐的直径，m；

q——邻近罐冷却水供给强度，L/（s·m）或 L/（s·m²），见表 7.1；

A——邻近罐表面积，m²。

表 7.1　储罐冷却水供给范围和供给强度

设备类型	储罐名称			供给范围	供给强度
移动式水枪	着火罐	固定顶立式罐（包括保温罐）		罐周长	0.6 L/（s·m）
		浮顶罐（包括保温罐）		罐周长	0.45 L/（s·m）
		卧式罐		罐表面积	0.10 L/（s·m²）
		地下立式罐、半地下和地下卧式罐		无覆土罐的表面积	0.10 L/（s·m²）
	相邻罐	固定顶立式罐	非保温罐	罐周长的一半	0.35 L/（s·m）
			保温罐		0.20 L/（s·m）
		卧式罐		罐表面积的一半	0.10 L/（s·m²）
		半地下、地下罐		无覆土罐表面积的一半	0.10 L/（s·m²）
固定式设备	着火罐	立式罐		罐周长	0.50 L/（s·m）
		卧式罐		罐表面积	0.10 L/（s·m²）
	相邻罐	立式罐		罐周长的一半	0.50 L/（s·m）
		卧式罐		罐表面积的一半	0.10 L/（s·m²）

四、计算有关要求

①当邻近罐采用不燃烧材料进行保温时，其冷却水供给强度可按表 7.1 减少 50%。

②储罐可采用移动式水枪或固定式设备进行冷却。当采用移动式水枪进行冷却时，无覆土保护的卧式罐、地下掩蔽室内立式罐的消防用水量，如计算出的用水量小于 15 L/s 时，仍应采用 15 L/s。

③当邻近罐超过 4 个时，冷却用水量可按 4 个计算。

④甲、乙、丙类液体储罐冷却水延续时间。浮顶罐、地下和半地下固定顶立式罐、覆土储罐和直径不超过 20 m 的地上固定顶立式罐，其冷却水延续时间按 4 h 计算；直径超过 20 m 的地上固定顶立式罐冷却水延续时间按 6 h 计算。

第二节　泡沫灭火剂用量计算

常用的泡沫有普通蛋白泡沫、氟蛋白泡沫、抗溶性泡沫和高倍数泡沫等。

一、普通蛋白泡沫灭火剂用量计算

储罐区灭火，泡沫液用量包括扑灭着火罐泡沫液用量和扑灭流散液体火泡沫液用量之和。

（一）燃烧面积计算

①固定顶立式罐的燃烧面积，计算公式为：

$$A = \pi D^2/4$$

式中：A——燃烧液的面积，m^2；

　　　D——储罐直径，m。

②油池的燃烧面积，计算公式为：

$$A = ab$$

式中：A——燃烧液的面积，m^2；

　　　a——长边长，m；

　　　b——短边长，m。

③浮顶罐的燃烧面积，按罐壁与泡沫堰板之间的环形面积计算。

④地上、半地下及地下无覆土的卧式罐的燃烧面积，按防护堤内的面积计算，当防护堤内的面积超过 400 m^2 时，仍按 400 m^2 计算。

⑤掩体罐的泡沫混合液量，按掩体室的面积计算，其泡沫混合液的供给强度不应小于 12.5 L/（min·m²）[0.21 L/（s·m²）]。

（二）泡沫量计算

灭火需用泡沫量包括扑灭储罐火和扑灭流散液体火两者泡沫量之和。

①固定顶立式罐（油池）灭火需用泡沫量，计算公式为：

$$Q_1 = A_1 q$$

式中：Q_1——储罐（油池）灭火需用泡沫量，L/s；

A_1——储罐（油池）燃烧液面积，m²；

q——泡沫供给强度，L/（s·m），见表 7.2。

②扑灭液体流散火需用泡沫量，计算公式为：

$$Q_2 = A_2 q$$

式中：Q_2——扑灭液体流散火需用泡沫量，L/s；

A_2——液体流散火面积，m²；

q——泡沫供给强度，L/（s·m²），见表 7.2。

表 7.2　空气泡沫（混合液）供给强度

设置方式	固定式、半固定式		移动式		
泡沫或混合液	泡沫强度	混合液强度	泡沫强度	混合液强度	
	L/（s·m²）	L/（min·m²）	L/（s·m²）	L/（min·m²）	
甲、乙类液体	0.8	8　　　0.133	1.0	10　　　0.167	
丙类液体	0.6	6　　　0.1	0.8	8　　　0.133	

（三）泡沫枪（炮、钩管）数量计算

$$N_1 = Q_1 / q$$

$$N_2 = Q_2 / q$$

式中：N_1、N_2——扑灭储罐（油池）、液体流散火需用的泡沫枪（炮、钩管）数量，支；

Q_1、Q_2——扑灭储罐（油池）、液体流散火需用的泡沫量，L/s；

q——每支泡沫枪（炮、钩管）的泡沫产生量，L/s。

（四）泡沫混合液量计算

$$Q_{混} = N_1 q_{1混} + N_2 q_{2混}$$

式中：$Q_混$——储罐区灭火需用泡沫混合液量，L/s；

N_1——储罐（油池）灭火需用的泡沫枪（炮、钩管）数量，支；

N_2——扑灭液体流散火需用的泡沫枪（炮、钩管）数量，支；

$q_{1混}$、$q_{2混}$——每支泡沫枪（炮、钩管）需用混合液量，L/s。

（五）泡沫液常备量计算

$$Q_液=0.108\,Q_混$$

式中：$Q_液$——储罐区灭火泡沫液常备量，m³ 或 t；

　　　0.108——按 6% 配比，30 min 用液量系数（泡沫液常备量以 m³ 或 t 为单位，故 0.06×30×60/1000=0.108），如按 3% 配比，系数减半；

$Q_混$——储罐区灭火需用泡沫混合液量，L/s。

（六）普通蛋白泡沫液常备量估算

泡沫灭火一次进攻用液量＝泡沫混合比 × 混合液供给强度 × 燃烧面积 × 供液时间

①扑救甲、乙类液体火灾：$Q=0.06×10×A×5=3A$（L）

②扑救丙类液体火灾：$Q=0.06×8×A×5=2.4A$（L）

式中：Q——一次进攻用液量，L；

　　　0.06——使用 6% 泡沫液，混合液中含泡沫液比例；

　　　10——混合液供给强度，L/（min·m²），见表 7.2；

　　　8——混合液供给强度，L/（min·m²），见表 7.2；

　　　A——燃烧面积，m²；

　　　5——一次进攻时间，min。

为简化起见，一次进攻用液量可按 $Q=3A$（L）进行计算。泡沫液常备量为一次进攻用液量的 12 倍，即 $Q_液=12Q$。

二、氟蛋白泡沫灭火剂用量计算

氟蛋白泡沫与普通蛋白泡沫比较，有较好的表面活性、流动性和防油污染能力强，可利用高背压泡沫产生器从油罐底部喷入，泡沫通过油层到达液面，形成含油较少不易燃烧的泡沫覆盖层。

①氟蛋白泡沫供给强度　腋下喷射的氟蛋白泡沫发泡倍数较低，一般在 3.0 倍左右，泡沫供给强度不应小于 0.4 L/（s·m²），混合液供给强度不应小于 8 L/（min·m²）[0.133L/（s·m²）]。

②泡沫喷射速度　腋下喷射氟蛋白泡沫，喷入储罐内的速度越快，泡沫中的含油量

越多。因此，为保证泡沫的灭火效能，泡沫喷射的流速不应大于 3 m/s。

③灭火需用泡沫量　储罐灭火需用泡沫量的计算方法与普通蛋白泡沫相同。

④高背压泡沫产生器数量计算，公式为：

$$N=Q/q$$

式中：N——高背压泡沫产生器数量，支；

Q——储罐灭火需要泡沫量，L/s；

q——每个高背压泡沫产生器的泡沫生产量，L/s。

⑤氟蛋白泡沫的其他计算方法与普通蛋白泡沫相同。

三、抗溶性泡沫灭火剂用量计算

抗溶性泡沫能有效扑灭水溶性有机溶剂（醇、酯、醚、醛、胺等）火灾。

①抗溶性泡沫供给强度　水溶性液体对泡沫的破坏能力较大，其泡沫的供给强度随抗溶性泡沫的种类不同而有差异。对 KR-765 型抗溶性泡沫来说，其泡沫供给强度不应小于表 7.3 的要求。

②灭火延续时间　为了提高泡沫灭火效果，一次灭火的时间不应超过 10 min，考虑重复扑救的可能性，泡沫液的储存量应按 30 min 计算。

③抗溶性泡沫的其他计算　方法与普通蛋白泡沫相同。

表 7.3　KR-765 型抗溶性泡沫供给强度

有机溶剂名称	供给强度		
	泡沫	混合液	
	L/（s·m²）	L/（min·m²）	L/（s·m²）
甲醇、乙醇、异丙醇、醋酸乙酯、丙酮等	1.5	15	0.25
异丙醚	1.8	18	0.3
乙醚	3.5	35	0.583

四、高倍数泡沫灭火剂用量计算

高倍数泡沫主要适用于扑救非水溶性可燃液体火灾和一般固体物质火灾。可采用全充满的方式灭火。

①灭火体积　高倍数泡沫灭火体积，按灭火空间的整个体积计算。一般情况下，不

考虑空间内物体所占据的体积。

②泡沫量　灭火房间（场所）或需要淹没的空间的体积，即为需要的泡沫量。

③泡沫的发泡倍数　高倍数泡沫发泡倍数一般为 200～1000 倍。目前国内常用的高倍数泡沫灭火剂的发泡倍数在 600 倍左右，计算中可按 600 倍计算。

④高倍数泡沫产生器数量计算，公式为：

$$N=V/5q$$

式中：N——高倍数泡沫产生器数量，支；

　　　　V——泡沫量，即需要保护的空间体积，m^3；

　　　　q——每支高倍数泡沫产生器的泡沫产生量，m^3/min；

　　　　5——高倍数泡沫灭火应在 5 min 内充满保护空间，min。

⑤泡沫混合液量计算，公式为：

$$Q_混=Nq$$

式中：$Q_混$——保护空间需用高倍数泡沫混合液量，L/s；

　　　　N——保护空间需用泡沫产生器数量，支；

　　　　q——每支泡沫产生器需用混合液量，L/s。

⑥泡沫液常备量计算　高倍数泡沫液常备量可按普通蛋白泡沫方法计算。

第三节　干粉灭火剂用量计算

干粉灭火剂用量计算，根据灭火场所可分为体积计算法和面积计算法两种。

一、体积计算法

①体积供给强度　一般情况下，单位空间内干粉的灭火剂用量不应小于 0.6 kg/m^3，若空间内有障碍，应增加灭火剂的供给强度，可采用 1 kg/m^3。

②开口面积补偿量　若保护空间内有不能关闭的门、窗、孔、洞时，应考虑其对灭火效果的影响，需要增加干粉的喷射量，1 m^3 开口面积干粉的补偿量不应小于 2.4 kg。

③干粉使用量计算，公式为：

$$W=C（V-V_1）+2.4A$$

式中：W——保护空间灭火需用干粉量，kg；

　　　　C——1 m^3 空间需用干粉量，kg/m^3，一般可采用 0.6 kg/m^3；

　　　　V——保护空间体积，m^3；

V_1——保护空间内不燃物的体积，m^3；

A——不能关闭的门、窗、孔、洞的面积，m^2。

二、面积计算法

扑救可燃气体、易燃和可燃液体火灾干粉使用量，可按面积法计算。

$$G=Aq$$

式中：G——灭火需用干粉量，kg；

A——燃烧面积，m^2；

q——干粉灭火供给强度，kg/m^2，见表7.4。

表 7.4　干粉供给强度

燃烧面积 /m^2	由侧壁喷射 /（kg/m^2）	由上方喷射 /（kg/m^2）
＜ 6	3.33	5.66
6 ～ 10	3.80	6.40
10 ～ 20	4.60	7.80
20 ～ 30	5.27	8.66
30 ～ 40	6.62	9.25

三、干粉灭火时间和常备量

为有效灭火，需要在一定时间内将干粉喷射到火焰区。根据试验，不论采用体积计算法还是面积计算法，干粉的灭火延续时间都不应超过 20 s。

干粉的常备量不应小于计算量的 2 倍。

第四节　水枪（炮）有关计算

一、水枪的控制面积计算

$$f=Q/q$$

式中：f——每支水枪的控制面积，m^2；

Q——每支水枪的流量，L/s，见表7.5；

q——灭火用水供给强度，L/（$s \cdot m^2$）。

表 7.5　直流水枪的技术数据

喷嘴口径	13mm		16mm		19mm		22mm		25mm	
有效射程 /m	压力/10⁴Pa	流量/（L/s）	压力/10⁴Pa	流量/（L/s）	压力/10⁴Pa	流量/（L/s）	压力/10⁴Pa	流量/（L/s）	压力/10⁴Pa	流量/（L/s）
7.0	9.6	1.8	9.2	2.7	9.0	3.8	8.7	5.0	8.5	6.4
8.0	11.2	2.0	10.5	2.9	10.5	4.1	10.0	5.4	10.0	6.9
9.0	13.0	2.1	12.5	3.1	12.0	4.3	11.5	5.8	11.5	7.4
10.0	15.0	2.3	14.0	3.3	13.5	4.6	13.0	6.1	13.0	7.8
11.0	17.0	2.4	16.0	3.5	15.0	4.9	14.5	6.5	14.5	8.3
12.0	19.0	2.6	17.5	3.8	17.0	5.2	16.5	6.8	16.0	8.7
13.0	24.0	2.9	22.0	4.2	20.5	5.7	20.0	7.5	19.0	9.6
14.0	29.5	3.2	26.5	4.6	24.5	6.2	23.5	8.2	22.5	10.4
15.0	33.0	3.4	29.0	4.8	27.0	6.5	25.5	8.5	24.5	10.8
16.0	41.5	3.8	35.5	5.3	32.5	7.1	30.5	9.3	29.0	11.7
17.0	47.0	4.0	39.5	5.6	35.5	7.5	33.5	9.7	31.5	12.2
18.0	61.0	4.6	48.5	6.2	43.0	8.2	39.5	10.6	37.5	13.3
19.0	70.5	4.9	54.5	6.6	47.5	8.7	43.5	11.1	40.5	13.9
20.0	98.0	5.8	70.0	7.5	59.0	9.6	52.5	12.2	48.5	15.2

　　扑救一、二、三级耐火等级的丙类火灾危险性的厂房和库房和三级耐火等级的民用建筑物的火灾，灭火用水供给强度一般为 0.12 ~ 0.2 L/（s·m²），依上述方法计算，直流水枪控制的燃烧面积见表 7.6。

表 7.6　直流水枪扑救固体可燃物时控制面积（参考值）

控制面积 /m²　　枪型 有效射程 /m	水枪口径				
	13mm	16mm	19mm	22mm	25mm
10	12 ～ 19	17 ～ 28	23 ～ 38	31 ～ 51	39 ～ 65
13	15 ～ 25	21 ～ 35	29 ～ 48	38 ～ 63	48 ～ 80
15	17 ～ 28	24 ～ 40	33 ～ 54	43 ～ 71	54 ～ 59

火场常用直径 19 mm 水枪，有效射程为 15 m，流量为 6.5 L/s。根据表 7.6 计算出来的数据，每支直径 19 mm 水枪的控制面积为 33 ～ 54 m²，为了便于应用和记忆，当建筑物内可燃数量较少（火灾荷载密度 ≤ 50 kg/m³）时，每支水枪的控制面积可按 50 m² 估算，当建筑物内可燃数量较多（火灾荷载密度 ≥ 50 kg/m³）时，每支水枪控制面积可按 30 m² 估算。

二、根据燃烧面积计算水枪数量

（一）燃烧面积的计算

固体可燃物的燃烧面积与火灾蔓延速度和火灾延续时间有关：

$$A = \pi R^2$$

式中：A——火场燃烧面积，m²；

　　　R——火灾蔓延距离，m。

不同火灾延续时间内，固体可燃物蔓延大约距离见表 7.7。

表 7.7　火灾延续时间和蔓延距离

火灾延续时间 /min	5	10	15	20
火灾蔓延距离 /m	5	10	15	20

（二）水枪数量的计算

$$N = A/f$$

式中：N——火灾需要的水枪的数量，支；

　　　A——火场燃烧面积，m²；

　　　F——每支水枪的控制面积，m²。

三、按水枪的控制周长计算

水枪的控制周长与水枪的喷嘴口径，有效射程和灭火用水强度有关。一般水枪的喷嘴口径为 19 mm，有效射程不小于 15 m，流量为 6.5 L/s，每米周长的灭火水量一般为 0.4 ~ 0.8 L/（s·m），同时还应该满足消防人员使用的水枪控制角度（30° ~ 60°）的要求。

（一）按控制角度计算水枪的控制周长

①控制角度为 30° 时，每支水枪的控制周长为：

$$L_{枪} = \pi S_k \theta/180 = 3.14 \times 15 \times 30/180 = 7.85（m）$$

式中：S_k——水枪有效射程，m；

θ——水枪控制角度。

②控制角度为 60° 时，每支水枪的控制周长为

$$L_{枪} = \pi S_k \theta/180 = 3.14 \times 15 \times 60/180 = 15.7（m）$$

（二）按灭火用水供给强度计算水枪的控制周长

①灭火用水供给强度为 0.4 L/（s·m²）时，19 mm 水枪有效射程为 15 m 时，每支水枪的控制周长为：

$$L_{枪} = q_{枪}/q = 6.5/0.4 = 16.23（m）$$

式中：$q_{枪}$——19 mm 水枪的流量，L/s；

q——灭火用水供给强度，L/（s·m²）。

②灭火用水供给强度为 0.8 L/（s·m²）时，19 mm 水枪的有效射程为 15 m 时，每支水枪的控制周长为：

$$L_{枪} = q_{枪}/q = 6.5/0.8 = 8.125（m）$$

灭火用水供给强度为 0.4 ~ 0.8 L/（s·m²）时，每支 19 mm 水枪的控制周长为 8 ~ 16 m。

为了便于应用与记忆，每支 19 mm 水枪，当有效射程为 15 m 时，其控制周长可按 10 ~ 15 m 计算。

四、根据燃烧周长或需要保护的周长计算水枪数量

$$N = L/L_{枪}$$

式中：N——火场需要的水枪水量，支；

L——火场燃烧周长或需要保护的周长，m；

$L_{枪}$——每支水枪的控制周长，m。

五、带架水枪、水炮有关计算

带架水枪、水炮的有关计算与水枪的计算方法相同。

第五节　可燃液体燃烧数值计算

煤化工可燃液体燃烧速度计算。

（一）液体燃烧质量速度

液体燃烧质量速度表达式为：

$$v_{质}=m/ST$$

式中：$v_{质}$——液体燃烧质量速度，kg/m²h；

　　　m——烧掉液体的总质量，kg；

　　　S——液体的自由表面积，m²；

　　　T——烧掉液体质量 m 所需的时间，h。

（二）液体燃烧直线速度

液体燃烧直线速度表达式为：

$$v_{线}=H/T$$

式中：$v_{线}$——液体燃烧直线速度，mm/min；

　　　H——烧掉液层的总厚度，mm；

　　　T——烧掉厚度为 H 的液层所需的时间，min。

（三）煤化工部分液体的燃烧速度（表 7.8）

表 7.8　煤化工部分液体的燃烧速度

物质名称	相对密度	燃烧速度	
		直线速度 /（mm/min）	质量速度 /（kg/m²h）
苯	0.879	3.15	165.37
甲苯	0.866	2.68	138.29
甲醇	0.791	1.20	57.60

（四）液体燃烧质量

液体燃烧质量的表达式为：

$$M = v_质 ST/1000$$

式中：M——液体燃烧的质量，t；

$v_质$——液体燃烧质量速度，kg/m²h；

S——液体燃烧的表面积，m²；

T——发生火灾后液体的燃烧时间，h；

1000——吨与千克的换算率。

（五）立式罐内剩余液体燃烧所需时间

$$T = H / v_线$$

式中：T——剩余液体燃尽所需的时间，min；

H——剩余液层的总厚度，mm；

$v_线$——液体燃烧线速度，mm/min。

$$或\quad T = 60000\, M/v_质 S$$

式中：T——剩余液体燃尽所需的时间，min；

M——剩余液体的质量，t；

$v_质$——液体燃烧质量速度，kg/m²h；

S——液体燃烧的表面积，m²。

第八章
煤化工火灾事故灭火与应急救援处置

本章主要对煤化工处置的基本原则、任务、力量编成、处置要点进行总体分析，并按灾害事故程度设立四类分级响应，从响应、侦察、防护、救援等方面阐述煤化工处置的基本程序，供消防部队和煤化工企业借鉴参考。

第一节 煤化工事故处置基本原则和任务

一、基本原则

煤化工企业重特大火灾事故要在政府的统一领导下，公安消防部队作为作战主体，事故单位及有关部门的协调下开展灭火救援工作，树立"科学处置、安全处置、专业处置、环保处置"的救援理念；坚持"救人第一、科学施救"的指导思想，坚持预防为主、统一指挥，分级负责、区域为主，规范程序、安全救援，企业工艺处置和消防专业处置、社会救援相结合的基本原则；遵循"工艺处置、固移结合、控制燃烧、冷却抑爆、有序处理、全程侦检、确保安全"的作战原则。

二、基本任务

事故应急救援的总目标是通过有效的救援行动，防止事故扩大，最大限度地降低事故造成的损失或危害，包括人员伤亡、财产损失和环境破坏等。救援的基本任务包括：

①立即组织营救被困人员，组织撤离或者采取其他措施保护危害区域内的其他人员。

②迅速控制事态，并对事故造成的危害进行检测、监测，测定事故的危害区域、危害性质及危害程度。

③消除危害后果，做好现场恢复。

④查清事故原因，评估危害程度。

由于事故应急救援具有突发性、复杂性和后果易猝变、激化和放大的特点。因此，为尽可能降低重大事故的后果及影响，减少重大事故所造成的损失，要求应急救援行动必须做到迅速、准确和高效。

第二节　煤化工事故响应等级划分

按照应急事件的性质、严重程度、可控性、影响范围等因素，煤化工企业应急事故响应级别划分为四级：即县（旗）区级（大中队）（Ⅰ级）、市（盟）级（支队）（Ⅱ级）和省（自治区）级（总队）（Ⅲ级），国家级（部局）（Ⅳ级）。

一、Ⅰ级

①装置或罐区燃烧面积较小、灾情危害程度较小，事态比较简单，短时间内能及时排除的建筑物倒塌事故。

②已经或可能造成 3 人以下死亡（含失踪），或者 10 人以下中毒（重伤）；直接经济损失 1000 万元以下。

③造成一定社会影响，需要调度县区部分应急资源与力量进行处置的泄漏、起火事故。

二、Ⅱ级

①装置、罐区泄漏，火灾事故危害程度小，情况比较复杂，在短时间内难以排除的建筑物倒塌事故，小面积爆炸事故。

②已经或可能造成 3 人以上、10 人以下死亡（含失踪），或者 10 人以上、50 人以下中毒（重伤）；直接经济损失 1000 万元以上、5000 万元以下。

③造成较大社会影响，需要市级政府统一协调，调度全市应急资源与力量进行应对处置的火灾、爆炸、有毒有害物质泄漏事故。

④到场后现场指挥员认为 Ⅰ 级应急救援到场力量不能控制的灾情。

三、Ⅲ级

①灾情危害程度较大，处置难度较大，大型装置、设备内大量危险化学品泄漏，在

短时间内难以排除，对人员财产威胁严重或可能出现二次污染等情况特殊、灾情严重的灾害事故。

②已经或者可能造成10人以上、30人以下死亡（含失踪），或者50人以上、100人以下中毒（重伤）；直接经济损失5000万元以上、1亿元以下。

③造成严重生态环境破坏和重大社会影响；需要省（自治区）政府统一组织协调，进行应急处置的安全生产事故。

④到场后现场指挥员认为Ⅱ级应急救援到场力量不能控制的灾情。

四、Ⅳ级

①突然发生，事态非常复杂，危险化学品泄漏、毒气扩散，大量建筑物和装置倒塌，处置难度大的特大爆炸事故，出现二次污染等情况特殊、灾情严重的灾害事故。

②已经或者可能造成30人以上死亡（含失踪），或者100人以上中毒（重伤），或者需要紧急转移安置1万人以上；直接经济损失1亿元以上。

③造成区域生态功能严重丧失和特别重大社会影响，严重影响人民群众生产和生活；需要人民政府、公安部统一组织协调，进行应急处置的安全生产事故。

④到场后现场指挥员认为Ⅲ级应急救援到场力量不能控制的灾情。

第三节　煤化工事故处置消防力量作战编成

为完善煤化工重大灾害事故处置的指挥调度和快速反应机制，按照"按灾情任务编组、按响应等级调度、按作战编成行动"的编制方法，结合内蒙古地区煤化工产业特点和全区消防力量执勤实力情况，制定此作战编成，仅供参考。

一、总则

①本作战编成主要适用于煤化工灾害事故，作为模块化整建制力量调集，整编制作战模式的参考依据。

②本编成非强制性规定，具体实施应根据实际情况，客观环境和作战实力等情况，正确理解、合理使用。

二、编成原则

坚持以区域编配、就近编配和快速集结为原则，按照"1+12"集结模式，"1"为

1个总队级重型队,"12"为12个支队级重型队,并建立"411"作战编队模式,"4"是指举高喷射、灭火冷却、供水、化学侦检洗消4个基础作战单元,"1"分别是指1个战勤保障和1个通信指挥作战单元。轻、重型队主要依托各地煤化工集中区周边中队、特勤中队和战勤保障大队组建,重型队是基于轻型队建立,根据火灾等级轻型队可直接升级为重型队。

三、作战单元

作战单元是作战编队的基础组成部分,每一个作战单元由不同功能的车辆器材、作战人员组成,以作战能力为衡量标准,可以承担独立的战斗任务。若干个作战单元通过协同配合,可组成特定的作战编队,承担综合性的作战任务。按照功能可分为:

①举高喷射单元。主要承担煤化工火灾中对储罐、煤化工装置等高位设备的冷却和灭火任务。

最低配置(表8.1):1辆举高喷射消防车和2辆重型泡沫消防车。举高喷射消防车举升高度应满足辖区化工火灾事故最高要求,水泵流量不小于80 L/s,载泡沫液量不低于2 t;后方供水重型水罐(泡沫)消防车单车载水量不少于12 t,水泵流量不小于80 L/s。随车配备望远镜、激光测距仪、测温仪、有毒气体探测仪、PQ8泡沫枪、消防员隔热防护服、泡沫液输转泵等器材装备。

②灭火冷却单元。主要承担煤化工灭火救援中对地面流淌火、池火、储罐和化工装置低位设备的冷却保护、稀释分隔和强攻灭火任务。

最低配置:1辆泡沫消防车和2辆中型水罐消防车。泡沫车水泵流量不小于60 L/s,载水量不少于5 t,载泡沫液量不少于3 t;后方供水消防车单车载水量不少于15 t,流量不小于80 L/s。随车配备望远镜、激光测距仪、测温仪、有毒气体探测仪、防爆无线遥控移动消防泡沫 – 水两用炮2台、PQ8泡沫枪4支、泡沫钩管2个、消防隔热服、泡沫输转泵、手抬机动泵等装备器材。

③远程供水单元。主要承担煤化工灭火救援中远程供水任务,可实现流量不小于160 L/s,距离不少于3000 m的运水供水能力。

最低配置:2台20 t以上流量在80 L/s大型水罐消防车和载水量8 t以上水罐车5辆、2辆园林洒水车编成组成,随车配备相应型号水带护桥、各类变口、分水器、水带等器材装备。

④化学侦检洗消单元。主要承担煤化工灭火救援中侦检、洗消任务,具备单兵化学防护和呼吸防护能力,以及对有毒有害物质现场快速检测,具备各类洗消剂、单兵(公众洗消)等器材装备。

最低配置：1 辆防化洗消消防车和 1 辆水罐消防车。水罐消防车载水量不少于 6 t，满足开展洗消作业使用。随同配备漏电探测仪、无线复合气体检测仪、四合一可燃气体检测仪、激光测距仪、核放射探测仪、水质分析仪、电子酸碱测试仪、电子气象仪、测温仪、有毒气体探测仪、化学防护服、移动供气源、强制送风呼吸器或消防过滤式综合防毒面具等装备器材，优先配备无线化学侦检传感器系统（网络）。

⑤战勤保障单元。主要承担煤化工灭火救援中战勤保障工作，人数不低于 10 人，可实现运兵、供气、供液、食宿、被装更换和常用装备器材补充、维护保养等工作，可利用宿营车为参战人员提供轮休场所。

最低配置：由 1 辆供液消防车、1 辆供气消防车、1 辆器材消防车、1 辆运兵车、1 辆宿营车组成。供液消防车泡沫液输转泵流量不小于 50 L/s，供气消防车空压机排量不小于 1000 L/min，且满足可对 4 个气瓶同时充装的要求，运兵车不少于 45 个座位，宿营车休息铺位数不少于 18 个，便于参战人员轮休，泡沫液运输车载抗溶性泡沫 15 t。

⑥通信指挥单元。主要承担煤化工灭火救援途中及现场通信、调度指挥和研判会商等保障任务，人数不低于 10 人，具备无线通信、无线中继、图像传输、语音图像管理、无人机航拍、现场文书等功能。

最低配置：1 辆通信指挥车、1 辆火场指挥车和 1 套模块化通信装备。通信指挥车和模块化通信装备，具备语音、图像、数据采集和传输功能。通信指挥车能将途中和现场图像实时回传至总队、部消防局指挥中心。单兵图传、无人机及机载平台、无线布控球、防爆手持台及备用电池等模块化通信装备遂行作战。火场指挥车具有较好的越野性能，时速不小于 100 km/h，配有无线通信、望远镜、激光测距仪、测温仪、有毒气体探测仪等装备器材。

四、轻型编队

由 1 个举高喷射单元、1 个灭火冷却单元、1 个战勤保障单元、1 个通信指挥单元组成，共计 4 个作战单元。可在就近取水的条件下独立承担战斗面灭火冷却作战任务。

主要功能：冷却抑爆、侦察检测、疏散警戒、攻坚抢险、简易洗消。

五、重型编队

由 1 个举高喷射单元、1 个灭火冷却单元、1 个化学洗消单元、1 个远程供水单元、1 个战勤保障单元、1 个通信指挥单元组成，共计 6 个作战单元。可独立承担煤化工灭火救援作战任务，并实现自我保障（表 8.2）。

主要功能：冷却抑爆、侦察检测、疏散警戒、攻坚抢险、专业洗消、远程供水、供液、器材和油料保障。

表 8.1　煤化工灭火救援作战单元最低配置参考标准（参考）

作战单元	车辆	数量	主要性能要求	人员编配（人）	主要装备最低配置要求
举高喷射单元	举高喷射消防车	1	举升高度≥42 m，水泵流量≥80 L/s，载水量≥3 t，载泡沫液量≥2 t	3	①望远镜、激光测距仪、测温仪、有毒气体探测仪各 1 套 ② 4 支 PQ8 泡沫枪 ③ 8 套消防员隔热防护服 ④ 1 台泡沫液输转泵，流量≥4 L/s，输转管长度≥15 m
	泡沫消防车	2	水泵流量≥60 L/s，载水量≥10 t，载泡沫液量≥6 t	8	
灭火冷却单元	泡沫消防车	1	水泵流量≥60 L/s，载水量≥5 t，载泡沫液量≥3 t	7	①望远镜、激光测距仪、测温仪、有毒气体探测仪各 1 套 ② 2 台水力自摆移动炮 20～35 L/s ③ 1 台泡沫–水两用移动消防炮≥60 L/s，带泡沫炮头 ④防爆无线遥控移动炮，流量≥40 L/s，射流方式：直流/喷雾，无线遥控距离≥150 m ⑤ 4 支 PQ8 泡沫枪、2 个泡沫钩管 ⑥ 2 支屏障水幕发生器，流量 8～10 L/s ⑦ 10 套消防员隔热防护服 ⑧ 1 台泡沫液输转泵，流量≥4 L/s，输转管长度≥15 m ⑨手抬机动消防泵 2 台，流量≥30 L/s
	水罐消防车	2	单车水泵流量≥80 L/s，载水量≥8 t	8	
远程供水单元	重型水罐车	2	水泵流量≥80 L/s，载水量≥20 t	6	水带护桥、各类变口、分水器、大于 30 m 的长距离水带
	水罐车	5	水泵流量≥60 L/s，载水量≥8 t	15	水带护桥、各类变口、分水器、大于 30 m 的长距离水带
	园林洒水车	2	水泵流量≥40 L/s，载水量≥30 t	4	
化学侦检洗消单元	防化洗消消防车	1	具备侦检、公众洗消等功能	7	①漏电探测仪、无线复合气体检测仪、四合一可燃气体检测仪、激光测距仪、核放射探测仪、电子气象仪、测温仪、军事毒剂侦检仪、有毒气体探测仪、无线传感器侦检系统等各 1 套 ②一级化学防护服 10 套、二级化学防护服 10 套、特级防护服 4 套、防冻服 4 套 ③ 2 组移动供气源，强制送风呼吸器或消防过滤式综合防毒面具 30 具
	水罐消防车	1	载水量≥6 t	5	

作战单元	车辆	数量	主要性能要求	人员编配（人）	主要装备最低配置要求
战勤保障单元	供液消防车	1	泡沫液输转泵流量≥50 L/s	2	
	供气消防车	1	空压机排量≥1000 L/min，可同时充气气瓶数量不少于4个。	2	
	器材消防车	1	满足编队官兵常用器材维修、保养，易损器材补充和个人防护服装更换的需要	4	随车配备全地形器材运输车1台
	运兵车	1	核载45人	2	可作为人员轮休场所
	宿营车	1	铺位数不少于18个	2	可作为人员宿营场所
	运液车	1	载抗溶性泡沫15 t	2	泡沫液输转泵流量≥4 L/s
通信指挥单元	通信指挥车	1	具备语音、图像、数据采集和传输功能	3	防爆手持台≥30部，备用电池≥60块，含快速充电箱
	模块化通信装备	1	具备语音、图像、数据采集和传输功能，平面通信覆盖3公里，能够进行高空拍摄和远程操控	6	①2个单兵图传，②2个无人机及机载平台，③4个无线布控球，④语音管理平台1套，⑤图像管理平台1套，⑥通信指挥平台1套，⑦无线通信中继电台2套。有条件的可与通信指挥车合并建设
	火场指挥车	1	时速≥100 km/h，有一定的越野能力，具备通信、调度指挥功能	5	火场文书等相关辅助人员

表 8.2　煤化工灭火救援编队作战编成方式（参考）

编队形式	作战单元	车辆	车辆数	人员数
重型编队	举高喷射单元	举高喷射消防车	1	11
		泡沫消防车	2	
	灭火冷却单元	泡沫消防车	1	15
		水罐（泡沫）消防车	2	
		★灭火机器人	★1	
	远程供水单元	重型水罐车	2	25
		水罐车	5	
		园林洒水车	2	
	化学洗消单元	防化洗消消防车	1	12
		水罐消防车	1	
	战勤保障单元	供液消防车	1	14
		供气消防车	1	
		器材消防车	1	
		运兵车	1	
		宿营车	1	
		运液车	1	
	通信指挥单元	通信指挥车	1	3
		火场指挥车	1	5
		模块化通信装备	1	6
	小计		27	91
轻型编队	举高喷射单元	举高喷射消防车	1	11
		泡沫消防车	2	
	灭火冷却单元	重型泡沫消防车	1	15
		水罐（泡沫）消防车	2	
	★战勤保障单元	供液消防车	1	5
		器材消防车	1	
	★通信指挥单元	通信指挥车	1	3
		火场指挥车	1	5
		模块化通信装备	1	6
	小计		11	45
备注	★当一个总队同时调派1个以上（不含1个）煤化工灭火救援编队实施跨区域增援时，战保单元和指挥单元可视情酌减。 每个编队中泡沫灭火剂的种类、发泡倍数和混合比例要统一，避免不同种类泡沫液混合的现象，各车型泡沫混合系统必须为全自动比例混合器			

第四节　煤化工事故处置基本程序

一、应急响应

①事故单位应立即启动应急预案，组织成立现场指挥部，制定科学合理的救援方案，并统一指挥实施。

②事故单位开展自救的同时，应向当地政府部门报告。

③政府有关部门在接到事故报告后，应立即启动相关预案，赶赴事故现场，成立总指挥部，明确总指挥、副总指挥及有关成员单位或人员职责分工。

④现场指挥部视情，划定警戒隔离区、抢险处置区，撤离周边人员，制定现场处置措施（工艺控制、工程抢险、防范次生衍生事故），及时将现场情况及应急救援进展报总指挥部，向总指挥部提出外部救援力量，技术、物资支持，疏散公众等请求和建议。

⑤总指挥部根据现场指挥部提供的情况对应急救援进行指导，划定事故单位周边警戒隔离区域，根据现场指挥部请求调集有关资源、下达应急疏散指令。

⑥灭火救援力量根据事故单位的需求和总指挥部的协调安排，与事故单位合力开展救援。

二、侦检和辨识危险源

（一）初期侦察

在应急救援过程中，应通过侦察、检测等方法查明下列情况：

①灾害事故的种类、危害程度、波及范围和可能造成的后果。

②遇险和被困人员的位置、数量、危险程度及救援途径、方法。

③危险区域和防护等级及应采取的防护措施。

④贵重物资设备的位置、数量、危险状况及抢救疏散和保护的方法。

⑤灾害事故现场及其周边的道路、水源、建（构）筑物的结构及电力、通信、气象等情况。

（二）警戒隔离

①根据现场危险化学品灾情发展趋势及燃烧产物的毒害性、扩散趋势、火焰辐射热和爆炸、泄漏所涉及的范围等相关内容，对危险区域进行会商论证，确定警戒隔离区范围。

②确定警戒区，封闭道路、实行交通管制、专人警戒，保证应急通道畅通。

③合理设置出入检查卡，控制处置区作业人员数量。

④出现灾情蔓延扩大、气象变化等不利于处置险情，现场处置人员视情紧急避险、紧急撤离，重新调整警戒隔离区范围。

⑤根据灾情处置和动态监测情况，适当调整警戒隔离区。

（三）现场检测、监控

①对可燃、有毒有害危险化学品的泄漏浓度、扩散范围等情况进行动态监测监控。

②测定风向、风力、气温、雷雨等气象数据，预判波及范围。

③确认生产装置、设施、建（构）筑物、储罐、库区堆场已经受到的破坏或潜在的威胁。

④检测、监控火灾、爆炸、毒害现场及对周边环境的危害影响。

⑤现场指挥部和总指挥部根据现场动态监测、监控信息，适时调整指挥部位置、警戒范围及救援行动方案。

三、灾情评估

根据现场实时侦检数据，全面分析灾情信息、环境信息、伤员信息，结合类似处置案例，进行事故发展趋势及潜在风险评估和行动方案安全评估。

四、确定方案

指挥员应根据火情侦察情况，按下列要求组织制定作战方案：

①确定直接实施灭火，还是冷却保护、控制燃烧，或者先冷却、后灭火的总体作战意图。

②根据作战意图，确定是否采取物资疏散、工艺处置、工程抢险、破拆、排烟、照明等措施。

③根据着火设备的种类、燃烧物质的性质、状态和燃烧范围等因素，估算并确定使用固定、移动消防设施的数量及灭火剂用量。

④根据现场的地形、风向、风力等，确定停放消防车、设置车载炮、移动炮和水枪的位置及进攻的路线。

⑤根据参战力量及其任务情况，划分分段指挥的区块，并明确各区块的指挥人员。

⑥根据现场的危险性，明确参战人员的安全防护等级及安全注意事项等。

作战方案形成后，指挥员应逐级部署作战任务，参战队伍应按照下列要求迅速展开作战：

①按确定的作战意图，做好消防车和战斗人员分工，并根据火场的地形、风向、风力，进入安全的作战位置。

②在火灾单位相关人员的配合下，开启固定消防设施或用消防车连接半固定消防设施，实施冷却或灭火。

③充分利用现场地形、建（构）筑物或设备做掩体，合理设置固定炮、移动炮、水（泡沫、干粉）枪阵地。

④根据水源情况，合理连接消防水带、分水器，为车载固定炮、移动炮、水（泡沫）枪供水（泡沫），确保不间断。

⑤根据起火物料、设备及燃烧范围等具体情况，严格按照冷却保护或灭火的技术要求，实施冷却或灭火。

⑥各级指挥员应对各项战斗任务实施不间断指挥，实时观察实施效果，及时纠正偏差，提示注意事项。

五、等级防护

（一）人员防护

①调集所需安全防护装备。现场应急救援人员应针对不同的危险特性，采取相应安全防护措施后，方可进入现场救援。

②控制、记录进入现场救援人员的数量，实时监控处置区、作业区处置人员动态。

③现场安全监测人员若遇直接危及处置人员生命安全的紧急情况，应立即报告救援队伍负责人和现场指挥部，救援队伍负责人、现场指挥部应当迅速做出撤离决定。情况紧急时安全监控人员可直接指令现场处置人员采取紧急撤离措施，随后逐级汇报。

④在火灾扑救中，应按照下列基本要求，做好参战人员的安全防护：

进入火场的所有人员，应根据危害程度和防护等级，佩戴防护装具，并经安全员检查、登记；进入火场后应合理选择进攻的路线、阵地，严格执行操作规程。

在可能发生爆炸、毒害物质泄漏、沸溢、喷溅和建筑倒塌及浓烟、缺氧等危险的情况下救人或灭火时，应组成精干的作业组，设置安全观察哨，尽量减少前沿作业人员，布置水枪掩护，留有备用力量，严禁擅自行动。

在需要采取关阀断料、开阀导流、降温降压、放空和紧急停车等工艺措施时，应掩护配合着火单位专业人员实施，严禁盲目行动。

对火场内带电的线路和设备应视情况采取切断电源或者预防触电的措施。

当现场出现爆炸、轰燃、倒塌、沸溢、喷溅等险情征兆，而又无法及时控制或消除，直接威胁参战人员的生命安全时，指挥员立即用对讲机下达撤退命令，接到命令后一线人员应果断迅速撤离到安全地带，在人员撤出后，要主动向指挥部或自己的战斗小组靠拢，同时立即向指挥部汇报你现在的情况。视机再组织实施灭火救援行动。

（二）公众安全防护

①总指挥部根据现场指挥部疏散人员的请求，决定并发布疏散指令。

②选择安全的疏散路线，避免横穿危险区。

③根据危险化学品的危害特性，指导疏散人员就地取材（如毛巾、湿布、口罩），采取简易有效措施紧急疏散。

六、现场处置

（一）火灾爆炸事故

①在火灾扑救中，应按照"救人第一"和"先控制、后消灭，集中兵力、准确迅速，攻防并举、固移结合"的作战原则，果断灵活地运用"冷却控制、工艺处理、堵截、突破、夹攻、合击、分割、围歼、排烟、破拆、封堵、监护、紧急避险"等战术方法，科学有序地开展火灾扑救行动。

②到达火场后，应在便于进入火场的位置上集结，指挥员立即组织火情侦察，并将侦察工作贯穿于灭火战斗的全过程。通常情况下，火情侦察可以采取外部观察、询问知情人、在控制室调取数据或实施监控、深入内部侦察、使用仪器探测等方法进行。

③当火场有人员受伤或受到火势威胁时，参战人员应迅速组织抢救疏散，并采取相应的灭火措施，具体要求如下：

采取排烟、防毒、射水等措施，减少烟雾、毒气及火势对被困人员的威胁。

进入燃烧区抢救被困人员时，应仔细搜索各个部位，做好记录，防止遗漏。

对被救人员应采取防毒保护措施；对危重伤员应由具备急救资质的人员进行现场急救，对遇难人员也应及时搜寻、妥善保护。

④在火灾扑救过程中，应根据需要，配合生产车间工艺人员，启动现场的工艺灭火或固定消防设施，采取紧急停车、切断或输转物料、泄压放空、向系统充加惰性气体或蒸气等工艺措施。

⑤当火灾伴随有毒气体、可燃气体或可燃液体泄漏时，配合专业工程抢险人员，佩戴防护用品，并在喷雾水枪的掩护下，进入现场关闭进料阀门或利用卡具、特种胶等堵

漏工具及器材进行堵漏。

⑥在火灾扑救中，应优先使用固定消防给水系统供水，应根据实际需要，按照确保重点，兼顾一般，力争快速、不间断的原则组织火场供水。

⑦在火灾扑救中，应按照下列基本要求，科学确定并合理使用灭火剂，尽量减少水渍损失和环境污染：

正确选定灭火剂、喷射器具及供给强度；在确保消防人员安全的情况下，应尽量接近火点喷射。

忌水物质发生火灾时，严禁用水和泡沫灭火；有珍贵文物、贵重仪器、图书、档案资料等的场所发生火灾时，严禁盲目射水。

当灭火用水可能造成建筑物或堆垛倒塌等危害时，应组织现场排水，或采取其他防范措施。

当有可能造成水体污染时，应严格控制用水量，并协调有关部门组织污水排放处置。

（二）泄漏事故处置

当救援现场有易燃易爆或者毒害物质泄漏、扩散，可能导致爆炸、建筑物倒塌和人员中毒等危险情况时，应根据工艺人员的意见和现场救援力量及技术条件，及时采取冷却防爆、稀释中和、堵漏输转、关阀断料、加固排险、破拆清障、排烟送风等措施，尽快排除险情。

（三）中毒窒息事故处置

①立即将染毒者转移至上风向或侧上风向空气无污染区域，进行紧急救治。
②经现场紧急救治，伤势严重者立即送医院观察治疗。

（四）被困人员救护

现场救人行动，应根据现场的具体情况，按照下列基本要求进行：
①根据现场的不同情况，采取破拆、起重、支撑、牵引、起吊等方法施救。
②在人员被埋压或困于容易窒息、受伤的场所，应稳定被困人员情绪，采取送风供氧、急救、提供饮食等措施，然后组织开展营救行动。
③当不能确认遇险人员无生还可能时，严禁盲目使用大型挖掘机、铲车、推土机等机械设备和可能危及被困人员生命安全的救援方法。
④在毒害物质泄漏现场，应使用防毒、救生等工具抢救中毒人员，并及时疏散染毒

区域内的人员。

⑤应由具备急救资质的人员对伤员进行现场急救，并立即通知医疗急救部门进行救治。

（五）其他处置要求

①进入灾害事故现场的所有救援人员，必须根据现场实际情况和危险等级采取防护措施，严格执行操作规程。

②在可能发生爆炸、易燃易爆和毒害物质泄漏、建筑物倒塌等危险情况下，必须进行监测，减少前沿作业人员，加强安全防护，并留有机动力量。

③需要采取工艺措施处置时，应掩护配合事故单位专业人员实施，严禁盲目行动。

④当现场出现爆炸、倒塌及可燃、毒害物质大量扩散等征兆，而又不能及时控制或者消除，直接威胁救援人员的生命安全时，应立即撤离到安全地带，优先保障处置人员生命安全，待具备基本安全条件时，再组织实施救援。

⑤救援过程中发生灼伤烫伤、车辆碰撞、物体打击、高处坠落等次生事故，对救援人员造成伤害，在救援时应维护现场救援秩序。

七、化学洗消

在危险化学品泄漏事故应急救援结束后，应组织对受到污染的人员、装备及场地、设施进行现场洗消，在危险区与安全区交界处设立洗消站，使用相应的洗消药剂，对所有染毒人员及工具、装备进行洗消，并协调有关部门，妥善处理洗消后的污水。洗消污水应集中净化处理，严禁直接外排。

八、移交现场

（一）现场清理

火灾扑灭后，应全面细致地检查火场，彻底消灭余火，防止复燃。视情留有必要力量监护，配合后续处置。

①对生产装置、储存设施的温度及其周围可燃气体、液体蒸气的浓度进行检测，并彻底清除事故现场各处残留的易燃易爆物品、有毒有害气体，对泄漏液体、固体应统一收集处理。

②对污染地面进行彻底清洗，确保不留残液。

③对事故现场空气、水源、土壤污染情况进行动态监测，并将监测监控信息及时报告现场指挥部和总指挥部。

④若空气、水源、土壤出现污染，应及时采取相应处置措施。

⑤必要时，留下必需的灭火力量进行监护。

⑥撤离火场时，应清点人数，整理装备，恢复水源设施，与生产车间负责人或生产调度报告后撤离。

⑦归队后，应迅速补充油料、器材和灭火剂，调整执勤力量，恢复战备状态，并向上级报告。

（二）信息发布

①事故信息由总指挥部统一对外发布。

②信息发布应及时、准确、客观、全面。

（三）救援终止

①事故现场处置完毕，遇险人员全部救出，可能导致次生、衍生灾害的隐患得到彻底消除或控制，由总指挥部发布救援行动终止指令。

②清点救援人员、车辆及器材。

③解除警戒，指挥部解散，现场移交，救援队伍返回驻地。

④收集、整理、归档应急救援资料，进行救援行动战评总结、效能评估，并报上级有关部门。

第五节　煤化工生产装置区灾害事故处置要点

煤化工生产装置发生灾害事故时，应遵循以下处置要点：

一、总则

①本要点主要适用于煤化工装置火灾扑救，作为决策指挥和行动展开的参考依据。

②本要点非强制性规定，指挥员应结合实际灾情、客观环境和作战实力等情况，正确理解并合理运用。

二、处置原则

①煤化工装置火灾扑救应坚持"工艺为主、工艺处置与消防处置相结合"的战术原

则，第一时间利用工艺处置措施，开展紧急停车、关阀断料、放空排险、氮气置换、蒸气吹扫等。

②火灾扑救中应始终贯彻"救人第一、科学施救"的指导思想，按照从内向外、由易到难、先重后轻、先救后送的搜救顺序，全力搜救遇险人员。

③根据火势发展变化，及时采取"控火除险、强攻近战、上下合击、内外结合、逐片消灭"的技战术措施，以班组为基础作战单元，建立合理的作战编成体系，快速控制泄漏和消灭火灾，防止爆炸。

③在灭火救援中应坚持攻防并举、安全为先，科学合理设置阵地，严格安全防护措施，落实火场安全制度，遇有险情及时撤离，并组织力量轮换，提高作战效能。

三、处置难点

①爆炸危险性大。煤化工装置发生泄漏爆炸会引起燃烧，燃烧又会引起爆炸，容易引起连锁反应。火灾扑救中存在高温、爆炸、倒塌、中毒和复燃复爆等危险，对消防人员的灭火行动构成威胁。在煤化工生产过程中，多个工段均有氢气参与反应，特别在煤直接液化油品加氢工段，氢气压力 8.9 MPa，一旦泄漏，发生二次爆炸、连锁爆炸可能性极大。

②燃烧迅速易形成立体火灾。煤化工生产装置设备管线纵横交错、互相联通，在逻辑上形成串联系统，装置之间布置紧密，任何子系统、单元发生故障或问题，都会导致整个系统故障，引发多米诺骨牌效应。发生爆炸泄漏火点分散，容易形成立体燃烧和流淌火，现场辐射热强，难以实施近战灭火。同时，由于厂区消防通道狭窄、举高车辆转弯半径不足，导致阵地设置和调整难。

③工艺处置技术要求高。生产工艺复杂，工艺处置需要根据现场情况配合单位工艺处置小组、技术人员实施。现代煤化工企业投产时间短，系统操控人员和岗位应急人员对事故应急处置经验不足，处置不当，极易导致人员伤亡。

④生产装置框架高。煤化工企业气化、合成、输煤栈桥等装置，设计高度都在 80 m 以上，易形成立体火灾和流淌火，举高车停靠困难，灭火剂喷射高度不足。部分生产装置采取了封闭和半封闭设计，既是化工装置又是高层建筑，一旦发生火灾，极易发生装置坍塌，救援人员内攻风险高，外攻灭火无法直击火点，整体灭火救援难度大。

⑤灭火保障要求高。装置发生爆炸后，固定消防设施受损无法发挥作用，需调用移动装备实施长时间冷却，供水需求量大。装置内物料成分复杂，状态多样，必须合理选择水、干粉、泡沫等灭火剂配合使用。处置现场噪声大，涉及单位、部门多，通信联络困难，协同行动要求高。

四、力量调集

①应根据煤化工单位规模、生产性质、分布区域，结合本地消防执勤实力，确定作战力量编成。

②主战车辆应优先调集大功率泡沫消防车、高喷消防车、重型水罐车、干粉消防车，也可选用工业主战消防车。灭火冷却优先选用大流量机器人、移动炮、高喷炮（不少于 60 L/s）、车载炮或拖车炮（不少于 100 L/s）。

③供水车辆优先调集远程供水系统、重型水罐消防车。还应调集供液消防车、泡沫液、泡沫输转泵、应急注氮车及装备抢修、油料供给、照明车等战勤保障车辆。

④优先调集无人机、无线复合气体检测仪、有毒气体检测仪、四合一可燃气体检测仪、测温仪、风速仪、测距仪、洗消剂、洗消帐篷、防化服、防冻服等器材装备和灭火药剂。

⑤调集事故单位工艺处置小组、技术人员、检修工和煤化工专家到场协助处置。

⑥根据灾情处置需要，调集公安、安监、市政、医疗、环保、气象、供电、供水等应急联动力量到场配合处置。

⑦视情调集挖掘机、推土机、吊车等工程机械车辆和沙土等物资筑堤围堵流淌火和有毒污水。

五、途中决策

（一）途中侦察

①车辆出动后，联系作战指挥中心或报警人了解以下情况：

核对出警地址和灾情任务。

人员伤亡情况。

燃烧部位、形式及范围，燃烧物质种类、储量，泄漏物料扩散情况。

单位先期工艺处置（关阀断料、紧急注氮、放空排险等）和固定消防设施运行情况。

增援力量和联动单位出动情况。

了解灾情的同时，应指导事故单位疏散人员、控制灾情发展。

②接近现场时，根据灾害规模和发展趋势，视情请求增援，并观察以下情况：

判断风向、风力情况。

着火装置方向的响声、火光、烟雾等情况。

泄漏物质扩散情况。

（二）系统查询

查询危险化学品辅助决策系统、化工事故处置 APP 手机微平台、危险化学品查询系统，企业交底箱内着火单位"六熟悉"记录、灭火救援准备资料、灭火救援预案等资料，了解以下情况：

①泄漏燃烧物质的理化性质、处置对策、防护措施和注意事项。

②事故单位、事故单元部位生产工艺流程、物质存储形式、主要生产原料和产品等情况。

③事故单位周边消防水源、内部消防设施和企业消防力量情况。

④着火装置的位置、邻近道路和毗邻情况。

（三）途中部署作战任务

出动途中，中队指挥员应向作战指挥中心、本中队其他车辆和增援中队指挥员通报掌握情况，结合实际预先部署车辆停靠位置和初步作战分工，提示车辆人员到场先在事故区域外 500 m 外的集结区域集结，先派出侦察小组与企业技术人员进入事故区域侦察，对事故区域进行危险源评估后，方可部署作战力量进入事故核心区域展开战斗，并强调处置行动注意事项。

（四）车辆停靠

①主战车辆要选择上风或侧上风向的停车位置，车头朝外，与着火装置保持一定的安全距离。先期到场车辆不要贸然进入事故区域，并为增援车辆预留停车位置和行车通道。

②在适当位置设置车辆集结区，指定专人统一调度，明确作战位置和行车路线，确保现场车辆进出，停靠安全有序。

③车辆严禁停靠在地沟、下水井附近，坡道正下方，架空管线下等位置，防止爆炸、倒塌、地面流淌火等情况造成人员伤亡和车辆损坏。

④供水车辆要在后方靠近水源停靠，并与前方主战车辆保持一定距离。

⑤消防车辆在坡道停车或利用天然水源吸水供水时，要注意检查路基承重，并对轮胎进行固定防滑。

⑥车辆停靠要考虑地势差，不能停靠在地势低的地方。

（五）灾情评估

①到达现场后，要利用消防控制室、生产中控室，询问知情人，外部观察和内部侦

察等手段侦察掌握现场灾情，研判火势危害程度，与作战指挥中心保持联系。火情侦察和灾情评估应贯穿于灭火战斗全过程。

优先利用消防控制室、生产中控室进行侦察，重点查明下列情况：

消防水泵、固定消防设施及其联动设备动作情况。

着火装置和关联装置温度、压力、物料储量等情况。

着火装置高处、周边部位的监控图像。

关阀断料和工艺处置情况。

询问知情人主要掌握下列内容：

着火装置相关联的生产工艺流程。

泄漏或着火部位，温度压力，发生原因，物料种类、储量。

相邻装置或设施受损情况。

已采取的工艺处置措施及其他处置建议。

对着火装置及周边部位实施侦察，主要了解下列情况：

有无人员受伤或被困。

燃烧火焰形态、颜色，烟气颜色、扩散方向和范围。

有无地面流淌火，有无需要保护的重要设施、设备。

固定消防设施种类、位置及运行情况。

管线、沟渠、下水道布局走向。

现场及周边消防水源情况。

灭火作战进攻路线和阵地设置。

②现场指挥员应根据火情侦察情况评估灾害规模，确定火场主要方面，判断作战行动安全风险。主要判定以下情况：

灾情扩大可能波及范围及造成后果。

警戒区域和人员疏散范围。

如何配合技术人员采取工艺处置措施。

人员安全防护等级，需要冷却部位和控火措施。

所需灭火、供水和保障力量，需要增援的力量。

六、组织指挥

①辖区中队指挥员到场后，应及时掌握现场情况，在单位技术人员协助下实施救人、疏散、冷却、控火等措施，防止灾情扩大，并及时向作战指挥中心报告现场情况，视情请求增援。

②增援中队、支队指挥员途中应主动联系事故地所属支队作战指挥中心和辖区中队，报告行进位置，了解现场情况，到达现场后及时请领作战任务，指挥所属力量开展作战行动。

③总（支）队全勤指挥部出动途中应全面搜集掌握现场情况，调度增援力量出动情况，指导现场力量开展作战行动。到场后成立现场作战指挥部，调整到场力量任务分工，及时向上级部门和地方政府通报灾情发展和处置情况。

④灭火作战行动指挥由总指挥、若干战斗分区前方指挥、后方指挥和保障指挥组成，还应联系单位技术人员和煤化工专家为处置行动提供辅助决策和指导。

⑤现场作战指挥部根据灾害规模及到场力量划分战斗分区，并确定各战斗分区作战行动的指挥员。

⑥应当在着火单位消防监控室、生产中控室设置指挥员，持续监控着火装置变化情况，观察火灾现场发展态势和危险征兆，协调配合单位技术人员进行工艺处置。

⑦后方指挥负责调度指挥后续增援车辆。制定火场供水方案，统一调配供水车辆装备，建立供水线路，确保各战斗分区供水不间断。

⑧保障指挥负责现场通信、饮食、医疗、油料补充、装备抢修、灭火剂补充等保障任务的组织指挥。

⑨应指定专人负责与其他联动处置力量协调联络。重点协调公安部门对现场周边实施警戒疏散，环保部门实时监测通报现场空气、水源、土壤受污染情况，气象部门实时监测通报现场天气变化情况，市政部门调集挖掘机等工程机械设备配合处置行动。

七、设施应用

①煤化工单位内部设有消防控制室、消火栓系统和消防水池，装置周边一般设有固定式消防水炮、蒸气灭火系统，储罐一般设有水喷淋系统、半固定泡沫灭火系统等消防设施，应第一时间利用这些消防设施处置事故。

消防控制室：利用消防控制室查看消防设施运行情况，观察着火装置及周边监控图像，为前方指挥提供辅助参考。

蒸气灭火系统：开启着火装置蒸气灭火系统稀释泄漏气体，对装置形成保护，也可达到窒息灭火作用。

固定式消防水炮（泡沫炮）：启动固定式消防水炮可以对着火装置及周边设施冷却保护，减少一线作战人员。

水喷淋系统：开启周边装置或储罐的水喷淋系统可起到冷却保护作用。

半固定泡沫灭火系统：启动设置在储罐周边的半固定泡沫灭火系统，可直接与车载泡沫连接。

②使用单位内部消火栓和自动喷水灭火系统要考虑消防泵压力和供水管网流量，优先保障着火装置周边冷却用水。

八、安全警戒

①应根据侦检情况、气象条件等划定警戒范围。同时要根据现场情况变化及时调整警戒区范围。

②应根据不同的警戒级别，设置明显警戒标志，实行交通管制，严禁无关人员及车辆进入警戒区。

③所有进入事故现场人员应严格按照防护等级，落实防护措施。

④警戒区内禁绝一切火源、静电源，进入车辆必须安装防火帽。

九、冷却抑爆

①灭火力量、灭火剂保障未到位，灭火时机不成熟时，不能盲目灭火。要对着火装置和周边装置设备，采取冷却和封堵措施，降低现场温度，防止发生爆炸。

②优先选用蒸气灭火系统、固定消防水炮或移动遥控炮等设施器材实施冷却。冷却保护要全面均匀，不能出现空白点，防止装置局部受热变形。

③在受到火势威胁的生产装置或设备之间设置水幕，降低辐射热对相邻生产装置和设施的威胁强度。

④使用高压喷雾水流或蒸气驱散、稀释可燃气体和易燃液体蒸气。火灾扑灭后，要及时堵漏并对燃烧区内设备、管线继续进行冷却，直至温度降到正常。

⑤禁止向高温、高压生产设备喷射直流水，防止爆炸伤人。

十、工艺处置

①要积极配合煤化工专家、单位技术人员、检修人员、工艺处置小组人员，采取工艺处置措施控制灾情。

②采取关阀断料措施中断着火装置物料供应。关阀前必须了解着火装置在工艺流程中的位置、作用和关阀后对其他设备的影响。除关闭着火设备的进料阀外，还要关闭邻近设备的进料阀。

③气体设备装置发生火灾，若设有放空管应开阀放空，并将放空气体导入其他容器。无害气体可自然放空。

④可燃气体或不溶于水的易燃液体装置火灾，可采取开阀导流措施，减少可燃物

料。导流速度不能过快，要防止被导流设备内出现负压吸入空气形成爆炸性气体混合物，发生回火爆炸。

⑤进行工艺处置，要制定详细行动方案，根据专家意见配合技术人员实施。对相关装置设备要充分冷却保护，对作业人员要使用水枪掩护。

十一、灭火实施

①扑救化工装置火灾应按照"先外围、后中心，先地面、后装置"的顺序，在实施冷却保护的同时，首先消灭外围火点和地面流淌火，最后扑救装置火灾。

②应根据流淌火面积、蔓延方向、地势、风向等因素筑堤围堵或定向导流，同时部署必要数量的泡沫枪，消灭流淌火。地面流淌火面积较大时，应适时划分几个作战区域，采取分割围歼，分片消灭的方法灭火。

③灭火所需作战车辆装备部署、灭火剂保障、通信联络等准备工作到位后，要把握火势平稳、风力减小等有利时机组织进攻灭火。

④装置物料泄漏量不大，压力不高，短时间控制泄漏源的情况下，可实施快速灭火，并迅速对泄漏点实施封堵。

⑤明火扑灭后要保留部分作战力量对重点部位进行冷却监护。

十二、供水保障

①火灾现场可利用的水源主要有单位内部消火栓、消防水池、周边天然水源等。

②要根据单位内部消火栓管网形式、管径、压力和已启用固定消防炮的数量确定可供消防车吸水的消火栓数。附近有天然水源或大型储水设施的，可利用消防艇、拖轮、浮艇泵、手抬机动泵供水。

③根据供水车辆装备的性能、通信状况、水源地至火场的距离和道路交通情况，合理选择供水方式。

④一般情况下，水源与火场距离在单车供水范围内时，优先选用重型水罐车占据水源直接供水。水源地距离火场较远的，要使用远程供水系统直接供水或采取运水供水。

⑤供水线路要靠路边一侧平直铺设，减少与车辆行进线路的交叉。必须穿过行车路线的，要挖掘沟槽或使用水带护桥保护。主要供水干线必须有专人看护巡查，并备有机动水带，一旦出现破损及时更换。

⑥根据现场需求，及时通知市政供水部门加大事故地区供水管网的流量和压力，视情调集市政运水车、环卫洒水车等车辆，向事故现场供水。

十三、现场监测

①处置过程中，要设置多个监测点对作战区域由内向外进行动态侦检，并逐步扩大检测区域，特别是下风向和侧下风向。

②灭火堵漏后，要重点检测泄漏点、管线阀门处、火场低洼、墙角、背风及地下空间出口处等部位。

③现场残留气体浓度低于爆炸下限30%时，可发布解除警戒命令，恢复交通。

④对现场的灭火、冷却废水要进行回流疏导，集中收集处理，防止发生环境污染等次生灾害。

十四、安全管理

①处置煤化工装置火灾事故，必须在消防控制室和前沿阵地的不同位置设置安全员，明确紧急撤离信号、撤离路线和集结地点。紧急撤离信号要采用灯光、旗语、鸣笛、警报等多种形式，并同时发出。

②着火装置出现温度急剧升高、压力突然增大、发生抖动或发出异常的啸叫声响、火焰颜色由红变白等爆炸征兆时，立即发出紧急撤退信号。全体人员必须紧急撤离，就近借助掩体进行自我保护。撤离后要及时进行人员清点，调整力量部署。

③应使用大流量的移动炮、遥控炮、自摆炮实施远距离冷却灭火，尽量减少一线作战人员。

④前方作战人员应着防火隔热服，利用掩体设置水炮（枪）阵地，作战人员应使用喷雾或开花射流梯次掩护。掩护水枪必须从不同的供水线路上接出，并且保证2支以上。

⑤进入着火单位现场作业的车辆必须安装防火帽。要根据现场情况使用开花或喷雾水流对有可能受到火势威胁的作战车辆进行保护，重点保护驾驶室、油箱、轮胎等部位。

⑥处置过程中要使用沙土、水泥等对排污暗渠、地下管井等隐蔽空间的开口和连通处进行封堵，防止可燃气体、易燃液体流入发生爆炸。

十五、注意事项

①泡沫使用前要校检，要用泡沫从上至下冷却流淌火周边装置，防止用水冷却，水流破坏流淌火的泡沫覆盖层而导致复燃。

②火势扑灭后的堵漏、输转过程中，要防止因水雾保护不当导致泄漏物料发生复燃复爆。

③长时间作战或者夜间、炎热、寒冷条件下作战要备足后备力量轮替一线作战人员。对持续工作的车辆、装备要注意补充油料，及时组织替换检修。

第六节　煤化工储罐区灾害事故处置要点

煤化工企业成品储罐和中间储罐储存的物质主要有 LNG、乙烯、丙烯、乙炔、液化石油气、石脑油、柴油、石蜡、苯、蒽油、酚、煤焦油、焦炉煤气等。储罐的型式有固定顶罐、内浮顶罐、球型罐、LNG 全冷冻罐。储罐区发生灾害事故时，应遵循以下处置要点。

一、总则

①本要点主要适用于煤化工储罐火灾扑救，作为决策指挥和行动展开的参考依据。

②本要点非强制性规定，指挥员应结合实际灾情、客观环境和作战实力等情况，正确理解并合理运用。

二、处置原则

①储罐火灾扑救应坚持"以人为本、安全处置、科学施救"的指导思想，应遵循"先控制、后消灭""工艺处置措施与灭火技战术相结合""固定消防设施与移动消防装备相结合"的原则；采取"先上风、后下风、先外围、后中间、先地面、后储罐"的战术措施。

②储罐火灾扑救应成立现场指挥部，在地方政府的领导下，由公安消防部队统一指挥，灭火救援专家组和单位技术人员提供技术支撑，消防部队、企业专职队伍和社会联动力量共同处置。根据现场情况，可分成若干作战区域实施灭火救援行动。

③储罐火灾扑救应坚持灭火作战与战勤保障相结合，按照保障力量大于作战力量的标准，后勤部门随行保障、随战保障，合理利用社会保障资源，及时调集装备器材、灭火药剂和保障物资。

三、处置难点

①爆炸、沸溢、喷溅对人员安全威胁大。储罐火灾中，轻质油储罐、醇类储罐易发生爆炸，重质油储罐、石脑油储罐易出现沸溢、喷溅现象，威胁消防人员安全。特别是油煤浆储罐，存储温度为盘管加热 168 ℃，而且固液态共存，需要不停搅拌。

②爆炸破坏罐体导致灭火难度大。爆炸易造成固定顶储罐罐盖部分破坏或揭顶、浮

顶罐浮盘倾斜、卡盘，敞开的罐体火焰高、辐射热强，并易形成复燃复爆，增大灭火难度。煤化工企业中甲醇储罐常见，而且单体储罐储量大，储罐型式多样。

③流淌火对罐区威胁大。储罐火灾发生爆炸后，易形成大面积流淌火和立体火灾，对邻近储罐、罐组和周围装置，甚至整个罐区造成威胁，并直接威胁作战人员、车辆及其他设施、设备的安全。煤化工企业中间罐区，储罐设计上不够完善，周边生产装置密集，而且储存物质难确定。

④移动器材装备需求量大。储罐火灾易导致固定、半固定消防设施损坏，移动器材装备的需求量大。

⑤灭火剂持续供给难度大。储罐火灾处置时间长，水、泡沫等灭火剂用量大、损耗多，灭火剂持续供给难度大。

⑥罐体型式特殊导致处置威胁性大。球型、LNG储罐、卧式储罐由于罐体型式特殊，储存的液体、气体介质不同，受热后，压力迅速增加，极易引发爆炸，破坏性强、波及范围大，易造成二次爆炸和大面积燃烧。特别是煤化工企业中球型罐和LNG储罐利用装置保冷，不设应急制冷系统，加大了危险性。

⑦同一罐组、罐区内，易燃易爆、有毒有害危险品混存混放，特别是中间罐区储存物料复杂，组分多变，既有水溶性、也有非水溶性易燃液体，一旦发生火灾，灭火药剂选用难、处置技术要求高。

四、力量调集

①应根据储罐火灾规模及本地消防实力，制定作战力量编成。

②应根据灭火作战预案和报警情况，分析判断现场情况，确定火警等级和出动力量，加强首批力量调派一次性调集足够的力量和车辆、器材装备、灭火药剂及保障物资。

③应根据作战力量编成，优先调集大功率泡沫消防车、举高喷射车、大流量重型水罐车，以及通信指挥、照明、防化抢险、泡沫供给、油料供给、生活保障等战勤保障车辆。

④力量调派时主要考虑着火储罐容积，存在流淌火时应考虑防火隔堤容积及同一防火隔堤的其他罐组容积，力量调度应以编队为单位进行调集。

⑤大型储罐火灾发生时，要调集战勤保障编队及充足的预备力量，在火场周边集结待命。

⑥储罐火灾要同时调集大量的移动炮、遥控炮、带架水枪、泡沫钩管等移动装备，以减少前方作业人员数量。

⑦处置储罐火灾时，要充分考虑本地消防实力调集出动编队，及时请求调集增援

力量。

⑧调集企业专职消防队和石油、煤化工专家，以及公安、医疗救护、供水、供电、气象、环保、安监、工程抢险等部门到场联合处置。

⑨出动力量应根据掌握的火场情况，提前进行任务分工，实施途中指挥。

五、途中决策

①途中侦察。车辆出动后，通过与指挥中心联系，与报警人联系，与事故单位联系等方式，及时了解以下情况：

核对灾害地址和处置任务。

掌握着火罐、邻近罐类型及结构。

储存介质种类、储存量及危害性。

固定消防设施启用情况。

增援力量出动情况。

事故单位先期处置情况。

联动力量到场情况。

②通过危险化学品辅助决策系统、危化品事故处置 APP 应用微平台等查询手段，查询以下辅助资料：

查找事故单位预案。

查找事故介质理化信息、处置方式。

了解事故单位基本情况。

事故发生地点毗邻情况及周边水源。

根据上述了解到的情况，指挥事故单位及已到场力量实施先期处置。

③根据已掌握的现场情况，预先谋划初步作战方案，调集增援力量。

④出动途中，应保持与作战指挥中心及各出动力量之间的通信联络畅通，及时互通掌握的情况信息，报告观察到的火情和路况。

六、火场侦察

①通过外部侦察、询问知情人和 DCS 控制室询查，迅速查明以下情况：

燃烧罐体的结构型式，尤其是罐顶、浮盘结构、冷冻球型罐、LNG 储罐的制冷装置位置及工作情况。

燃烧罐及相邻罐罐根阀位置，罐区紧急切断阀、界区阀、雨排阀位置及关闭情况。

受火势威胁或热辐射作用的邻近罐的情况，泄漏物质危害特性，地面流淌火情况。

燃烧罐、相邻罐及储罐区内储存的介质种类、储量、液面高度和表面积。

固定、半固定灭火装置完好程度，紧急注氮口、半固定注入泡沫口及架设泡沫钩管或移动炮的位置，泡沫车、高喷车的停车位置。球型罐的注水管线位置。

如是重质油品和石脑油，其含水率、有无水垫层。

罐体爆炸后的燃烧开口情况、浮盘情况等。

防护堤的高度和防护情况，是否排水，罐区周围雨排是否关闭。

厂区内部储罐区、装置区、生活办公区情况，厂区外部水源、道路情况，当日气象情况。

②侦察小组一般不少于 3 人，并由组长带领，情况复杂的罐区应由单位知情人引导，知情人进入危险区域也要做好个人安全防护。

③接近燃烧区域侦察时，应使用水枪进行保护；侦察人员应正确选择侦察和撤退路线，明确联络信号、紧急撤离信号。

④及时向单位负责人、库房管理员、技术员、检修工、值班员等知情人，调取相关图纸，了解现场危险化学品的种类、数量和危害程度，特别是有无爆炸品和可能爆炸的物质。

⑤利用无人机、望远镜、测温仪等器材装备，实时观察、了解着火区域、燃烧范围、罐壁温度、蔓延方向、火势规模，以及对邻近建（构）筑物、厂房、设施的威胁程度。

⑥利用侦检仪器对现场有毒有害、易燃易爆物质进行动态监测，结合地形地貌和现场气象状况，了解、掌握现场事故发展态势，划定警戒范围。

⑦了解掌握现场及其周边道路、水源、建（构）筑物结构及电力、通信、气象等情况，进一步确认遇难、遇险和被困人员的位置、数量，确定施救和疏散路线。

⑧火情侦察情况应及时向指挥中心和上级指挥员汇报。单位相关知情人要始终留在现场指挥部，随时提供相关辅助信息。

⑨根据现场作战情况，可组成若干侦察组，分战斗段、分时段实施全程不间断侦察。

⑩进入罐区侦察时，应使用防爆型侦检、照明、通信器材，不得随意登顶侦察。

七、火场警戒

①火场警戒由现场指挥部或指挥员统一组织，消防、公安、武警和其他力量具体实施，并设置警戒标识，安排警戒人员，视情对火场周边道路实施交通管制。

②警戒人员应维持现场秩序，引导和疏散警戒区内和围观的群众，禁止无关人员和车辆进入火灾现场。

③根据了解掌握的危险化学品信息（种类、数量、规模），查询相关手册，为合理划定警戒区域提供数据支持。

④利用侦检器材或辅助决策软件，进行危害区域动态信息采集和灾害模型对比预判，确定重危区、中危区、轻危区和安全区。

⑤结合危险化学品自身属性及燃烧产物的毒害性、扩散趋势、辐射热和爆炸、泄漏所涉及范围等相关内容，对危险区域进行评估，科学设置警戒区域。

⑥应按照事故可能导致的最大危险程度和危害后果进行评估、设置警戒区、处置区、工作区，疏散警戒区内群众，控制处置区内一线作业人员，严禁无关人员进入。

⑦处置过程中，应根据事故处置进展、危险程度和动态监测情况，适时调整警戒区域。

八、车辆停靠

①消防车应尽可能停靠在上风、侧上风或侧风向地势较高的位置，与燃烧罐保持足够的安全距离，车头向外。

②供液消防车尽量停靠在罐区外围，减少事故罐区内消防车数量，便于后到场车辆进入及力量调整。

③车辆不能停放在地沟、下水井、覆工板等地下空间上方和架空管线下方。

④所有增援车辆设立统一集结地，由专人按现场指挥部要求统一调度，合理安排停靠。

⑤扑救重质油和石脑油火灾时，消防车应背向罐体，以备紧急撤离。

九、灾情评估

①灾情评估应贯穿于灭火战斗全过程，观察危险因素和关注灾情变化情况。侦察重点如下：

燃烧储罐与邻近储罐的罐体结构。

燃烧储罐与邻近储罐罐内介质的种类、储量、液面高度和面积，重质油品水垫层情况。

受火势威胁或热辐射作用的邻近罐情况。

储罐爆炸后的燃烧开口情况。

输送管线的分布及启闭情况。

消防设施的完好程度及启动情况。

②评估要点。了解现场情况后，快速判断火场的主要方面，确定灭火救援的整体方

案，并预判现场行动可能存在的风险，主要包括以下几个方面：

流淌火可能波及的范围及造成的后果。

爆炸发生的可能，以及爆炸波及的范围及后果。

其他导致灾情扩大的可能，以及造成的后果。

根据燃烧面积和设施启动情况，判断现有处置力量是否充足，是否需要调派增援力量，调派何种增援力量。

现场采取何种供液方式，能否保障现场供液需要。

确定作战阵地和车辆集结的位置。

十、组织指挥

①首批到场力量由辖区中队（大队）指挥员担任现场总指挥，负责初战措施的组织实施及增援中队的任务分配。

②在上级指挥员未到场前，增援中队指挥员途中应主动与到场中队联系，报告行进位置，了解现场情况，到场后由辖区中队（大队）实行属地指挥。

③支队全勤指挥部出动途中应全面了解现场情况，根据到场力量需求及实际情况，调度增援力量；支队全勤指挥部到场后，迅速成立现场指挥部，按指挥层次确定总指挥、各战斗分段指挥、增援力量指挥及后方指挥中心4个指挥层次。

④现场指挥部根据灾害规模及现场实际情况划分战斗区段，确定各战斗区段指挥员，负责战斗区段作战任务的组织实施。

⑤增援力量指挥负责增援消防车辆调度、现场供水保障及其他社会联动力量车辆的调度协调。

⑥储罐火灾发生后，119指挥中心立即向110指挥中心转警，由110指挥中心组织交警、特警、巡警、网安等多警种联合执勤作战，确保交通道路畅通、火场警戒有序、舆情监控有效。

⑦大型储罐火灾发生后，现场指挥部应及时向上级部门和地方政府报告灾情发展情况，上级部门、地方政府及联动单位到场后，成立灭火与应急救援总指挥部。联动单位力量调集由消防部队提出需求，由政府应急部门负责协调调集。到场联动力量由总指挥部负责统一指挥调度。

⑧储罐火灾应重点调集公安、供水、供电、环保、气象、工程抢险等联动单位到场，按照现场总指挥部命令及各自职责开展工作，协助灭火救援行动。

⑨储罐火灾发生后，应调集煤化工事故相关方面的专家到场为总指挥提供专业的救援方案，以辅助总指挥决策。

十一、设施应用

在灭火行动中，应首先使用固定、半固定消防设施：

①固定水喷淋设施，启动固定水喷淋设施对事故储罐及邻近罐进行冷却。

②固定式泡沫灭火系统，启动设置在罐顶或浮盘围堰的固定式泡沫灭火系统，对油面进行泡沫覆盖。

③半固定泡沫灭火系统，启动设置在储罐或防火堤上的半固定泡沫灭火系统，可直接与车载泡沫连接。

④固定水（泡沫）炮，启动设置在罐顶或防火堤上的固定水（泡沫）炮，进行冷却灭火。

⑤消火栓给水系统，启动消火栓给水系统，直接接水枪或供消防车用水。

⑥氮封系统，部分固定顶、内浮顶储罐设有氮封系统，出现事故后应立即检查是否好用，如损坏，应立即修复，或采用半固定设施外接注入氮气。

⑦干粉（冷气溶胶）灭火系统，小型储罐通常设置干粉（冷气溶胶）灭火系统，启动该系统可用于初期储罐火灾扑救。

⑧防火堤，储罐区一般设有防火堤，其高度为 1 ～ 2.2 m，防火堤的雨水排出口有阻油排水措施，启动可以防止油品流出。

以上设施应用时，固定设施由事故单位按照到场消防指挥员要求进行操作。

十二、抢救人员

①根据现场警戒范围，及时发布疏散人员指令，组织无关人员尽快撤离危险区域。疏散过程中，应指导人员就地取材（如毛巾、湿布、口罩），采取简易有效的保护措施。

②组织救生小组，采取正确的救助方式，及时将受伤、中毒人员转移到安全区域。对救出人员进行现场洗消登记后，交由医疗卫生机构转运、救治。

十三、冷却抑爆

①实施罐体冷却时，应首先扑灭地面流淌火，消除流淌火对罐体的威胁，利用泡沫扑救流淌火时，冷却水也要采用泡沫。

②协同工程技术人员，采取关阀断料等工艺措施，关阀断料要明确关哪些阀，采取什么方法关，什么人去关，如利用 DCS 系统关阀，必须由人工确定阀门关闭，中断燃料的持续供应。

③开启水喷淋装置，对燃烧储罐和邻近储罐实施冷却。

④利用水枪、移动炮、车载炮对着火罐实施全面冷却，不留空白点，对邻近罐主要

迎火面实施半面冷却。在泡沫液充足的条件下，可利用泡沫进行挂壁冷却。

⑤对邻近受火势威胁的固定顶式储罐，视情启动泡沫灭火装置进行先期泡沫覆盖；或用湿毛毯、湿棉被、石棉被等覆盖呼吸阀、量油口等油品蒸气的泄漏点，防止储存介质蒸发，引起爆炸。

⑥针对立体式燃烧的储罐火灾，由于防火堤内存在大量燃烧介质，在冷却着火罐体时，注意调节固定冷却喷淋设施的流量，防止冷却水大量注入防火堤导致油火溢出，火势扩大，必要的时候要采用罐区防护堤倒流阀进行倒液。

十四、火场供液

①首批到场车辆到达事故现场后可直接利用防护堤外消火栓进行供水。

②除正在为主战车辆供水的水罐车外，其他水罐消防车按照增援力量指挥统一组织实施运水供水。

③远程供水车辆根据作战命令远距离取水为前方作战车辆实施不间断供水。

④附近有天然水源或大型储水设施的，可利用消防艇、拖轮、手抬机动泵供水。

⑤供水力量不足时，可调用环卫部门的洒水车及其他一切能够运水的车辆，向事故现场供水。

⑥通知市政供水部门加大事故地区供水管网的供水流量和压力。

⑦调集泡沫供给模块保障现场泡沫灭火剂供应，同时，及时协调调集邻近泡沫生产厂家及消防力量储备泡沫，以保证泡沫灭火剂的持续供应。

十五、灭火实施

①根据灭火和冷却的实际需要，落实作战人员和装备器材，明确作战任务。

②总攻前应备足灭火所需的水、泡沫液、干粉等灭火剂，保证灭火总攻时的灭火剂持续不间断供给。泡沫液的准备量通常应达到一次灭火用量的6倍，且灭火剂用量应按照防火堤面积计算。

③各作战单位一切准备就绪后，统一向现场总指挥报告，由现场总指挥下达总攻命令。

④当现场总指挥下达总攻命令后，各种冷却、灭火设备同时动作，各前沿指挥员注意观察各阵地泡沫喷射情况，适时调整角度，保证泡沫覆盖效果。注意观察薄弱部位的情况，及时增补力量。

⑤针对燃烧液面较大的大型储罐火灾，在泡沫液充足的情况下，应改变泡沫覆盖方式，将流淌式的被动泡沫覆盖方式调整为多点喷射的主动泡沫覆盖方式，从而加快泡沫

覆盖速度。

⑥针对塌陷燃烧或半封闭燃烧的储罐火灾，可通过注水提高油品液面，使液面高于塌陷部分后再进行泡沫覆盖。

十六、安全管理

①火场安全管理由总指挥员统一负责。各级作战人员火场安全由本级指挥员根据上级指挥员要求及现场情况变化具体组织落实。如遇可能威胁人员安全的紧急情况，可由本级指挥员直接下达命令，保证人员安全。

②设立火场安全员，观察火灾发展变化情况。当出现油面呈现蠕动，涌涨现象，出现油泡沫 2 ～ 4 次，火焰增高、发亮，发白烟色由浓变淡，罐壁或其上部发生颤动，产生剧烈的嘶嘶声等沸溢和喷溅式燃烧征兆时，及时向火场总指挥员报告。

③作战前确定好统一撤离、紧急撤离等撤离信号。由火场总指挥作出人员全部撤出的命令，如遇紧急情况，现场指挥员可根据现场情况临机对所属作战人员下达撤出的命令。收到紧急撤退命令时一律徒手撤离。

④前方作战人员应着防火隔热服，防止高温和热辐射灼伤或高温昏迷。长时间在储罐区作战，可佩戴过滤式防毒面具代替空气呼吸器，以减少前方作战人员负荷。

⑤扑救储罐火灾应尽可能使用移动水炮或遥控水炮，以减少前方作战人员。

⑥作战人员不得进入被泡沫覆盖的流淌火区域，以防止复燃对人员的伤害。覆土储罐上部不能设置水枪阵地，防止蒸发的气体爆炸造成人员伤害。

⑦在防火堤内开展作战行动要注意人员作战安全，在 4 个方向设置翻越设施，以便发生沸溢或喷溅前快速撤离。

十七、洗消处理

①危化品灾害事故处置完毕后，现场仍会有一些有毒残留物滞留于地面，沾染于使用过的车辆、装备、被救出危险区的人员及参与救援、处置的人员服装上，如不及时消除，会造成二次染毒或污染。

②选择正确的洗消药剂和洗消方式，对参战官兵、灭火用具、防护装备、车辆器材进行洗消处理。常用洗消方法有吸附法、机械转移法等物理洗消法和中和消毒法、氧化还原消毒法、催化消毒法等化学洗消方法。必要时，可配合环保部门对地面进行适当洗消。

③中毒人员在送医院治疗前必须进行洗消。对染毒人员的洗消程序为：检测→更衣→喷淋；检测→喷淋→检测合格；更衣→送医院（疏散）。

④对染毒器材装备的洗消程序为：器材集中→高压水冲洗→部件拆开→高压水反复冲洗→检测合格→擦拭干净→装车→离开洗消场。对忌水精密仪器的洗消程序为：药棉蘸取洗消剂反复擦拭→检测合格→离开洗消场。对染毒车辆的洗消程序为：由上到下，由前到后，由外向内，检测合格后驶离洗消场。

⑤救援任务结束后，展开对污染区域的全面洗消，将染毒区划分多片，组织洗消力量利用喷雾水枪、消防车、洒水车等实施洗消，对于染毒严重的区域要采取不同方法和药剂反复洗消。

⑥现场洗消完毕后要及时对地面残液进行转输、回收处理。洗消和处置用水应当在环保部门的指导下进行排放，防止造成二次污染。

十八、清理现场

①处置完毕，遇险人员全部救出，可能导致次生、衍生灾害的隐患得到消除或控制，由指挥部发布救援结束指令。

②处置结束后，要全面、细致地检查清理现场，视情留有必要力量实施监护，向事故单位或上级主管部门移交现场。

③撤离现场时，应当清点人数，整理装备。归队后，迅速补充油料、器材和灭火剂，恢复战备状态，并向上级报告。

十九、注意事项

①重质油储罐发生火灾时，冷却着火罐时要防止冷却水进入罐内而发生沸溢、喷溅。

②冷却灭火时间过长时，要防止防火堤内液面过高，溢出防火隔堤。

③利用远程供水系统实施供水时，操作人员要注意自身防护。

④如发现本地区消防力量难以控制和消灭的火灾时，应及时向上级请求跨区域增援，以便周边增援地区做好充分的准备。

⑤储罐火灾易造成大面积流淌火，存储物质易流入城市排水系统或附近水域，造成大面积的水体污染，其造成的生态灾害损失将远超火灾本身。因此，在处置储罐火灾时，应特别注意地面流淌火扑灭后，存储物质的疏导及下水系统的封闭。

第九章
煤化工类型事故和主要装置事故处置对策

本章主要针对煤化工生产装置和储罐事故类型，具体阐述事故处置对策。

第一节　煤化工类型事故处置要点

一、易燃易爆气体、液体和煤粉泄漏事故的处置

煤化工企业在生产过程中，装置、管道和容器中存在大量的氢气、一氧化碳、硫化氢、醇类、烃类、煤粉等。一旦发生泄漏，极易造成火灾、中毒、窒息等事故。事故发生后要按照工艺为主的原则，必须依靠企业专业技术人员、现场操作工人和检修人员，以工艺处置措施为主，企业专职队伍和消防专业队伍配合处置。

（一）工艺处置措施

1. 关阀断料，紧急停车

企业人员根据工艺流程、影响范围、泄漏位置，通过 DCS 系统关闭泄漏点上下游最近的阀门，如果 DCS 系统失效，应组织企业技术工人在做好安全防护的前提下人工关阀，停止泵和加压设备运行，减轻局部压力，切断泄漏物料来源；还可采取改变工艺流程、物料走副线、局部停车、打循环、减负荷运行措施等对泄漏源进行控制。

2. 紧急放空，排除残料

关阀断料后要估算出关阀处到泄漏点间所存物料的量，必要时根据具体工艺情况将残余物料排火炬或采取导流措施。

3. 禁绝火源，消除隐患

发生泄漏以后，要及时向上下游工段通报情况，尤其是备煤、催化剂制备、煤制氢等有热风炉的单位，根据需要采取熄炉停工措施；大型机组厂房要及时关闭门窗、洞口

等，封闭入侵途径，根据需要采取紧急停车措施；通知周边施工（动火、用电、拆卸等）作业停止作业。

4. 惰化保护，抑制灾情

煤粉泄漏后，要根据泄漏情况，利用注入低压氮气，稀释氧气浓度，达到保护目的；易燃气体泄漏后，可以用蒸气和氮气保护泄漏点或吹散聚集气体，破坏燃烧条件，防止着火爆炸；液体泄漏可用砂土或其他不燃吸附剂吸附，可采用冷却或覆盖等措施抑制泄漏物料蒸发。

5. 关闭雨排，截流输转

可燃液体和比空气重的气体泄漏，防止泄漏物料顺地沟、排水沟等低洼处扩散到其他区域，要及时关闭事故区的雨排阀，将污水井的井口用密封材料或者橡胶垫覆盖封堵。同时可以围堤堵截收容（集），用隔膜泵将泄漏出的物料抽入容器内或槽车内，进行收集输转。

6. 惰性置换，加装盲板

堵漏成功后，要利用氮气和蒸气对泄漏装置、管道、釜罐进行吹扫置换，加速易燃易爆气体排出，保持系统正压，必要时可以外接注氮。完毕后，要在泄漏点的上下游最近阀门处安装盲板，彻底截断泄漏源，为后续清理维修提供可靠的安全环境。

（二）消防专业处置措施

1. 侦察监测

责任区中队到场后要先将车辆集结于上风安全地点，带领侦察小组，做好安全防护，携带侦检仪器，深入事故现场侦察，根据需要调集车辆进入事故区域，一定要确保车辆集结点和事故现场保持安全距离。

2. 占据 DCS 控制系统，实时监测

选派一名指挥员携带防爆对讲机到 DCS 控制室，了解掌握事故区域有关装置的温度、压力和液位，以及相关阀门的关闭开启情况，并及时向前方指挥部汇报情况，当 DCS 系统指示有突然变化时，要及时向前方指挥部汇报。

3. 研究处置方案

及时组织灭火救援专家组和厂内技术专家、安环部、生产部、设备部等相关部门和人员，提供技术支持，研究处置方案。

4. 划定警戒区域

在事故单位前期疏散人员的基础上，要根据侦察检测情况和相关辅助系统，确定重危、轻危、安全区域的范围；设立警戒，实施警戒管制，进一步强制疏散在泄漏区域范围及可能扩散的区域内与救援处置任务无关的人员。同时要根据检测的情况，随时调整进攻力量部署及警戒范围，控制安全区域内的人员误入轻重危区。

5. 禁绝火源

确保事故区域内的各种火源、电源、动火动电作业已经全部关停和停工；泄漏区域范围及可能扩散的区域内的加热高温设备采取了保护措施或者进行了熄火停车作业，如果工艺需求不能停车的，要作为重点监护对象；进入现场人员要穿着防静电的衣服；严禁进入现场人员携带手机和非防爆对讲机，各级指挥员要对参战人员逐一检查，确保没有携带以上物品。

6. 启用固定设施

启用单位的固定消防设施，合理利用各种消防系统。高大装置框架要利用框架消防竖管消火栓和消防水炮喷出雾水稀释；利用事故氮气、蒸气灭火系统稀释抑制爆炸；装置区有喷淋系统的要启动。

7. 吹扫稀释

使用多功能水枪、喷雾水枪、自摆炮、遥控炮、水幕水带、屏风水枪等专用设备，设置水幕，驱散气体，稀释浓度，防止形成爆炸性混合气体；利用屏风水枪、喷雾水带形成水幕墙，阻止泄漏气体向重要目标或危险源扩散。对于聚集在建筑内的气体，要打开门窗自然通风吹散，有防爆风机的要启动风机吹散；对聚集在排水沟内的气体，要打开盖板，利用喷雾水枪驱散。

8. 堵漏抢修

生产装置或者管道发生泄漏，阀门尚未损坏，可配合厂内技术人员，做好安全防护，利用喷雾水枪、蒸气系统保护，关闭阀门；罐体、阀门、管道、法兰发生泄漏时，利用喷雾水枪、蒸气系统保护，配合厂家技术人员和专业抢修堵漏部门实施堵漏。

9. 主动点燃 [1]

气体、液体泄漏在特殊危险情况下可以实施主动点燃。必须具备可靠的点燃条件，在落实严密的安全防范措施时，要缜密研究，制定方案，部署全面，谨慎进行，果断实施。

点燃原则：在容器顶部受损泄漏、堵漏无效时；泄漏浓度有限（浓度小于爆炸浓度下限 30%）、范围较小、无法有效堵漏时；遇有不点燃会带来严重后果，而点燃则导致稳定燃烧，或泄漏量已经减少的情况下，可主动实施点燃措施，但现场气体扩散已达到一定范围，点燃很可能造成大能量爆燃或爆炸，能产生巨大冲击波，危及其他储罐和救援力量及周围群众，造成难以预料后果的，严禁采取点燃措施。

---

[1] 杨健. 危险化学品消防救援与处置 [M]. 北京：中国石化出版社，2010.

点燃准备：担任掩护和防护的喷雾水枪要达到指定位置，确认危险区人员全部撤离，泄漏点周边区域经检测不在气体蒸气爆炸浓度范围，使用安全点火工具，并采取正确的点火方法。

点燃时机：在罐顶开口泄漏，一时无法实施堵漏，而气体泄漏的范围和浓度有限，同时有多支水枪或移动炮稀释掩护及各种防护措施准备就绪的情况下，用点火棒点燃；如罐顶爆裂已经形成稳定燃烧，罐体被冷却保护后罐内压力减小，火焰被风吹灭，或被冷却水流打灭，但还有气体扩散出来，如不再次点燃，仍能造成危害时，应立即组织点燃。

10. 继续保护监控，清理移交现场

堵漏任务成功后，继续使用喷雾水对现场监护，配合厂家技术人员和抢修队伍加装盲板；对现场内事故罐、管道、低洼、排水沟等处喷洒，确保不留残液（气）。

作战任务结束后，要清点人员，收整器材装备，撤除警戒，移交现场，安全撤离。

（三）注意事项

①在泄漏点作业人员要按要求着重型防化服，佩戴空气呼吸器；在泄漏区域内参与处置的人员要着轻型防化服，佩戴空气呼吸器；未穿防化服的人员，必须要将衣服的领口、袖口、裤口扎紧、系紧，防止泄漏气体进入衣服内。

②要随时注意现场风向风力的变化，易引起泄漏气体、煤粉的突变，导致危险增大，处置措手不及。

③主战车辆要选择上风或侧风向，车头朝外，与着火装置保持一定安全距离。先期到达的车辆要为增援车辆预留停车位和行车通道。车辆严禁停靠在地沟、下水井附近、坡道正下方、架空管线下等位置，防止爆炸、倒塌、流淌火等情况造成人员伤亡和车辆损坏。

④供水车要在后方靠近水源停靠，并与前方主战车辆保持一定距离。供水线路要沿道路的一侧铺设。

二、煤粉爆炸事故的处置

煤化工在整个生产过程中，所用到的原料，中间产品及最终产品，多为可燃、易燃、易爆物质，主要包括煤（煤尘）、LNG、氧气（O_2）、煤气、甲醇（CH_3OH）、甲烷（CH_4）、硫化氢（H_2S）、硫黄、丙烯（C_3H_6）、乙烯（C_2H_4）、丁烷（C_4H_{10}）等，且生产过程伴随高温、高压、催化放热反应等，如发生可燃气体泄漏、设备或管道超压等情况，极易引发火灾、爆炸事故。

煤化工企业储存煤粉和煤粉参与反应的装置有备煤装置、煤筒仓、气化框架、煤粉输送管线等。这些装置的煤粉一旦发生自燃或爆炸时要反应迅速，第一时间快速有效地进行处置。

（一）断料隔离

一旦发生煤粉燃烧爆炸事故，必须迅速停止输送、研磨煤粉，加热炉熄火。粉尘爆炸往往沿管道、楼梯间、走廊等通道进行传播，要对上下游设备进行隔离，控制物料进入事故区域，实行工艺断料在处置时应注意用喷雾水减少其传播路径的粉尘扬起，避免连锁爆炸。对于面积大、距离长的车间的粉尘火灾，要注意采取有效的分隔措施，防止火势沿沉积粉尘蔓延或引发连锁爆炸。

（二）疏散警戒

立即抢救被困人员，组织现场作业和附近作业人员紧急疏散至安全地带。划分警戒区域，消除一切点火源，切断用电设备电源，严格控制进入现场人员。

（三）降压除氧

反应系统手动缓慢降压，迅速采取隔绝空气、注入氮气、水雾稀释等措施，降低煤粉仓的氧含量。要利用 DCS 系统监测煤粉仓内氧气含量，特别是封闭式煤仓，一般采用氮气或二氧化碳隔绝，充注惰性气体不要过于靠近煤粉表面，以免扰动静态的煤粉，引起爆炸。

（四）冷却防爆

如果是密闭式煤仓，要使用高喷车、车载炮和固定消防炮在上风向，利用开花喷雾水对储煤仓进行冷却，迅速降低煤仓温度。煤仓高度超过水炮射程，要利用大功率消防车向消防竖管供水，或者利用高喷车居高临下，形成立体攻势。如果是敞开式煤仓，要利用细水雾消防车或雾状水对煤粉进行降温稀释，均匀向仓内喷洒，水分在煤粉表面得到蒸发，降低煤仓温度。严禁使用直流喷射的水和泡沫，有冲击力的干粉、二氧化碳等灭火器具，避免使沉聚煤粉形成悬浮状态，引起二次爆炸。在侧风向要设置水炮稀释空气中飘落的煤粉、并冷却保护装置设备和管线，防止"飞火"造成新的火点。堆积的煤粉可能还会阴燃，也应引起救援人员足够重视。

（五）保持安全距离

救援人员要占据有利位置，找好掩体，保持一定安全距离，防止煤粉仓和生产装置坍塌，做好个人防护，确保作战人员人身安全。在进入爆炸燃烧现场前应明确统一的撤退路线、方法和信号，撤退信号应醒目，保证一旦发生二次爆炸或其他意外情况，救援人员能迅速安全撤退。

（六）煤粉爆炸事故处理注意事项

①进入煤粉扩散区必须佩戴正压式空气呼吸器等防护用品，尽量减少皮肤裸露；必要时可用水枪、水炮进行掩护。

②煤粉扩散区严禁火种和 600 ℃以上高温的裸露点（采用蒸气或氮气保护冷却），必要时应及时切断动力电源等能源供应（保证不在煤粉扩散区产生火花）。

③严禁贸然打开盛装煤粉的设备灭火。

④严禁用直流水枪喷射燃烧的煤粉。

⑤为防止燃烧的煤粉引发次生火灾，应严格控制进入煤粉扩散区域作业。

⑥现场抢险出口应始终保持清洁和畅通。

⑦有条件时，可以采取向煤粉扩散区充氮气，使氧气浓度降低在 17% 以下，以防止爆炸。

⑧紧急情况下处在煤粉区用衣物（最好是湿毛巾）遮挡防止煤粉吸入肺中。

⑨当听到爆炸声和感到冲击波造成的空气震动气浪时，现场人员应立即背对爆炸方向卧倒，脸要朝下，头尽量低一些，遮掩面部，身体裸露部分尽量减少，以免爆炸的冲击波伤害和瞬间高温灼伤。

⑩煤尘爆炸后，切忌乱跑，情绪镇定，向有新鲜气流的方向撤退或躲进安全地区，注意防止二次爆炸或连续爆炸的再次损伤。

⑪当有人被困在煤粉高浓度区，应根据现场环境，在事故边沿应有人大声引导被困人沿合适路线退出。

三、易燃气体、液体装置的火灾爆炸事故的处置

煤化工企业生产和应用易燃气体、液体的装置有气化、变换、净化、甲烷化、甲醇合成、煤液化、加氢稳定、加氢改制、轻烃回收等装置。装置发生火灾爆炸事故，应当按照"工艺为主、防护在先、企消协同、固移结合、抑爆控火、攻防并举"的原则，灵活运用关阀、断料、放空、吹扫、堵漏、输转、警戒、疏散、冷却、稀释、监护、撤离等技战术措施，果断决策，科学有效、安全有序地进行处置。

（一）工艺处置措施

煤化工一旦发生泄漏爆炸事故，必须紧紧依靠企业专业技术人员、现场操作工人和

检修人员，以工艺处置措施为主，第一时间利用 DCS 控制系统，对事故点附近设备进行全程监控，采取紧急停车、关阀断料、放空排险、氮气置换或者利用蒸气和惰性气体吹扫技术，排除生产装置和管线易燃易爆物料，这也是快速有效处置装置区火灾事故最根本的途径。一旦 DCS 控制系统无法监测控制现场情况，要协助检修操作工人。现场工艺处置措施包括：

1. 关阀断料

组织专业技术人员穿戴封闭式防护服和防静电内衣、佩戴正压式空气呼吸器，关闭事故点与其关联的塔、釜、罐、泵、管线互通上下游阀门（主要是闸阀、截止阀、止回阀、球阀、减压阀等），切断易燃易爆物料的来源，在断料阀门处加装盲板。

2. 泄压放空

若对周边环境和处置无影响，对事故的单体设备、邻近关联工艺系统、上下游关联设备、生产装置系统，采取远程或现场手动打开紧急放空阀，加速物料排空，将可燃气体排入火炬管线或现场直排泄压，减少危险物料，避免设备或系统憋压发生二次爆炸。

3. 置换吹扫

配合专业技术人员，利用高压氮气或惰性气体对易燃易爆气体管线或生产设备进行填充吹扫，加速易燃易爆气体排出，保持系统正压。应特别注意：一是严禁使用空气进行吹扫，因为空气会与易燃易爆气体形成爆炸混合物；二是吹扫气体压力必须始终大于管线内压力，因为吹扫气体压力小于管线内压力时，管线内会形成负压，容易产生回火；三是确定排空管线、阀门开启，防止装置超压爆炸。

4. 倒料输转

对发生事故或受威胁的单体设备、生产单元内危险物料，确保没有内部着火的前提下，通过装置的工艺管线和泵，将其抽排至安全的储罐中，减少事故区域危险源。

（二）消防专业处置措施

1. 研究处置方案

消防部队到场后，要迅速了解现场情况，在企业技术人员协助下，共同研究制定现场处置方案，消防部队对专业技术人员现场作业提供保护。优先选择装置邻近的高压固定炮、半固定消火栓、泡沫灭火系统等，要利用移动遥控炮、高喷车、车载炮作为补充，上下夹击、合围堵截，形成立体攻势。要利用固定设施配合地面移动力量冷却着火物质和受火势威胁的毗邻物质，堵截火势向主要方向蔓延，控制、消灭地面流淌火。

2. 侦检警戒

装置区一旦发生火灾爆炸事故，泄漏物质通常是易燃易爆和有毒的危险化学品，处置全程要加强侦察检测。第一时间派人到DCS中控室全程监控事故点系统设备的压力、温度、流量等技术参数，并与指挥部保持密切联系。采取利用仪器检测、无人侦察机、望远镜远距离观察等多种形式，了解现场情况，检测泄漏物质，查明管线、沟渠、下水道布局走向等情况。要划定警戒区域，及时疏散周边无关人员，切断事故区域内一切点火源，停止高热设备，落实防静电措施。

3. 疏散搜救

现场应组成一个或多个搜救小组，携带担架、躯体固定气囊、医疗急救箱等救援器材，按照从内向外、由易到难、先重后轻、先救后送的原则展开疏散与救人。首先，应用广播、通知等方式疏散外围围观人员和事故下风向人员；其次，由佩戴防毒面具、着简易防化服的搜救人员对轻危区、中危区受火势威胁小、中毒较轻、有知觉和行动能力者使用引导、搀扶的手段快速实施疏散；对已中毒昏迷者利用背、抬、扛、抱等方式救出危险区，送至通风处后采取急救措施，及时利用救援担架搬运至安全区；最后，由佩戴空气呼吸器、着重型防化服、生命探测仪的搜救人员在喷雾、开花水流的掩护下，深入重危区搜索救援，对有行动能力者强行疏散，对已中毒昏迷者同样利用背、抬、扛、抱等方式救出危险区，对伤势较重者进行现场急救措施后搬运至安全区，所有救出人员经过登记、标识后，移交医疗急救部门进行救治。

4. 防爆控火

加强冷却监护、防止爆炸是消防部队到场以后的主要任务，要在上风或侧上风向，利用高喷车、车载炮和附近设备固定消防炮，占领制高点形成立体攻势，加强对邻近设备装置的冷却，实时监护，利用移动遥控水炮、水幕水带、雾状射流稀释、降解泄漏物质浓度，防止泄漏物向重要目标或危险源扩散，防止发生二次爆炸。严禁在下风方向部署作战力量。对装置和管道冷却要均匀，严禁使用直流水喷射高热设备，防止设备和管道局部变形或发生爆裂。

5. 稀释降毒

要充分利用固定灭火设施、喷雾水枪、水幕、屏风水枪等在事故中心区域周围形成水幕或雾状水，或使用防爆排烟机吹散稀释，降低灾害现场环境内可燃、有毒物质浓度，开辟处置与疏散的有利通道，保证抢险救援人员行动安全。现场作业人员要佩戴空气呼吸器，着封闭式防化服，利用喷雾水枪由上风向开始驱散，必要时在下风向布置力量阻截驱散。当泄漏扩散物质向人员密集处漂流时应组织变向性驱散，利用强大喷雾水流将毒害物质推向空旷地带。为了增加稀释驱散的效果，可以在消防车水罐中加入中和剂。

6. 点火引燃

若不能切断泄漏源，绝对禁止直接扑灭泄漏处火焰，必须维持稳定燃烧，可利用固定灭火设施消灭周围可燃物的明火，为工艺处置创造条件。通常发生下列情况可采取点火引燃措施，一种情况是当泄漏气体具有可燃性，从顶部发生气相泄漏时，无法有效地实施堵漏，不点燃会带来更严重的灾难性后果，泄漏气体又没有达到爆炸浓度的下限，可以点火引燃；另一种情况是泄漏气体处于稳定燃烧，由于火焰被风吹灭或水流打灭，并有气体流出时，应及时点火引燃，使泄漏气体再次燃烧，可利用导火索、抛射火种、发射信号弹等方法点燃。

7. 安全防护

严格按照危险化学品处置规范，按等级划分警戒区域，根据区域划分做好个人防护。如现场具有爆炸危险，严禁进入警戒区内。参战人员必须全身防护，特别是阻燃头套和手套等细节防护，要注意依托掩体实施自我保护或撤离。出水处置时尽量选用固定消防设施、移动遥控水炮、车载炮等装备，最大限度减少事故区域内的作业人员。事故处置中要特别注意沟渠、低洼处等部位，避免车辆和作业人员在泄漏区域的下水道或地下空间的顶部、井口处、储罐两端或架空管线下方位置滞留，防止爆炸冲击造成伤害。

8. 防化洗消

现场应及时成立洗消编队，佩戴空气呼吸器，着封闭式防化服，根据现场警戒区域的划分，在危险区外边缘处上风向设置洗消线，架设固定洗消帐篷对进出危险区的参战人员、被救人员、装备进行洗消，同时还应组织人员采用机动洗消的方式对危险区内被严重污染的作业人员及时消毒。常用洗消方法有吸附法、机械转移法等物理洗消法和中和消毒法、氧化还原消毒法、催化消毒法等化学洗消方法。现场洗消完毕后要及时对地面残液进行转输、回收处理。

四、特殊化学品的火灾扑救注意事项

①扑救液化烃、LNG 等液化气体类火灾，在没有采取措施确保泄漏气源切断的情况下，切忌盲目扑灭着火点，应在可控的情况下保持气体稳定燃烧。防止火被扑灭后，大量可燃气体泄漏与空气混合，形成爆炸性气体，发生爆炸事故。

②对于爆炸物品火灾，切忌用沙土盖压，避免增强爆炸物品爆炸时的威力；扑救爆炸物品堆垛火灾时，应采用吊射水流，避免强力水流直接冲击堆垛，造成堆垛倒塌引起爆炸。

③在扑救氧化剂和有机过氧化物火灾时，应针对具体物质采用不同的灭火方法，可参照危险化学品的《安全技术说明书》进行处理。

④扑救毒害品和腐蚀品的火灾时，应使用低压水流或雾状水，避免腐蚀品、毒害品溅出；酸、碱类腐蚀品宜用稀释或中和法进行处理。

第二节　煤化工主要装置常见灾害事故处置要点

煤化工企业在整个生产过程当中，从物料到产品，大多为易燃易爆、有毒有害物质，并且各类生产装置在运行过程当中，需要高温、高压等条件。如果在日常生产过程中维护保养不到位或违反操作规程，极易发生火灾、爆炸、中毒等事故。消防人员如果处置不当，极易引发次生灾害。煤化工事故处置要以工艺处置为主，消防处置为辅。

一、煤料运输和仓储装置

煤作为煤化工企业的主要原料，在厂区内大量储存，结合近年来煤化工企业煤事故特点，主要集中在两个方面，一是煤粉爆炸，二是输煤栈桥火灾事故。

（一）煤粉发生爆炸

1. 工艺处置
①远程启动装置区内部的消防喷淋系统。
②及时关阀断料，切断进料源。
③杜绝火源，远程切断该装置区电源。

2. 消防处置
①设立警戒区，防止无关人员进入现场，并疏散厂内无关人员。
②前方现场设立一个观察点，后方控制中心DCS设立一个观察点。
③与企业负责人，专职队指挥员，工程技术人员全程一起，并肩作战，侦察决策。
④到场及时收集事故区域平面图、工艺流程图、生产单元布局立体图、事故部位及关键设备结构图、公用工程管网图等，为科学决策做准备。
⑤杜绝火源，确定人员防护等级。
⑥使用高喷车、车载炮和固定消防炮在上风向，利用开花喷雾水对储煤仓进行冷却。
⑦利用红外测温仪时刻检测内部温度。
⑧利用无人机侦察爆炸区域内部情况。
⑨利用有毒气体探测仪，监控爆炸区域一氧化碳浓度。

3. 注意事项
①进入煤粉扩散区必须佩戴正压式空气呼吸器等防护装备，尽量减少皮肤裸露；必要时可用水枪进行掩护。
②严禁贸然打开盛装煤粉的设备灭火。

③严禁用直流水枪直接喷射燃烧的煤粉，避免二次爆炸。

④现场抢险出口应始终保持清洁和畅通。

⑤现场处置人员要选择坚固的掩体，确保自身安全。

（二）栈桥皮带发生火灾

1. 工艺处置

①远程启动栈桥内部的消防喷淋系统。

②远程切断该装置区电源。

③远程开启水幕系统。

2. 消防处置

①设立警戒区，防止无关人员进入现场。

②现场侦察，确定着火的具体位置。

③如果火势较小，满足内攻条件时，可组织精干力量内攻灭火，但如果火势较大，突破廊桥外壳向上蔓延时，使用高喷车在栈桥着火部位上方建立阵地，控制火势向上蔓延，使用高喷车在栈桥下方建立阵地，防止火势向下蔓延。

④在栈桥底部建立水枪阵地，做好扑救地面火灾的准备。

3. 注意事项

①运煤栈桥为彩钢板钢筋结构，耐火时间短，容易发生坍塌，阵地设置要避开其坍塌方向，保证人员及车辆安全。

②栈桥外围包裹彩钢板，水渍损失大，要依托栈桥的通风窗进行打水。

③扑救过程中容易产生飞火，要做好其他厂区的监护。

④高空作业有坠落风险，要加强人员的安全意识。

二、空分装置

空分单元为整个煤化工企业提供生产所用的氧气和氮气，部分设备为高压设备，氧气为助燃气体，如果发生泄漏，极易导致整个运输管线和相关设备的损坏。常见灾害事故为高压输氧管线发生爆炸。

高压输氧管线发生爆炸处置措施如下：

1. 工艺处置

①急停制氧装置，启动备用空压系统，保证管道压力正常，不会因为机组急停引发连锁反应。

②关闭对应管道界区阀，将其他氧气阀门室的后备系统隔离阀打开，并开启放空阀

泄压，待压力下降时，打开氮气冲泄阀，降低管道内氧含量。

③远程开启区间内水喷淋系统。

2. 消防处置

①确定警戒区域，禁绝火源，禁止无关人员进入现场。

②在上风向建立征地，对受火势威胁的液氧容器，要冷却降温，在十分危急的情况下，可将液氧放空，排除爆炸的危险，并对起火部位和周围装置采取降温保护。

③在事故安全区处严格控制人员进入，并详细登记进入事故区处置的人员的姓名、数量和进入时间。

④在技术人员关阀、堵漏、排险等操作中，利用消防水或蒸气进行现场保护。

3. 注意事项

①加强人员防护，确保人员安全。

②注意要在现场建立多个风险监测点，并派遣有经验的人员作为安全员，制定合理的撤离路线和集结地点，明确撤离信号。

③现场询情要仔细，避免盲目行动。

三、气化装置、净化装置、变换装置、合成装置、加氢稳定装置、加氢改质装置

煤化工企业生产过程中，不论是煤的气化、液化，还是煤制天然气或煤的焦化，都要有气体物质的参与或产生，且大部分气体物质为易燃易爆和有毒有害气体，常见灾害事故有气体泄漏、气体燃烧、爆炸、人员中毒。

（一）气体泄漏

1. 工艺处置

① DCS 关闭对应装置的进料阀、界区阀、走辅线或局部打循环，停止向装置内供应物料。如果是气化炉，启动装置区的事故风机。

②待各装置内压力泄尽后，向装置内注入氮气。

③启动相关冷却水系统冷却保护。

2. 消防处置

①根据现场气体泄漏的危害性、爆炸极限、热辐射范围等内容，结合现场实际情况，确定警戒区域划分，对警戒区内气体浓度实时监测，疏散厂内无关人员和厂区周边群众。

②严格控制火源、在厂区技术人员的指导下切断附近装置的电源，占据上风向对泄漏现场进行雾状喷水，防止爆炸起火。

③加强人员防护，根据现场处置人员所处区域不同，采取相应的防护级别。

④在事故安全区处严格控制人员进入，并详细登记进入事故区处置的人员的姓名、数量和进出时间。

⑤连同厂区技术人员建立多个风险监测点，并派遣安全员，制定合理的撤离路线和集结地点，明确撤离信号。

⑥在技术人员关阀、堵漏、排险等操作中，利用消防水或蒸气进行现场保护。

⑦设置防护洗消，对废水进行处理和降解，对处置人员进行洗消，防止发生次生灾害。

⑧及时对灾害事故周边的下水井、雨排系统、电缆地沟和化污系统等做好封堵。

3. 注意事项

①加强人员防护，进入现场处置人员要做好防护，可佩戴有毒气体探测仪和可燃气体探测仪，佩戴正压式空气呼吸器，着重型防化服进行现场处置。

②现场询情要仔细，避免盲目行动。

③根据毒物理化性质，选择合适的洗消剂。

④人员救出后，及时去除中毒人员衣物，并对其进行洗消，避免发生二次中毒和次生灾害。

⑤对参加营救的人员和装备要进行充分的洗消，并统一进行体检和观察，发现不良症状及时就医。

⑥对事故区域的泄漏液和洗消液要做回收处理，避免发生次生灾害。

（二）气体燃烧、爆炸

1. 工艺处置

① DCS 关闭对应装置的进料阀、界区阀、走辅线或局部打循环，停止向装置内供应物料，关闭邻近设备，防止再次达到爆炸极限。

②可以远程或手动开启紧急放空装置，将气态物质导入火炬管网焚烧。

③待各装置内压力泄尽后，向装置内注入氮气。

④启动相关冷却水系统冷却保护。

2. 消防处置

①配合技术人员对现场实时监控，全时监测危险区气体浓度和合理划定警戒区，疏散厂内无关人员。

②严格控制火源、占据上风向对泄漏现场进行雾状喷水。

③在技术人员的指导下，利用消防水炮、水幕水带、屏风水枪等移动消防设备，对事故邻近设备、关联管线进行冷却保护。

④在技术人员关阀、堵漏、排险等操作中，利用消防水或蒸气进行现场保护。

⑤对聚集在室内、物料管道、电缆地沟内的可燃气体，采用自然通风、机械送风或氮气吹扫，加大排风量。

⑥当不满足灭火条件时，在厂区技术人员的指导下，可利用举高喷射消防车喷射雾状水、泡沫或干粉等灭火药剂，对火势进行控制。当满足灭火条件时，要一次性调集充足的灭火剂。

⑦设置防护洗消，对废水进行处理和降减，对处置人员进行洗消，防止发生次生灾害。

⑧及时对灾害事故周边的下水井、雨排系统、电缆地沟和化污系统等做好封堵。

3. 注意事项

①进入现场处置人员要做好防护，可佩戴有毒气体探测仪和可燃气体探测仪，佩戴相应防护等级的防护装备进行现场营救，及时汇报被困人员情况。

②现场询情要仔细，避免盲目行动。

③根据毒物理化性质，选择合适的洗消剂。

④人员救出后，及时去除中毒人员衣物，并对其进行洗消，避免发生二次中毒和次生灾害。

⑤参加营救的人员和装备要进行充分的洗消，并统一进行体检和观察，发现不良症状及时就医。

⑥在处置易燃易爆气体泄漏起火事故时，要注意在易燃易爆气体稳定燃烧，未形成关阀断料的条件时，不要直接灭火，避免氢气集聚发生爆炸。

⑦对事故区域的泄漏液和洗消液要做回收处理，避免发生次生灾害。

⑧根据燃烧、爆炸物质特性，合理选择灭火剂。

（三）人员中毒

1. 工艺处置

① DCS 关闭对应装置的进料阀、界区阀、走辅线或局部打循环，停止向装置内供应物料，关闭邻近设备，防止再次达到爆炸极限。

②可以远程或手动开启紧急放空装置，将气态物质导入火炬管网焚烧。

③待各装置内压力泄尽后，向装置内注入氮气。

④启动相关冷却水系统冷却保护。

2. 消防处置

①确定警戒区域划分，疏散厂内无关人员和厂区周边群众。

②严格控制火源、占据上风向并利用消火栓对泄漏现场进行雾状喷水，防止爆炸

起火。

③明确防护等级，避免营救人员中毒。

④在装置区进风口利用排烟机加大事故区域通风量。

⑤利用雾状水或喷射洗消液，对进入事故区营救人员进行保护。

3. 注意事项

①进入现场处置人员要做好防护，可佩戴有毒气体探测仪、可燃气体探测仪和侦检器材，穿着相应级别的防护装备进行现场营救，及时汇报被困人员情况。

②现场询情要仔细，避免盲目行动。

③选择安全、高效的营救和撤离路线。

④组织建立营救预备队，以备不时之需。

⑤根据毒物理化性质，选择合适的洗消剂。

⑥营救人员携带空气呼吸气、他救面罩或防毒面具，对中毒被困人员进行保护。

⑦设置防护洗消，对废水进行处理和降减，对处置人员进行洗消，防止发生次生灾害。

⑧及时对灾害事故周边的下水井、雨排系统、电缆地沟和化污系统等做好封堵。

⑨人员救出后，及时去除中毒人员衣物，并对其进行洗消，避免发生二次中毒和次生灾害。

⑩参加营救的人员和装备要进行充分的洗消，并统一进行体检和观察，发现不良症状及时就医。

⑪对事故区域的泄漏液和洗消液要做回收处理，避免发生次生灾害。

⑫要对现场营救出的人员进行登记。

四、MTO 装置、烯烃分离装置、煤直接液化装置、煤间接液化费托合成装置

液体具有一定的流动性、挥发性。如果煤化工企业装置区发生可燃液体泄漏，极易形成流淌火烘烤周边设施或挥发蒸气聚集导致爆炸。常见灾害事故有液体泄漏、液体燃烧、爆炸和人员中毒。

（一）液体泄漏

1. 工艺处置

① DCS 关闭对应装置的进料阀、界区阀、走辅线或局部打循环，停止向装置内供应物料，关闭邻近设备，防止再次达到爆炸极限。

②待各装置内压力泄尽后，向装置内注入氮气。

③局部停车或减负荷运行等方法控制泄漏量。

④启动相关冷却水系统冷却保护。

⑤输转倒罐，排空装置内的物料。

2. 消防处置

①配合技术人员对现场实时监控，全时监测危险区气体浓度和合理划定警戒区，疏散厂内无关人员和厂区周边群众。

②严格控制火源、占据上风向对泄漏现场进行雾状喷水，防止爆炸起火。

③调集沙袋、沙土等物质，做好围堰，防止泄漏物质扩散。

④在技术人员关阀、堵漏、排险等操作中，利用消防水进行现场保护。

3. 注意事项

①进入现场处置人员要做好防护，可佩戴有毒气体探测仪，佩戴正压式空气呼吸器，进行现场侦察，及时汇报生产装置情况。

②现场询情要仔细，避免盲目行动。

③根据灾情类型和发展变化，适时采取关阀断料，稀释抑爆、冷却保护等预防性战术措施。

④对事故区域的泄漏液和洗消液要做回收处理，避免发生次生灾害。

⑤侦检要贯穿在事故处置的始终。

⑥设置防护洗消，对废水进行处理和降减，对处置人员进行洗消，防止发生次生灾害。

⑦及时对灾害事故周边的下水井、雨排系统、电缆地沟和化污系统等做好封堵。

（二）液体燃烧、爆炸

1. 工艺处置

① DCS 关闭对应装置的进料阀、界区阀、走辅线或局部打循环，停止向装置内供应物料，关闭邻近设备，防止再次达到爆炸极限。

②待各装置内压力泄尽后，向装置内注入氮气。

③局部停车或减负荷运行等方法控制泄漏量。

④启动相关冷却水系统冷却保护。

⑤输转倒灌，排空装置内的物料。

2. 消防处置

①配合技术人员对现场实时监控，全时监测危险区气体浓度和合理划定警戒区，疏散厂内无关人员和厂区周边群众。

②严格控制火源、在厂区技术人员的指导下切断附近装置的电源，占据上风向对泄漏现场进行雾状喷水，防止爆炸起火。

③利用抗溶泡沫，及时控制、扑灭地面的流淌火。

④调集沙袋、沙土等物质，做好围堰，防止泄漏物质扩散。

⑤在技术人员的指导下，利用消防水炮、水幕水带、屏风水枪等移动消防设备，对事故邻近设备、关联管线进行冷却保护。

⑥当不满足灭火条件时，在厂区技术人员的指导下，可利用举高喷射消防车喷射雾状水、泡沫或干粉等灭火药剂，对火势进行控制。当满足灭火条件时，要一次性调集充足的灭火剂。

⑦在事故安全区处严格控制人员进入，并详细登记进入事故区处置的人员的姓名、数量和进出时间。

⑧连同厂区技术人员建立多个风险监测点，并派遣安全员，制定合理的撤离路线和集结地点，明确撤离信号。

⑨在技术人员关阀、堵漏、排险等操作中，利用雾状水现场保护。

3. 注意事项

①进入现场处置人员要做好防护，可佩戴有毒气体探测仪，佩戴正压式空气呼吸器，进行现场侦察，及时汇报生产装置情况。

②现场询情要仔细，避免盲目行动。

③利用抗溶性泡沫对围堰内泄漏物质进行覆盖，减小挥发量，同时防止发生燃烧和爆炸。

④对事故区域的泄漏液和洗消液要做回收处理，避免发生次生灾害。

⑤设置防护洗消，对废水进行处理和降减，对处置人员进行洗消，防止发生次生灾害。

⑥及时对灾害事故周边的下水井、雨排系统、电缆地沟和化污系统等做好封堵。

（三）人员中毒

1. 工艺处置

① DCS 关闭对应装置的进料阀、界区阀、走辅线或局部打循环，停止向装置内供应物料，关闭邻近设备，防止再次达到爆炸极限。

②待各装置内压力泄尽后，向装置内注入氮气。

③局部停车或减负荷运行等方法控制泄漏量。

④启动相关冷却水系统冷却保护。

⑤输转倒灌，排空装置内的物料。

2. 消防处置

①确定警戒区域划分，疏散厂内无关人员和厂区周边群众。

②严格控制火源、占据上风向并利用消火栓对泄漏现场进行雾状喷水，防止爆炸起火。

③明确防护等级，避免营救人员中毒。

④在装置区进风口利用排烟机加大事故区域通风量。

⑤利用雾状水或喷射洗消液，对进入事故区营救人员进行保护。

3.注意事项

①进入现场处置人员要做好防护，可佩戴有毒气体探测仪、可燃气体探测仪和侦检器材，穿着相应级别的防护装备进行现场营救，及时汇报被困人员情况。

②现场询情要仔细，避免盲目行动。

③选择安全、高效的营救和撤离路线。

④组织建立营救预备队，以备不时之需。

⑤根据毒物理化性质，选择合适的洗消剂。

⑥营救人员携带空气呼吸气、他救面罩或防毒面具，对中毒被困人员进行保护。

⑦设置防护洗消，对废水进行处理和降减，对处置人员进行洗消，防止发生次生灾害。

⑧及时对灾害事故周边的下水井、雨排系统、电缆地沟和化污系统等做好封堵。

⑨人员救出后，及时去除中毒人员衣物，并对其进行洗消，避免发生二次中毒和次生灾害。

⑩参加营救的人员和装备要进行充分的洗消，并统一进行体检和观察，发现不良症状及时就医。

⑪对事故区域的泄漏液和洗消液要做回收处理，避免发生次生灾害。

⑫要对现场营救出的人员进行登记。

第三节　煤化工主要储罐事故处置要点

一、立式储罐泄漏事故的处置

立式储罐及其管线泄漏的处置主要依靠企业工艺处置，消防队主要负责现场人员疏散、侦察警戒和稀释抑爆等任务，配合工艺处置。

（一）关阀断料

罐体发生泄漏时，利用DCS系统关闭泄漏罐罐底入口阀。

管线发生泄漏时，要关闭前后最近的可操作阀门。油品管线有蒸气伴热管线的，还需关闭伴热蒸气阀门，防止伴热蒸气的热量引燃泄漏物质。

（二）输转倒罐

根据事故罐区情况，调整生产流程，降低事故罐液位，将事故罐物料倒入其他同品种储罐。

（三）关闭雨排

确认事故储罐防火堤排雨水阀关闭，防止泄漏液体流到其他区域，造成灾情扩大。

（四）带压堵漏

事故现场存在泄漏点时，当现场被控制或具备堵漏或抢修条件时可以实施带压堵漏。有底部注水口的立式储罐罐底泄漏时，可以实施注水，提升液面，实施带压堵漏。

二、固定顶储罐火灾事故的处置

固定顶储罐（图 9.1）一般用于储存挥发性较小、闪点高于 45 ℃的油品，如柴油、蜡油等。固定顶储罐采用弱顶结构，发生火灾时，通常是先发生爆炸，造成罐顶与罐壁撕裂或者罐顶被掀掉，形成接缝处撕裂口火灾或者全液面火灾，油品液面暴露在空气中形成持续燃烧。储罐区管线火灾，多为阀门损坏，泄漏起火，形成池火。

（一）工艺处置措施

1. 关阀断料，紧急停车

罐体着火，通过 DCS 控制中心，关闭着火罐的进出料阀门。如果 DCS 系统不能远程关闭，需要实施人工手动关阀。必要时需根据现场情况，关闭界区阀。油品有底部加热盘管和蒸气伴热的，还需关闭蒸气阀门。上游生产装置要采取调整工艺参数、减负荷、紧急停车等工艺手段。

储罐区管线着火，要及时将泄漏着火点最近的上下游阀门关闭，切断泄漏源。

2. 关闭雨排

检查确认事故罐防护堤内的雨排处于关闭状态。防止形成流淌火，造成火势扩大。

3. 启动固定消防设施，冷却灭火

启动稳高压消防水系统增大管网压力；启动喷淋冷却系统，冷却着火罐和受到火势威胁的储罐，如果爆炸导致喷淋系统损坏的，要利用消防水炮、水枪冷却。

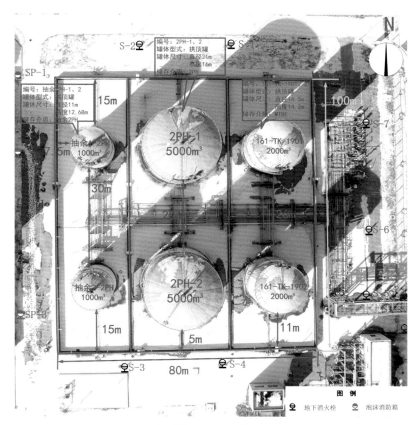

图 9.1　某煤化工固定顶罐区布置实景

如果着火罐的泡沫灭火系统未被破坏，要及时启动固定泡沫灭火系统灭火；如果罐区管道泄漏着火，可第一时间打开蒸气灭火系统实施灭火。

（二）消防专业处置措施

1. 火情侦察

①成立侦察小组，深入火灾现场实施侦察，查明着火罐的罐型、着火物质、储量、着火时间，有无人员被困，邻近罐受火势威胁情况，固定消防设施启动和运行情况。

②选派一名指挥员携带防爆对讲机到 DCS 控制室，了解掌握事故区域有关罐的温度、压力和液位，以及相关阀门的关闭开启情况，并及时向前方指挥部汇报情况，当 DCS 系统指示有突然变化时，要及时向前方指挥部汇报。

③现场部署多个测温仪，不间断对事故罐和邻近罐测温，实时监测现场情况。

2. 研究确定处置方案

及时组织灭火救援专家组和厂内技术专家，安环部、生产部、设备部等相关部门和人员，为研究处置方案提供技术支持。

3. 疏散警戒

疏散现场与灭火行动无关人员。在事故单位前期警戒的基础上，根据现场灭火战斗的需要，划定警戒范围。

4. 车辆停靠

①初战力量到场后，要根据事故场地合理安排车辆部署，防止车辆部署密集或者不当，阻挡后续增援车辆进入，影响整个战斗过程中车辆的调整。

②增援力量到达事故现场外围，要及时向前方指挥部汇报增援车辆类型及人员情况，得到指挥部进入现场的命令，方可进入现场。切忌到达现场，车辆盲目参与战斗，随意停靠。

③严禁停靠在松软、薄弱路基、高压线下和危险建（构）筑物旁，避免停靠在管道井口上方。举高、照明消防车必须停靠在空中无障碍物、地面平坦坚实的地段，升降作业时要与架空高压线路保持一定的安全距离。

5. 冷却控火

①罐区内管线泄漏起火时，要确认泄漏点上下游阀门是否处于关闭状态。利用罐区固定泡沫枪或者泡沫消防车出泡沫，迅速扑灭火灾，对受到火势威胁的储罐要利用与灭火泡沫型号一致的泡沫进行冷却，防止用水对泡沫覆盖层的破坏和不同型号泡沫之间的相互消减。

②罐区内储罐着火时，要将主要力量部署在火场的主要方面，对着火罐和邻近罐实施均匀冷却，防止灾情扩大。

6. 调集增援

处置大型储罐区火灾，要及时调集增援力量到场协助处置。主要调集泡沫消防车、高喷车、干粉车、大功率供水消防车、泡沫供液车、泡沫输转车、泡沫钩管和充足的泡沫灭火剂；调集后勤保障部门和社会联勤联动单位到场，做好长时间作战的准备。

7. 灭火准备

根据着火罐燃烧面积，计算泡沫灭火剂用量，部署车辆和喷射器具。灭火阵地部署完毕后，要试水、试泡沫。

①备足灭火药剂。泡沫供给强度按 1.0 L/（s·m²）估算，泡沫液的准备量通常应达到一次灭火用量的 6 倍，同时准备一定数量的干粉灭火剂。按照大型油罐全液面燃烧实战战例泡沫液的使用量，以上方法算出的泡沫液量不能满足实际需求，应当最少准备上

述算法算出的用量的2倍。

②落实人员、车辆、装备。泡沫消防车、干粉消防车、举高消防车、移动泡沫炮、泡沫钩管全部进入进攻位置，做好灭火准备。明确作战人员分工、任务，一切准备就绪，并经检查确认无误。

③保证火场供水。合理分配水源，确定最佳的供水方案，确保冷却阵地和灭火阵地供水不间断。

④统一指挥灭火。扑救油罐火灾，必须在火场指挥员的统一命令下展开战斗行动。

8.实施灭火

灭火时，火场指挥员应当注意观察各阵地泡沫喷射情况，适时调整泡沫管枪、泡沫钩管、移动泡沫炮的位置和车载泡沫炮、举高喷射消防车的角度，保证泡沫覆盖效果，并注意观察薄弱部位的情况，及时增补力量。

（1）油罐盖顶被掀

固定顶油罐爆炸后，罐盖掀开形成稳定燃烧，使用高喷消防车、泡沫炮、泡沫钩管向罐内喷射泡沫灭火。

（2）罐顶塌进油罐

油罐爆炸时罐盖塌入罐内，一部分在液面下，一部分在液面上。液面敞露部分燃烧猛烈，罐盖遮住部分，通过塌裂的缝隙形成喷射性火焰，泡沫打不进去，这时可采取注水（油）提高液面的方法，消除隐蔽火焰，然后再向液面上喷射泡沫灭火。

（3）开口面积小的油罐火

当金属拱顶油罐爆炸起火开口面积较小，处于稳定燃烧火势不大时，应立即抓住战机直接喷射泡沫予以灭火。

当油罐的裂口处呈火炬燃烧时，可采取下列灭火方法：

水封切割法。根据火炬的高度和直径大小，组织几支水枪部署在不同的方向，同时交叉向火焰根部射水，用水流将火焰与尚未燃烧的油气分隔，造成可燃气体瞬间供应中断，而后将水枪的射流同时往上"抬"，以抬高火焰，使火熄灭。

覆盖灭火法。使用覆盖物（灭火毯、浸湿的棉被、麻袋、石棉毡等），盖住火焰，使油气和空气隔绝，窒息灭火。

注氮窒息法。拱顶罐爆炸开口和裂口较小，可向罐内注入氮气，利用氮气窒息灭火。在实际操作中，由于油罐罐体高大，要将氮气输送到罐顶，需制作相关辅助器材。

9.继续冷却，防止复燃

①油罐火被扑灭以后，要继续对油罐均匀冷却，直到罐体的温度降到正常温度。

②对于罐顶一半塌落在罐内的油罐火，从地面观察火已扑灭，不要轻易登罐观察，

应继续喷射泡沫和冷却，防止油蒸气挥发，并消除罐顶内不完全燃烧的结碳火星，防止意外爆炸造成伤害。

三、内浮顶储罐火灾事故的处置

煤化工企业的内浮顶储罐（图9.2）大多数是易熔盘储罐，浮顶盘板为单层铝合金板或不锈钢薄钢板，盘板下部为浮筒，罐内有氮气保护系统。一旦爆炸着火，氮封系统失效，浮盘会在短时间内熔化，火灾会由密封圈火灾转变为全液面燃烧。火灾防控与扑救应视为固定顶储罐，因此，这里着重介绍易熔盘内浮顶储罐区别于固定顶罐的处置措施。

图 9.2　某煤化工企业内浮顶罐区布置实景

（一）呼吸阀、量油口火灾

罐顶呼吸阀、量油口处形成稳定火焰燃烧，氮封损坏，失去本质安全储存条件。

1. 工艺法处置措施

抢修固定氮封系统，恢复氮气保护压力，向固定氮封系统管线注入氮气窒息灭火。

2. 消防专业处置措施

利用 56 m 以上高喷车，在呼吸阀、量油口处垂直向下喷射喷雾水或雾状泡沫射流，瞬间灭火。严禁侧打、仰打，避免回火。同时要加大浮盘与油层面罐体周长强制水冷却保护。

（二）罐盖撕裂形成稳定燃烧

储罐在撕裂处形成火炬式火焰燃烧。氮封损坏，失去本质安全储存条件。

1. 工艺处置措施

抢修固定氮封系统，恢复氮气压力，向固定氮封系统管线注入氮气窒息灭火。

2. 消防专业处置措施

①启动固定泡沫灭火系统，在罐前分配阀半固定接口处连接泡沫管枪出泡沫液，验证泡沫效果后开启进罐阀门，连续供液 30 min 直至灭火。

②利用半固定泡沫装置灭火，切断固定泡沫系统，防止泡沫种类、比例、倍数混掺，影响泡沫发泡灭火效果，选择流量 80 L/s 以上的 1 辆泡沫车，出 3 ～ 4 个干线至罐前分配阀半固定接口连接，连续供泡沫液 30 min 直至灭火；同时加大浮盘与油层面罐体周长强制水冷却保护。

③选用高喷车，在罐盖撕裂处顺风方向沿内罐壁注入泡沫，直至罐内密封圈覆盖层完全淹没灭火。严禁向浮盘中央注入泡沫，造成铝合金或不锈钢薄板损坏，导致全液面火灾。

3. 注意事项

①辨识清储罐类型是处置首要条件，易熔盘内浮顶储罐最易辨识为固定顶储罐，一旦辨识错，导致方法错、战术错，灾情的发展将不可控制。

②采取泡沫灭火前，首先要核查固定泡沫系统和所有参战车辆泡沫的种类、倍数、比例，避免混打、错打，影响灭火效果。

③采用半固定装置注入泡沫灭火，指挥员要决策使用泡沫的型号，计算好泡沫混合液的流量、半固定干线接口的使用数。驾驶员的操作也很关键，要将泡沫比例调节正确，消防车水泵压力要调节到泡沫发泡效果最佳状态时的压力。

④注入泡沫必须连续供液，一次到位，间歇或停顿，会使浮盘扭曲、倾斜、下沉，导致浮盘结构破坏，初期灭火失利。

⑤固定泡沫灭火系统、半固定泡沫装置必须确认出泡沫后，方可向罐内注入泡沫。

（三）浮盘完好，泡沫产生器损坏形成火炬式火焰燃烧

储罐超压闪爆，泡沫产生器从罐体安装处蹦出，储罐结构完好，泡沫产生器损坏，

氮封损坏，失去本质安全储存条件，罐体与泡沫产生器安装处火炬式火焰燃烧。

1. 工艺处置措施

①抢修固封系统，恢复氮气保护压力，向固定氮封系统管线注入氮气窒息灭火。

②紧急情况下可采取干粉车应急供氮窒息灭火法，使用重型干粉车氮气瓶组连续供氮灭火。

2. 消防专业处置措施

①部分泡沫产生器损坏，橡胶软管延至防火堤连接完好，利用泡沫产生器倒淋排放管口，使用干粉车氮气向罐内注入氮气窒息灭火，需要提前制作相关接口。

②泡沫产生器完全损坏，橡胶软管延伸至储罐输油管线试压接口，边输油边输氮注入氮气窒息灭火。也可以利用干粉车氮气充气口连接橡胶软管，橡胶软管延伸至罐前，再连接相应高度 PVC 管，PVC 管头连接金属管，插入损坏泡沫产生器孔洞，连续供氮灭火。

（四）罐体检修人孔法兰密封损坏，储罐结构损坏，形成流淌火和池火

①初期流淌火可用 100 L/s 泡沫管枪上风向合围控制，如快速灭火成功，通过工艺倒料转输降低储罐液位，更换法兰垫。

②形成池火，需 4～5 支泡沫勾枪上风向持续泡沫覆盖推进，防火堤两侧设立移动炮出泡沫，跟随泡沫勾枪进度覆盖，推至着火罐边缘，增加移动炮泡沫射流罐壁，直至防火堤泡沫完全覆盖封闭。利用干水泥成袋在人孔下方 U 型堆积高于人孔，挂勾枪持续覆盖 U 型燃烧面，工艺倒料转输降低储罐液位，更换法兰垫。

③流淌火转池火处置措施不当，有可能同时出现池火和罐火。应当先控制池火形成 U 型燃烧面，工艺倒料转输降低储罐液位。如果形成罐火则按照固定顶罐处置。

（五）浮盘损坏，形成全液面火灾

随着密封圈火势的不断扩大，出现导向绳断裂、浮盘卷边、扭曲、倾斜、下沉，逐渐形成全液面火灾，辐射热增强、火势发展迅速。评估研判不准、处置力量或灭火药剂不足，力量调整不到位，导致罐盖落入罐内，继续发展会出现罐体塌陷、卷边。控制与灭火难度加大，急于求成、方法错误、控制不力易引发周边储罐相继引燃。

1. 处置措施及要求

①本阶段火灾一般难于直接扑灭，应采取一切措施控制燃烧，不扩大灾情、不使灾情失控、避免环境污染事件和人员受伤事件，实施科学处置、安全处置、环保处置。

②做好长时间连续作战的思想准备。安排好人员倒班，车辆更换。通信、油料、饮

食、饮水、防雨、防寒等保障措施要到位。提前考虑省内、周边省市跨区消防力量，灭火药剂、器材装备调集。

③根据石脑油、稳定轻烃等储存介质特性，如连续燃烧 24 h 以上时，注意储罐注入泡沫频次，如决策实施控制燃烧战术，应减少或不注入泡沫。

④要合理使用现场水源资料，可考虑循环利用水资源，利用远程供水系统供水。

⑤罐底要定时排水，防止罐内积水过多，防止罐内形成水垫层出现沸溢、喷溅，导致火势扩大。防火堤要定时排水，防止防护堤承压能力不足损坏倒塌，同时要防止防火堤液位超过防护堤高度，火势从防护堤流淌出，造成更大灾情。

⑥抢修氮气系统，对着火罐、邻近罐注入氮气，保持本质安全条件，同时加大罐体强制水冷却保护，确保邻近罐的稳定。

⑦根据现场灾情，通过专家论证、集体会商，权衡灭火和控制燃烧的利弊，提出处置对策。

⑧召开事故处置通报会，通报处置方案、确定战术方法，组织编程、落实梯队、视情实施。

2. 注意事项

①灭火过程中注意硫化氢的防护，着火罐重点是灭火后要持续冷却，防止复燃复爆；邻近罐重点是氮封保护和保护下风向作战人员；

②关闭防火堤、隔堤、雨排及污水出口，保持事故防火堤 1/5 水封液位，防止储罐油品外溢、沸溢，引发整个储罐区火灾。防止废消水流入江河湖海，引发环境污染。

③储罐长时间燃烧，应考虑控制泡沫注入的间歇时间，避免频打泡沫影响油水析液时间，引发闪爆复燃。

④内浮顶储罐火灾严禁登罐处置。

⑤泡沫灭火剂的调集要调集同比例、同倍数、同种类的泡沫。如果现场泡沫用量大，多个防护堤起火可以在同一区域内使用同一种泡沫。

四、球型罐灾害事故的处置

煤化工企业的球型储罐主要储存物质有液化烃（图 9.3）（乙烯、丙烯、1-丁烯、LPG、异戊烷、混合 C4）、二甲醚、液氨、二氧化碳。储罐类型有全压力、半冷冻和全冷冻储罐。

图9.3 某煤化工企业液化烃储罐区布置实景

（一）泄漏事故的处置措施

按照煤化工球型储罐储存介质的理化性质，多数介质比空气重，且易燃易爆，有毒。一旦发生泄漏事故，会沿着地面扩散到很远，容易引起人员中毒，如遇火源，容易发生连环爆炸，危险性极大。

1. 工艺处置措施

（1）关阀止漏

液化烃储罐或者管道发生泄漏时，应及时关闭事故罐截止阀、紧急切断阀，断绝泄漏扩散源。关闭管道阀门时，必须在喷雾射流保护下进行。

（2）关闭雨排

检查确认事故罐防护堤内的雨排处于关闭状态。防止可燃蒸气沿地下排水管道扩散到其他区域，造成更大的灾情。

（3）启动固定消防设施稀释驱散

液化烃储罐或管线发生泄漏事故，在采取控制火源的同时，利用固定喷淋、固定水炮对泄漏区扩散的液化烃蒸气云实施不间断稀释，使其浓度降低至爆炸下限以下，抑制其燃烧爆炸危险性。

（4）堵漏封口

全压力储罐罐根阀损坏，不能关阀止漏时，使用各种针对性的堵漏器具和方法实施封堵泄漏口。进入现场堵漏区的处置人员必须佩戴呼吸器及各种防护器具，穿着纯棉战斗服或防静电服，必要时全身浇湿进入扩散区。

全压力储罐管道泄漏或罐体孔洞型泄漏时，应使用专用的管道内封式、外封式、捆绑式堵漏工具进行堵漏，或用金属螺钉加黏合剂旋拧，或利用木楔、硬质橡胶塞封堵。

全压力储罐法兰泄漏时，若螺栓松动引起法兰泄漏，应使用无火花工具，紧固螺栓，制止泄漏；若法兰垫圈老化导致带压泄漏，可利用专用法兰夹具实施封堵，并高压注射密封胶堵漏。

全压力储罐罐壁脆裂或外力作用造成罐体撕裂，其泄漏往往呈喷射状，流速快，泄漏量大，应利用专用的捆绑紧固和空心橡胶塞加压充气，实施堵漏。在不能制止泄漏时，也可采取疏导的方法将其导入其他安全容器或储罐。

（5）倒罐输转

将事故罐液化烃通过输转设备和管线以液相倒入安全装置或容器内，减少事故罐的存量及危险程度。倒罐技术依靠的是液化烃储罐的输送装卸工艺设施，常用方法有输送管线烃泵加压法、静压高位差法和临时铺设管线的导出法。

2.消防专业处置措施

（1）侦察监测，集结待命

责任区中队到场后要先将车辆集结于上风向安全地点，带领侦察小组，做好安全防护，携带侦检仪器，深入事故现场侦察，根据需要调集车辆进入事故区域，确保车辆集结点和事故现场保持安全距离。增援队到达现场应先在上风向安全区集结待命，辨识评估灾情类别、相态、等级，根据现场指挥部命令，按照进攻路线、任务分工、战术方法、战斗编成、安全防护等要求，沿处置区上风向、侧风向依次进入阵地组织实施。

（2）占据DCS控制系统，实时监测

选派一名指挥员携带防爆对讲机到DCS控制室，了解掌握事故区域有关装置的温度、压力和液位，以及相关阀门的关闭开启情况，并及时向前方指挥部汇报情况，当DCS系统指示有突然变化时，要及时向前方指挥部汇报。

（3）分析研判灾情

及时组织灭火救援专家组和厂内技术专家，安环部、生产部、设备部等相关部门和人员，通过现场询情、查阅资料、现场侦检查验了解相关情况，分析研判灾情。

①现场询情。现场询问重点了解以下情况：

事故类型，泄漏、燃烧或爆炸；

泄漏发生时间、泄漏罐编号、泄漏发生部位（液相/气相）、泄漏量、扩散方向、波及范围，有无人员伤亡；

事故罐容积、液位及实际储量，邻近罐容积、液位及实际储量；

储罐区总体布局、总储量、主导风向、固定消防设施、周边重要单位及设施；

已采取的工艺和防火防爆处置措施，可控程度；

灾情发展趋势及可能导致的危害程度和危害后果。

②查阅资料。向事故单位调取事故区域地理环境图，储罐区平面图；调取并核对储罐区储罐编号、储罐类型、储存方式、储存介质、储罐液位、固定消防设施、消防水管网等相关情况。

③现场侦检查验。在初步了解的基础上，派出侦察小组，使用可燃气体检测仪由上风向、侧风向、下风向顺序侦检，检测泄漏气体浓度及分布范围。使用风向仪测定现场储罐区风向和风力。观察事故罐破坏程度及储罐区外围影响程度。

④评估研判。在现场询情和侦检查验的基础上，消防指挥员应与工艺人员逐一进行事故罐、邻近罐、储罐区及周边区域灾情分析，对灾情发展态势、可控程度、可能出现的后果及涉及范围，从储存工艺、介质特性、设备结构、火灾危险性、防火防爆机理进行评估研判，确定危险程度和初步处置措施。

（4）控制火源

液化烃储罐发生泄漏，应采取坚决果断措施，消除事故现场区域内的一切火种，包括明火、电火、静电火花、撞击摩擦火花等，防止泄漏扩散的蒸气云爆炸。

要及时切断事故现场区域内所有电源，熄灭明火；高热设备停工降温；禁止使用非防爆工具器材作业，严禁使用非防爆和防爆等级不够的通信设备；进入现场人员必须着防静电服，鞋底不能有铁钉；严禁机动车、畜力车和自行车驶入泄漏扩散区域等。

（5）设定警戒区

液化烃连续泄漏蒸发和扩散，扩散范围内任何微弱的火源都能引发燃烧或爆炸。首战力量到达泄漏事故现场，应立即向政府领导汇报，与社会联动部门密切配合，划定警戒区、实行交通管制，随时注意风向的变化，以便采取应急措施。警戒区的范围应根据现场泄漏液化烃扩散范围来确定。

①通过观察初步确定。低温液体气泄漏后，由液相变为气相要吸收大量热量，会使空气中的水分凝结，在其扩散范围内地面形成飘移的白雾状蒸气云带，管壁、草地、树木等物体上附着一层冰或水珠。根据现场边缘迹象特征，作为初步划定警戒区域的参考。警戒区范围边界的确定应至少距蒸气云边缘200 m以外，根据风向和泄漏量变化动态调整。

②利用测定仪器确定。使用侦检仪对现场液化烃泄漏扩散的地带及其范围进行爆炸浓度极限测定，据此确定警戒区范围。对地下沟槽、坑道、地下室及低洼地带做重点检测。

③在警戒范围边界设置警戒标志。根据测定的数据要及时划定警戒范围，同时设置醒目的警戒标志。警戒区的范围还应根据风力和风向变化、扩散程度、潜在危害适时调整。

（6）人员的疏散与搜救

首战中队到场后，应积极组织现场群众撤离危险区，同时搜救危险区内受伤人员。安全疏散的范围需由指挥部综合作出决策，储罐区外围的安全疏散涉及面广、社会媒体关注多、易引发群体事件，需在集体会商的基础上反复论证、慎重决定。

①设立安全区。在地势较高的上风向设立安全区，以便群众暂时避难，安全区要设立广播站和安全标志，明确疏散方向，引导群众撤离。

②确定疏散路线。为防止群众在危险区域内盲目行动，造成混乱，要事先确定好疏散路线，使群众在撤离危险区后，按照规定的路线到达安全区。

③有效组织被困人员搜救。被困人员搜救应在现场询情、侦检查验、评估研判的基础上进行。三人一组，两人搜寻，一人监护，先上风向后侧风向、先外围后中心地有序实施。

（7）强化稀释，抑制爆炸

在企业前期采取措施的基础上，消防部队要利用移动摇摆炮、喷雾水枪等喷射雾状水，对泄漏区扩散的液化烃蒸气云进行稀释；在泄漏点下风向，应设置喷雾水枪水带，形成水幕墙稀释，设置距离应根据现场情况确定，一般选择距目测蒸气云消散处10～15 m为宜。通常采取利用喷雾水枪和送风驱散蒸气云团。

①喷雾水枪驱散法：喷雾水枪要由下向上驱赶蒸气云，同时还要注意用水稀释阴沟、下水道、电缆沟内滞留的蒸气云。当消防车水泵出口压力为0.7～0.9 MPa时，用19 mm口径水枪驱赶的喷流角度在50°～70°为宜。

②送风驱散法：对于积聚于建筑物和地沟内的液化蒸气云，要采用打开门窗或地沟的盖板的方法，通过自然通风吹散危险气体，也可采取机械送风的方法驱除。

（8）全压力储罐注水排险

液化烃全压力罐底部泄漏，可以利用水比液化烃重的特性，向罐内加压注水，抬高储罐内液化烃液位，将罐内液位上浮到漏口之上，使罐底形成水垫层并从破裂口流出，隔断液化烃的泄漏，缓解险情。注入罐内水位一般不超过2 m，根据液化烃储罐的泄漏情况，可采取边倒罐边注水的方法。

当液化烃储罐运行压力小于0.7 MPa时，一般利用半固定应急注水线实施；当运行压力大于0.7 MPa时，一般利用固定应急注水线实施。

当发生停电、水泵故障等情况时，可利用消防车接半固定应急注水线向事故罐应急注水。铺设双干线水带，一供一备。

当需要注水排险时，需在 DCS 控制室内设置内观察哨，时刻报告罐内液位高度，水位不得超过 2 m，采取不间断注水的措施。

（9）主动点燃

在其他方法不能奏效时，在确保绝对安全的前提下，可采取主动点燃泄漏口气相液化烃的方法，防止泄漏形成大面积扩散蒸气云遇火源爆炸。在人员撤离现场后，用曳光弹或信号枪从上风向点燃，实施控制燃烧。

（二）火灾事故处置措施

液化烃储罐发生泄漏火灾时，燃烧爆炸瞬息突变，指挥员要及时果断采取应对措施，视情进攻或撤退，根据不同的火场环境和条件，不同的火情和趋势，有针对性地组织扑救。

1. 工艺处置措施

（1）关阀断料，放空泄压

通过 DCS 系统迅速切断球罐进料阀，切断上游原料。如果 DCS 系统损坏，需要人工切断进料阀。如果着火罐火炬放空设备未损坏，要及时放火炬泄压。受火势威胁的邻近罐，也要视情放火炬泄压。

放空排险措施主要有两种：一种是远程打开安全阀侧线泄压阀和紧急放空阀紧急放空泄压设施，超压气体经密闭管道泄放至火炬系统焚烧放空；二是倒罐泄压，设置应急管线，使物料安全转移至备用储罐。

（2）启动固定消防设施

立即启动罐区喷淋冷却系统，对着火罐和邻近罐实施冷却。

2. 消防专业处置措施

（1）火情侦察

①成立侦察小组，深入火灾现场实施侦察，查明着火罐的罐型、着火物质、储量、着火时间，有无人员被困，邻近罐受火势威胁情况，固定消防设施启动和运行情况。

②选派一名指挥员携带防爆对讲机到 DCS 控制室，了解掌握事故区域有关罐的温度、压力和液位，以及相关阀门的关闭和开启情况，并及时向前方指挥部汇报情况，当 DCS 系统指示有突然变化时，要及时向前方指挥部汇报。

③现场部署测温仪和红外热成像仪，不间断对事故罐和邻近罐测温，实时监测现场情况。

（2）研究确定处置方案

处置队伍到达现场，指挥员在采取控制扩散、避免爆炸措施的同时，必须组织到场力量在外围强攻近战。同时和企业技术人员研究处置方案。

（3）冷却控火，防止爆炸

冷却控制燃烧罐和邻近罐，防止爆炸是火场的主要任务，燃烧罐和邻近罐是灭火和控制的主要目标。全方位强水流冷却保护防止罐体超压爆炸。

强制冷却原则：要综合把握罐体储存方式、介质、液位、方向等因素，综合考虑，不能单因素考虑着火罐下风方向的冷却。

①利用固定喷淋、固定水炮或移动水炮对燃烧罐和邻近罐的罐体进行强制冷却降温，重点控制储罐温度、压力不超过设计安全系数，防止罐体应力变化导致罐体破裂出现喷射式泄漏甚至罐体破裂爆炸。

②液化烃罐区存在多种储存方式，冷却降温顺序：先全压力储罐，后半冷冻储罐。全压力液化烃储罐冷却降温顺序：先着火罐，后邻近罐；先低液位储罐，后满液位储罐；先气相球体部分，后液相球体部分；根据现场情况，综合研判后整体部署。

③全压力储罐冷却重点是球体全表面；半冷冻储罐冷却重点是冰机及进出料工艺管线；全冷冻储罐冷却保护进出料管线、蒸发气管线、蒸发气压缩机、冷冻压缩机组、换热器。半冷冻储罐冷却降温过程中，严禁人为破坏球罐外保温层。

④如有爆炸征兆，宜采用摇摆炮、移动遥控炮冷却战术，并考虑设置水幕墙对燃烧罐与邻近罐进行分隔。

⑤全压力、半冷冻邻近罐一般按迎火面半球体面积进行冷却力量估算。距着火罐的罐壁 30 m（着火罐容量小于 200 m^3，可减为 15 m）范围内或距着火罐直径 2 倍的范围内的液化烃罐，均称为邻近罐。

⑥在处置全冷冻储罐事故时，固定水炮、高位遥控炮应严格控制出水时机。储罐、管线泄漏着火时，要利用干粉灭火。火势大难以控制时，要冷却保护燃烧处及邻近设备。严禁使用直流水冲击外罐结霜、液体漫流部位。

（4）安全控烧

液化烃储罐发生火灾爆炸事故，储罐输送管道、安全设施遭到破坏，现场不具备倒罐输转、堵漏封口等消除危险源危险条件时，可采取工艺控温、控压、控流、充氮等方法，实施现场安全可控性稳定燃烧。在燃烧后期储罐压力低于大气压时，应及时输入惰性气体保持储罐正压，防止回火爆炸。需实时掌握工艺调整变化，在罐体、管线、阀门等燃烧处部署水枪、水炮冷却保护，控制火势直至燃尽熄灭。

（5）水流切封

组织数支喷雾或开花水枪并排或交叉射出密集水流，集中对准储罐泄漏口火炬状火焰根部下方及其周围实施高密度水流切封，同时由下向上逐渐抬起水射流，利用水汽化吸收大量的热能，在降低燃烧温度的同时稀释液化石油气的浓度，隔断火焰与空气的接触，使火焰熄灭。

（6）干粉灭火

干粉扑救液化烃火灾效果显著，灭火速度快。在灭火过程中，干粉大量捕捉燃烧中产生的游离基，并与之反应产生性质稳定的分子，从而截断燃烧反应链，使燃烧终止。使用干粉灭火剂的量应根据火势的大小、压力的高低和冷却效果的好坏等因素确定，在水枪射流冷却降温罐体的配合下使用。

（7）撤退战法

扑救液化烃储罐火灾，进攻和撤退都是依据火场态势作出的重要决策。进攻是为了控制局面，防止爆炸，争取主动；撤退是为了避免伤亡，保存实力，以便再次组织更有效的进攻。

①注意观察爆炸征兆，及时组织撤退。在液化烃储罐火灾扑救中，要派出专人观察火情，包括燃烧罐和邻近罐的变化，以及罐区有可能受火势辐射等因素影响的储罐，发现并准确预判险情。当出现储罐燃烧或受热烘烤安全阀、放空阀等发出刺耳的尖叫声，火焰颜色由红变白，储罐发生颤抖、相连的管道、阀门、储罐支撑基础相对变形等现象时，储罐随时有发生爆炸的危险，安全员或发现险情的人员要及时发出警报，立即组织现场人员紧急撤离至安全区域。

②预先安排，有序实施。在组织液化石油气储罐冷却灭火时，根据现场的道路、风向、地形等条件，尽可能地将冷却与灭火的阵地设置在便于自我安全保护和安全撤离的方向及部位。预先确定遇有爆炸险情的撤退线路，联络方式，并授权各中队、各阵地指挥员遇有险情不需请示的撤退指挥权。撤退时不收器材，不开车辆，主要保证人员安全撤出。排除险情后再调整部署，统一实施进攻。

3. 注意事项

液化烃储罐火灾情况复杂多变，扑救难度大，易造成重大人员伤亡和物资损失，火灾扑救行动应注意如下事项：

①接警询情要清楚。接到报警时，要尽量问清是泄漏扩散、起火燃烧，还是爆炸燃烧。

②作战部队要从上风向接近现场。在上风向或侧风向选择集结区，以防误入险区发生意外。

③工艺处置和消防处置紧密配合。及时成立灭火救援指挥部，吸收有经验的工程技术人员参加，统一指挥、统一行动、严密分工、各负其责、协同作战。

④严格安全防护措施。按灾情处置规程和处置需求穿戴防护装备。尽量减少进入危险区作业人员，设立观察哨，时刻注意储罐爆炸征兆。

⑤确保火场不间断供水。液化烃储罐着火，作战时间长，冷却用水量大，要调集一切可利用的供水车量、设施。在水源不充足条件下，应适时调整冷却力量部署，重点保障着火罐及邻近半液位、低液位储罐，确保供水不间断。

⑥灵活运用战术方法。根据灾情类型和发展变化，适时采取关阀断料，稀释抑爆、冷却保护等预防性战术措施。对爆炸高危现场，应采取梯次推进、攻防结合的安全有序处置战术。破坏严重的现场，应适时采取应急点燃、安全控烧等战术。

⑦防止复燃。液化烃火灾被扑灭后，要认真彻底检查现场，看泄漏口是否堵严，阀门是否关好，残火是否彻底消灭，确定是否需要留下消防车和人员看守，以防复燃。

⑧处置泄漏事故个人安全防护。应考虑灾情突发逆转，并预先考虑强制保护措施方案。低温液体处置同时考虑防冻伤和防辐射热措施。

⑨大容积全冷冻低温罐事故处置。应慎重对待，在已有预案的基础上，根据现场灾情实际变化超前预判、分析、评估，果断作出决策。必要时，根据灾害模型数据作出紧急避险、扩大警戒区和快速撤离决策。

▶ 第十章
煤化工事故处置实战操法

本章针对煤化工企业、部队官兵缺乏大型煤化工事故处置实战经验、平时训练准备与实战脱节等突出问题，在深入煤化企业实地开展煤化工专项测试的基础上，从工艺处置和消防处置两个方面总结煤化工企业装置和储罐火灾事故扑救技战术，编写的一套全新的煤化工事故处置实战操法，全套操法共18项，供煤化工企业和消防部队借鉴参考。

第一节　工艺处置实战操法

本节根据煤化事故前期工艺处置特点，编写了2套煤化工企业工艺处置实战操法，但工艺处置种类多、形式多、方法多，这2种操法是综合性、普遍性的处置方法，煤化工企业可以根据本节的操法形式结合自身的专业特点，编制其他的工艺处置实战操法。本节操法适用于煤化工企业技术人员采取工艺处置措施平时训练和实战应用。

一、甲醇储罐泄漏处置操

甲醇作为煤化工的上游产品，在生产过程中普遍存在，生产工艺各异，存储量大。甲醇为无色透明的易挥发液体，有刺激性气味，具有较强的毒性，对人体的神经系统和血液系统影响很大，长时间接触可引起失明、死亡。其闪点低、燃点低、易挥发，蒸气与空气易形成爆炸性混合物，遇明火、高温极易引起燃烧爆炸，是煤化工重点防范的危险物料之一。一旦发生泄漏，不及时合理的处置，会造成人员中毒，更易引发储罐火灾。为解决甲醇储罐泄漏处置难题，特制定此操法，仅供学习借鉴。

1.事故特点

①甲醇发生泄漏时，由于风向和风速的作用，使泄漏后的蒸气扩散速度和扩散方向不定，警戒范围划分困难。

②甲醇闪点低，遇明火、电火、静电火花、撞击摩擦火花等，极易造成蒸气被点

燃，进而引发储罐火灾。

③甲醇能致人急性中毒，经消化道、呼吸道或皮肤摄入都会产生中毒反应。甲醇蒸气能损伤人的呼吸道黏膜和视力，吸入甲醇对人体的神经系统和血液系统影响最大。

④甲醇一般都以罐组储备，如发生泄漏，对同一罐组、罐区的其他储罐造成威胁，易引发更大的灾害。

2. 训练目的

通过训练，使厂区技术人员熟练掌握甲醇储罐泄漏处置技术、程序和方法。

3. 情况设定

假设甲醇装置成品罐区储罐入口第二道阀前法兰泄漏。

4. 场地器材

空气呼吸器、防化服、四合一报警仪、防爆对讲机，如图 10.1 所示。

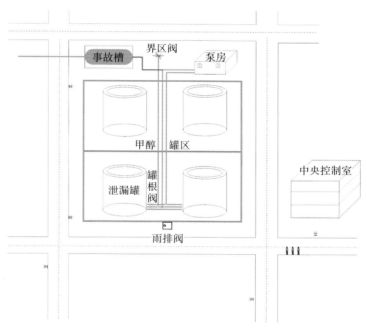

图 10.1　甲醇储罐泄漏处置操

5. 参训人员

技术人员 1 号、2 号、3 号，中央控制室甲醇储罐控制人员 1 名。

6. 操作程序

参训人员佩戴好个人防护装备，做好操作准备。当听到"甲醇储罐泄漏处置操——开始"的口令，1 号员根据询情和侦察情况，合理确定参训人员任务分工，下达命令。

1号员兼任安全员在泄漏罐远处，观察现场情况，随时做好发布紧急撤离信号的准备。

2号、3号员停止甲醇进MTO，开启未泄漏MTO级甲醇罐的入口阀，关闭已泄漏MTO级甲醇罐的入口阀；并迅速倒罐，严重情况下，向精甲醇罐倒；打开事故罐的排净阀，将罐内甲醇排入废液收集槽，启动收集槽的液下泵，将槽内甲醇送入其他MTO级甲醇罐，以降低事故罐内液位，尽量减少泄漏量；确认泄漏储罐根部进料线、倒罐线、出料线、开工甲醇线阀门关闭。

中控室技术人员确认可燃气报警仪有无报警，随时向1号员报告。

操作完毕，1号员举手喊"好"。

当听到"收操"的口令，参训人员将器材复位。

7. 操作要求

①参训人员个人防护装备穿戴齐全。

②进入事故区，应采取防爆措施。

③参训人员操作熟练、行动规范，相互之间配合默契。

二、丙烯球型储罐泄漏注水处置操

丙烯是煤化工企业球型储罐中主要储存的物质。其不溶于水，比空气重，且易燃易爆，有毒。一旦发生泄漏事故，会沿地面扩散，扩散范围大，容易引起人员中毒，如遇火源，容易发生连环爆炸，危险性极大。为解决丙烯球型储罐泄漏事故处置救援难题，特制定此操法，仅供学习借鉴。

1. 事故特点

①丙烯发生泄漏时，由于风向和风速的作用，使泄漏后的蒸气扩散速度和扩散方向不定，警戒范围划分困难。

②丙烯闪点低，遇明火、电火、静电火花、撞击摩擦火花等，极易造成蒸气云爆炸。

③丙烯是轻度麻醉剂，能致人急性中毒，吸入丙烯可引起意识丧失，可造成生态环境危害，水体、土壤和大气污染。

④丙烯一般都以罐组储备，如发生泄漏对同一罐组、罐区的其他储罐造成威胁，易引发更大的灾害。

2. 训练目的

通过训练，使厂区技术人员熟练掌握丙烯球型储罐泄漏注水处置技术、程序和方法。

3. 情况设定

假设球型储罐根部法兰泄漏。

4. 场地器材

空气呼吸器、防化服、四合一报警仪、防爆对讲机，如图 10.2 所示。

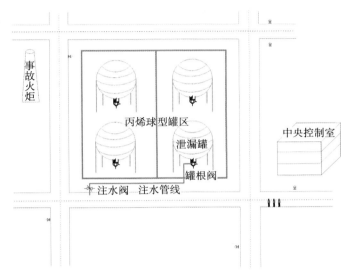

图 10.2　丙烯球型储罐泄漏注水处置操

5. 参训人员

技术人员 1 号、2 号、3 号，中央控制室丙烯储罐控制人员 1 名。

6. 操作程序

参训人员佩戴好个人防护装备，做好操作准备。当听到"丙烯球型储罐泄漏注水操——开始"的口令，1 号员根据询情和侦察情况，合理确定参训人员任务分工，下达命令。

1 号员兼任安全员在泄漏储罐远处，观察现场情况，随时做好发布紧急撤离信号的准备。

2 号、3 号员进入泄漏罐区确认泄漏储罐根部进料线、倒罐线、出料线、开工丙烯线阀门关闭；储罐根部总阀、不合格回炼线阀门打开；关闭泄漏罐顶气相线阀门；确认泵出口阀门、去净化阀门、不合格回炼阀门关闭；确认雨淋房内注水线流量计前、后手阀打开；接胶带连接消防水线至入口注水线；关闭入口手阀；打开消防水阀门；打开泵出口导淋排气，见水后关闭导淋；启动注水阀；缓慢打开泵出口至入口跨线手阀，向储罐内注水；微开罐顶安全阀跨线阀门，调整罐压。

中控室技术人员确认可燃气报警仪无报警。

现场用四合一报警仪确认无可燃气，泄漏物质为水时停止注水。

1 号员联系维修人员进入现场进行带压堵漏。

操作完毕，1 号员举手喊"好"。

当听到"收操"的口令，参训人员将器材复位。

7. 操作要求

①参训人员个人防护装备穿戴齐全。

②进入事故区，应采取防爆措施。

③参训人员操作熟练、行动规范，相互之间配合默契。

第二节　消防处置实战操法

本节根据煤化工事故类型、危险特性、处置难点，结合前文处置规程和要点，针对煤化工主要装置和储罐，从消防部队处置煤化工事故的实战出发，编制的实战操法。

一、现场灾情侦察研判操

煤化工企业一旦发生火灾爆炸事故，会造成连锁反应，火势蔓延速度快，破坏性大，如不能在短时间内有效地控制，往往会衍生为重大恶性事故。为准确掌握事故现场情况，采取"1235"模式开展现场灾情侦察研判，特制定此操法，仅供学习借鉴。此操法适用于初战大、中队及总队、支队全勤指挥部到场后的灾情研判，灾情侦察研判应贯穿于作战全过程。

"1235"灾情侦察研判模式，即到达灾害现场后调用 1 个煤化工企业资料交底箱，立足 2 个点（前方 1 ～ 2 个观察哨、后方 1 个 DCS 观察哨），协调 3 种人（企业技术人员、现场操作检修人员、企业安全负责人），收集查阅 5 张图（事故区平面图、工艺流程图、生产单元布局立体图、事故部位及关键设备结构图、公用工程管网图等相关图纸材料）。

1. 训练目的

通过训练，使消防员熟练掌握现场灾情侦察研判处置技术、程序和方法。

2. 情况设定

假设某煤化工企业发生灾害事故，现场情况复杂多变，现场作战力量到场后首先要通过侦察掌握现场情况，研判灾情，合理部署作战力量。

3. 场地器材

在厂区外停放 1 辆抢险救援车或通信指挥车（1 号车），热成像仪、有毒气体探测仪、可燃气体检测仪、隔热服、防化服、空气呼吸器、记录本、防爆照、照相机、摄像机等器材装备，如图 10.3 所示。

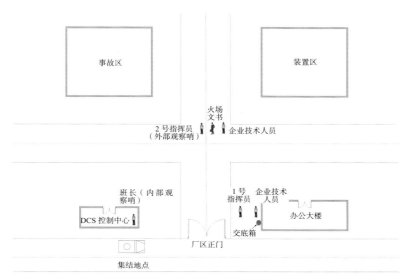

图10.3 现场灾情侦察研判操

4. 参训人员

2 名指挥员、班长、驾驶员、通信员兼火场文书。

5. 操作程序

参训人员佩戴好个人防护装备，做好操作准备。当听到"现场灾情侦察研判操——开始"的口令，指挥员根据报警情况，初步分配任务，下达命令。

驾驶员将车辆停于企业门口处。

1 号指挥员在企业入口处与企业安全负责人、技术人员等共同打开交底箱，查阅事故区平面图、工艺流程图、生产单元布局立体图、事故部位及关键设备结构图、公用工程管网图等图纸资料，对现场灾情进行初步研判，并通知企业相关技术人员到场参与处置。

班长兼任内部观察哨，进入 DCS 控制中心，与控制中心调度人员共同观察 DCS 系统显示相关数据是否异常，随时查看事故罐体和邻近罐体温度、压力变化情况，以及事故区域上下游阀门关闭情况，并随时向指挥员汇报情况。

2 号指挥员兼任安全员，带领火场文书，与企业技术人员进入事故区，对着火区域进行侦察，确认固定消防系统是否启用，占据有利位置；设置外部观察哨，并利用红外热成像仪、有毒气体检测仪、可燃气体探测仪进行侦检，判定着火事故区域具体情况，划定安全范围，做好记录并向指挥员汇报。

操作完毕，指挥员举手喊"好"。

当听到"收操"的口令，参训人员将车辆、器材复位。

6. 操作要求

①参训人员个人防护装备符合防护要求，戴好阻燃头套、消防手套、隔热服、空气呼吸器等个人防护装备，携带防爆通信、照明等器材。

②安全员由指挥员兼任，要与参训人员明确撤离信号、撤离路线，并携带望远镜、测温仪、风速仪、强光手电、风向旗等。每名参训人员都应加强警惕，遇有险情及时撤离。如果不能及时撤离，要就地卧倒紧急避险。

③在联合训练中，支队全勤指挥部到场后要指派支队级经验丰富的指挥员进入DCS 控制中心与中队内部观察哨共同观察装置和罐区情况。

④进入 DCS 控制中心人员必须与指挥员保持联系，将 DCS 系统数据每 5 分钟做一次登记，并报告指挥员。

⑤进入事故区侦察人员必须带领企业安全负责人或生产部负责人，进入时应确认安全路线，注意观察周围情况并做好相关记录和录像。

⑥参训人员操作熟练、动作规范，相互之间配合默契。

二、煤化工气体泄漏事故侦检操

煤化工行业原辅材料中存在大量有毒、有害、易燃、易爆物质，一旦发生事故会造成有毒物质的泄漏扩散和易燃易爆物料喷溅流淌，形成大面积、立体或多点燃烧。为了科学划定危险区域，有效避免参战人员伤亡，特制定本操法，仅供学习借鉴。

1. 训练目的

通过训练，使消防人员熟练掌握煤化工气体泄漏事故侦检处置技术、程序和方法。

2. 情况设定

情况一：开放空间泄漏。

情况二：半开放空间泄漏（适用于两端敞开的风雨棚、有大门的车间等）。

情况三：密闭空间泄漏。

3. 场地器材

在泄漏点上风方向 2 km 处停靠 1 辆抢险救援车（1 号车）、重型防化服、空气呼吸器、无线复合气体检测仪、四合一气体检测仪、防爆对讲机等器材装备。情况一如图 10.4 所示；情况二如图 10.5 所示；情况三如图 10.6 所示。

4. 参训人员

指挥员、安全员、班长、1 号至 4 号员。

5. 操作程序

情况一：

参训人员根据气体泄漏危害程度，佩戴好相应等级防护装备，做好操作准备。当听到"煤化工气体泄漏事故侦检操——开始"的口令，指挥员辨别风向、风力，通过询问现场人员和查看资料，了解现场地形、泄漏位置、气源、气体类型、剂量等情况，合理确定任务分工，下达命令。

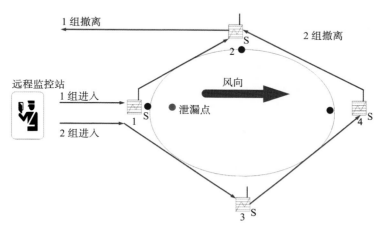

图 10.4 开放空间泄漏事故侦检操

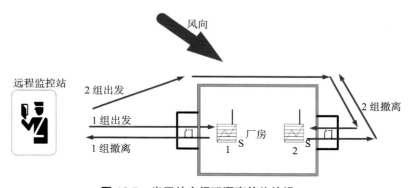

图 10.5 半开放空间泄漏事故侦检操

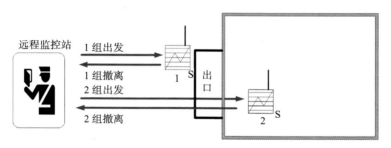

图 10.6 密闭空间泄漏事故侦检操

安全员占据有利位置,设置外部观察哨,判断风向,观察事故装置情况,做好通信联络,遇有紧急情况及时报告,发出紧急撤离信号。

1号、2号员为第一侦检组,携带2台无线复合气体检测仪、四合一气体检测仪从上风向进入,在上风向和侧风向一侧报警区域后方10 m处放置无线复合气体检测仪,部署完成后沿相反方向迅速撤出泄漏现场。

3号、4号员为第二侦检组,携带2台无线复合气体检测仪、四合一气体检测仪从上风向进入,在侧风向另一侧和下风向报警区域后方10 m处放置无线复合气体检测仪,部署完成后沿相反方向迅速撤出泄漏现场。

班长在远程监控站监测泄漏气体数据变化情况,并做出现场评估报告交由指挥部决策。

情况二:

参训人员根据气体泄漏危害程度,佩戴好相应等级防护装备,做好操作准备。当听到"煤化工气体泄漏事故侦检操——开始"的口令,指挥员辨别风向、风力,通过询问现场人员和查看资料,了解现场地形、泄漏位置、气源、气体类型、剂量等情况,合理确定任务分工,下达命令。

安全员占据有利位置,设置外部观察哨,判断风向,观察事故装置情况,做好通信联络,遇有紧急情况及时报告,发出紧急撤离信号。

1号、2号员为第一侦检组,携带无线复合气体检测仪、四合一气体检测仪沿上风向进入车间内,当便携式气体侦检仪发出报警后将无线复合气体检测仪放置于报警区域后方10 m处,部署完成后沿反方向迅速撤出泄漏现场。

3号、4号员为第二侦检组,携带无线复合气体检测仪、四合一气体检测仪从上风向或侧风向从车间另一侧大门进入,当便携式气体侦检仪发出报警后将无线复合气体检测仪放置于报警区域后方10 m处,部署完成后沿反方向迅速撤出泄漏现场。

班长在远程监控站监测泄漏气体数据变化情况,并做出现场评估报告交由指挥部决策。

情况三:

参训人员根据气体泄漏危害程度,佩戴好相应等级防护装备,做好操作准备。当听到"煤化工气体泄漏事故侦检操——开始"的口令,指挥员辨别风向、风力,通过询问现场人员和查看资料,了解现场地形、泄漏位置、气源、气体类型、剂量等情况,合理确定任务分工,下达命令。

安全员占据有利位置,设置外部观察哨,判断风向,观察事故装置情况,做好通信联络,遇有紧急情况及时报告,发出紧急撤离信号。

1号、2号员为第一侦检组,携带无线复合气体检测仪、四合一气体检测仪沿进入通道前进,在出入口处部署检测仪,监控气体浓度,保障进出人员的安全,部署完成后沿反方向迅速撤出泄漏现场。

3号、4号员为第二侦检组，携带无线复合气体检测仪、四合一气体检测仪沿进入通道前进，当便携式气体侦检仪发出报警后将无线复合气体检测仪放置于报警区域后方10 m处，部署完成后沿反方向迅速撤出泄漏现场。

班长在远程监控站监测泄漏气体数据变化情况，并做出现场评估报告交由指挥部决策。

6. 操作要求

①指挥员应辨别风向、风力，通过询问现场人员和查看资料，了解现场地形、泄漏位置、气源、气体类型、剂量等情况，确定相应防护等级，做好个人防护。

②检测前应将检测仪两侧气嘴堵头拧下。

③检测前应在进出气口安装过滤器。

④检测前应将检测仪放置在无遮挡区域2分钟，完成传感器预热和卫星定位。

⑤在携带和安放检测仪时，要将进出气口方向与风向一致，保证气体泵能吸进入。

⑥车辆和人员尽可能从上风向接近现场，车辆停靠在距离泄漏点2 km处。

⑦应将检测仪部署在上风向、两侧、下风向，人员撤离现场，在远程监控站持续监测。

⑧半开放空间泄漏时如果门外气体浓度已经超过报警值，则将检测仪部署在报警位置，然后再沿厂房外侧，向下风向门移动，在下风向门外再部署一台检测仪。

⑨密闭空间泄漏时，检测仪应放置于与墙壁有一定距离处，进气口要朝向泄漏点。

三、输煤栈桥火灾内攻灭火操

输煤系统是煤化工生产工艺的源头，输煤栈桥是输煤系统的重要组成部分，主要是利用皮带传送机将煤从生产源头传送至下游工段，属于密闭受限空间，极易引发火灾，近年来已发生了多起输煤栈桥火灾事故。为了解决输煤栈桥火灾灭火救援难题，制定此操法，仅供学习借鉴。

1. 事故特点

①煤化工输煤栈桥悬空搭建，为钢架结构，墙身和屋面材料通常采用彩钢板，火灾承载低，极易造成坍塌。

②输煤栈桥空间狭小，内攻灭火人员操作空间受限，处置难度大。

③栈桥上下连通，易形成烟囱效应，火灾蔓延速度快。

④如控制不及时，火势极易突破外壳，形成立体火灾，难以扑灭。

2. 训练目的

通过训练，使消防员熟练掌握输煤栈桥火灾内攻灭火处置技术、程序和方法。

3. 情况设定

假设输煤栈桥沿底部入口向上纵深 30 m 处皮带起火，起火部位距地面高约 25 m，需要内攻控制火势。

4. 场地器材

在输煤栈桥底部入口处停放 1 辆水罐消防车，空气呼吸器、多功能水枪、三分水器、水带等器材装备，如图 10.7 所示。

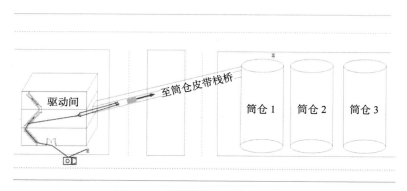

图 10.7　输煤栈桥火灾内攻灭火操

5. 参训人员

指挥员、班长、驾驶员、1 号至 5 号员。

6. 操作程序

参训人员佩戴好个人防护装备，做好操作准备。当听到"输煤栈桥火灾内攻灭火操——开始"的口令，指挥员根据询情和侦察情况，合理确定任务分工和所需器材种类、数量，下达命令。

指挥员兼任安全员在栈桥远处，观察现场情况，随时做好发布紧急撤离信号的准备。

班长、1 号至 3 号员沿输煤栈桥起火点下方入口处铺设水带，单干线出两支水枪，做好梯次进攻准备；4 号、5 号员负责铺设干线水带，将分水器放置栈桥内部步梯入口处，操控分水器。

驾驶员稳压供水，连接厂区消火栓给消防车供水。

水枪正常出水后，内攻人员梯次掩护，行进至起火点将火扑灭，向指挥员汇报完成情况。

操作完毕，指挥员举手喊"好"。

当听到"收操"的口令，参训人员将车辆、器材复位。

7. 操作要求

①参训人员个人防护装备符合防护要求，戴好阻燃头套、消防手套、隔热服、空气呼吸器等个人防护装备，携带防爆通信、照明等器材。

②安全员由指挥员兼任，要与参训人员明确撤离信号、撤离路线，并携带防爆对讲机、望远镜、测温仪、风速仪、强光手电、风向旗等。

③内攻人员以承重墙为掩体，稳步推进，防止局部坍塌，对灭火人员造成伤害。

④栈桥火灾通常从下向上进行灭火。

⑤行进过程中利用水枪探明前方虚实，防止踏空。

⑥栈桥内电缆密集，到场后先要确定电源已切断。

⑦参训人员操作熟练、动作规范，相互之间配合默契。

四、输煤栈桥火灾破拆控火操

输煤系统是煤化工生产工艺的源头，输煤栈桥是输煤系统的重要组成部分，主要是利用皮带传送机将煤从生产源头传送至下游工段，属于密闭受限空间，极易引发火灾，近年来已发生了多起输煤栈桥火灾事故。为了解决输煤栈桥火灾外部控火破拆难题，特制定此操法，仅供学习借鉴。

1. 事故特点

①煤化工输煤栈桥悬空搭建，为钢架结构，墙身和屋面材料通常采用彩钢板，火灾承载低，极易造成坍塌。

②输煤栈桥空间狭小，输送皮带无断点，内攻灭火人员操作空间受限，处置难度大。

③栈桥上下连通，易形成烟囱效应，火灾蔓延快。

④如控制不及时，火势极易突破外壳，形成立体火灾，难以扑灭。

2. 训练目的

通过训练，使消防员熟练掌握输煤栈桥火灾破拆控火处置技术、程序和方法。

3. 情况设定

假设输煤栈桥沿底部入口向上纵深45 m处皮带起火，起火部位距地面高约30 m，建筑外部需要进行破拆控火。

4. 场地器材

在输煤栈桥一侧停放1辆举高平台消防车，双轮异向切割据、防护手套、空气呼吸器等器材装备，如图10.8所示。

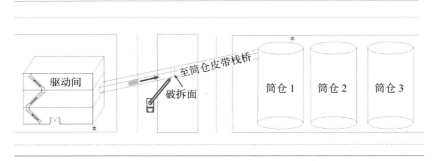

图 10.8 输煤栈桥火灾破拆控火操

5. 参训人员

指挥员、班长、驾驶员、1 号员。

6. 操作程序

参训人员佩戴好个人防护装备，做好操作准备。当听到"输煤栈桥火灾破拆控火操——开始"的口令，指挥员根据询情和侦察情况，合理确定任务分工和所需器材种类、数量，下达命令。

指挥员兼任安全员在栈桥远处，观察现场情况，随时做好发布紧急撤离信号的准备。

班长启动双轮异向切割机。

登高平台消防车驾驶员将操作平台举升至指定位置。

班长、1 号员携带双轮异向切割机进入登高车平台，利用平台内安全绳做好登高准备。

驾驶员操控登高车将班长、1 号员举升至有利于破拆的位置。

班长、1 号员协同对栈桥外部进行破拆，破拆完毕后向指挥员汇报完成情况。

操作完毕，指挥员举手喊"好"。

当听到"收操"的口令，参训人员将车辆、器材复位。

7. 操作要求

①参训人员个人防护装备符合防护要求，戴好阻燃头套、消防手套、空气呼吸器等个人防护装备，携带防爆通信、照明等器材。班长、1 号员佩戴防割手套。

②安全员由指挥员兼任，要与参训人员明确避险方式、撤离信号、撤离路线，并携带防爆对讲机、望远镜、测温仪、风速仪、强光手电、风向旗等。

③举高车应停放在上风方向或侧风方向，在栈桥下选择有利地形停靠，升臂时保持平稳匀速上升，避开空中障碍物。

④破拆时应采取从上到下的方法进行破拆。

⑤参训人员操作熟练、动作规范，相互之间配合默契。

五、输煤栈桥火灾外攻灭火操

输煤系统是煤化工生产工艺的源头，输煤栈桥是输煤系统的重要组成部分，主要是利用皮带传送机将煤从生产源头传送至下游工段，属于密闭受限空间，极易引发火灾，近年来已发生了多起输煤栈桥火灾事故。为了解决输煤栈桥火灾外攻灭火难题，制定此操法，仅供学习借鉴。

1. 事故特点

①煤化工输煤栈桥悬空搭建，为钢架结构，墙身和屋面材料通常采用彩钢板，火灾承载低，极易造成坍塌。

②输煤栈桥空间狭小，输送皮带无断点，内攻灭火人员操作空间受限，处置难度大。

③栈桥上下连通，易形成烟囱效应，火灾蔓延快。

④如控制不及时，火势极易突破外壳，形成立体火灾，难以扑灭。

2. 训练目的

通过训练，使消防员熟练掌握输煤栈桥火灾外攻灭火处置技术、程序和方法。

3. 情况设定

假设输煤栈桥皮带起火，起火部位位于输煤栈桥入口 70 m 处，起火部位距地面高约 50 m，需要外攻控制火势。

4. 场地器材

在输煤栈桥一侧停放 1 辆高喷消防车（1 号车）、1 辆水罐消防车（2 号车），如图 10.9 所示。

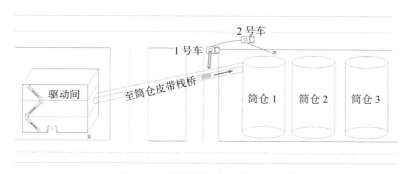

图 10.9　输煤栈桥火灾外攻灭火操

5. 参训人员

1 号、2 号车组成高喷车作战单元，按作战单元编配作战人员。

6. 操作程序

参训人员佩戴好个人防护装备，做好操作准备。当听到"输煤栈桥火灾外攻灭火操——开始"的口令，指挥员根据询情和侦察情况，合理确定任务分工和所需器材种类、数量，下达命令。

1 号车负责外部控火。

2 号车负责供水。

各车辆驶入操作区展开战斗：

1 号车停靠输煤栈桥上风位置，高喷车支臂升至着火点位置，利用水炮出水控制火势。

2 号车占据附近消火栓。

参训人员编成 2 组：第一组连接消火栓；第二组为 1 号车进行供水。

待水炮正常出水后，向指挥员汇报完成情况。

操作完毕，指挥员举手喊"好"。

当听到"收操"的口令，参训人员将车辆、器材复位。

7. 操作要求

①参训人员个人防护装备符合防护要求，戴好阻燃头套、消防手套等个人防护装备，携带防爆通信、照明等器材。

②安全员由指挥员兼任，要与参训人员明确避险方式、撤离信号、撤离路线，并携带防爆对讲机、望远镜、测温仪、风速仪、强光手电、风向旗等。

③举高车应停放在上风方向或侧风方向，在栈桥下选择有利地形停靠，升臂时保持平稳匀速上升，避开空中障碍物。

④参训人员操作熟练、动作规范，相互之间配合默契。

六、气化装置火灾扑救操

煤气化装置是煤化工工艺的重要组成部分，气化炉是气化装置的核心设备。气化装置是以煤或煤焦为原料，在催化剂和高温的条件作用下，通过化学反应将煤或煤焦中的可燃部分转化为可燃气体（煤气）的过程。泄漏气体容易积聚，含有大量的有毒有害气体，并且气化装置厂房高大封闭，一旦发生泄漏、爆炸起火，波及范围广，处置难度大。目前，国内还没有发生过较大规模气化装置灾害事故，处置经验少。为解决气化装置火灾扑救难题，特制定此操法，仅供学习借鉴。

1. 事故特点

①装置高大，易产生立体燃烧。

②有毒气体大量泄漏，易造成人员中毒。

③气化装置高大，混凝土框架结构，框架层数多，设备管线密集，上下游联系紧密，着火时间长，极易坍塌。

④高温情况下易伤人，高压下有爆炸的危险。

⑤处置难度大，作战时间长。

2. 训练目的

通过训练，使消防员熟练掌握气化装置火灾扑救处置技术、程序和方法。

3. 情况设定

假设气化装置区九楼气化炉（炉头）处氧气管线泄漏，与高温明火发生爆炸火灾。

4. 场地器材

在距气化装置上风方向 500 m 处停放 1 辆抢险救援车（1 号车）、2 辆高喷车（2 号、3 号车）、6 辆水罐车（4 号至 9 号车），移动水炮、水幕水带、可燃气体检测仪、有毒气体探测仪等器材装备，如图 10.10 所示。

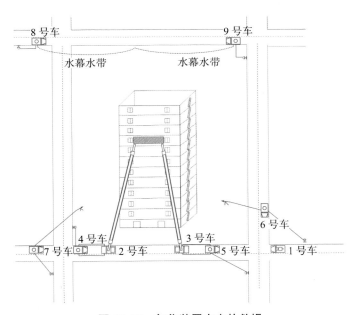

图 10.10　气化装置火灾扑救操

5. 参训人员

1 号车组成侦检作战单元，2 号至 5 号车组成 2 个高喷车作战单元，6 号至 9 号车组成 2 个灭火冷却单元，按作战单元编配作战人员。

6. 操作程序

参训人员佩戴好个人防护装备，做好操作准备。当听到"气化装置火灾扑救操——开始"的口令，1 号指挥员根据询情和侦察情况，合理确定任务分工和所需器材种类、数量，下达命令。

1 号车负责侦检、警戒。

2 号、3 号车负责在装置外部设置高喷车水炮冷却灭火。

4 号、5 号车负责给 2 号、3 号车供水。

6 号、7 号车负责设置移动水炮冷却灭火。

8 号、9 号车负责设置水幕水带稀释有毒气体。

各车辆驶入操作区展开战斗：

1 号车参训人员编成 2 组：第一组对事故现场进行检测，划定危险区与安全区；第二组在危险区与安全区交界处设立警戒，对进入人员做好登记。

2 号车停靠上风位置，参训人员编成 2 组：第一组由 2 号指挥员兼任外部安全员，与参训人员明确撤离信号、撤离路线，并携可燃、有毒气体探测仪，带防爆对讲机、望远镜、测温仪、风速仪、强光手电、风向旗等，遇有险情及时发出撤离信号；第二组利用高喷车出水对气化装置冷却灭火。

3 号车停靠上风位置，参训人员编成 2 组：第一组设置 1 名内部观察哨，进入 DCS 控制室与厂区观察员共同观察气化装置温度、压力等情况，及时向指挥员汇报，同时确定气化炉装置上下游、副线等是否切断；第二组利用高喷车出水对气化装置冷却灭火。

4 号车占据附近消火栓，参训人员编成 2 组：第一组连接消火栓；第二组为 2 号车进行供水。

5 号车占据附近消火栓，参训人员编成 2 组：第一组连接消火栓；第二组为 3 号车进行供水。

6 号、7 号车利用移动炮分别出水对气化装置冷却灭火，同时利用附近消火栓供水。

8 号、9 号车在下风方向一侧分别铺设水幕水带干线对有毒气体进行稀释，同时利用附近消火栓供水。

操作完毕，指挥员举手喊"好"。

当听到"收操"的口令，参训人员将车辆、器材复位。

7. 操作要求

①参训人员个人防护装备符合防护要求，戴好阻燃头套、消防手套、隔热服、空气呼吸器等个人防护装备，携带防爆通信、照明等器材，必要时应设置喷雾水枪掩护。

②DCS 控制室侦察人员应准确掌握气化装置压力、温度等情况，及时向指挥员反馈。

③安全员由指挥员兼任，要与参训人员明确撤离信号、撤离路线，并携带望远镜、测温仪、风速仪、强光手电、风向旗等。每名参训人员都应加强警惕，遇有险情及时撤离。如果不能及时撤离，要就地卧倒紧急避险。

④气化炉内部产生大量的氢气、一氧化碳、硫化氢等有毒有害气体，极易造成人员

中毒，现场作业人员必须佩戴空气呼吸器，携带防爆对讲机，可燃、有毒气体探测仪。

⑤气化炉工作温度一般为 1200～1400 ℃，高温易造成人员烫伤，要避免直流水直击气化炉。

⑥气化炉发生爆炸应先远程打开紧急泄压阀导入火炬系统泄压或现场手动打开紧急泄压阀泄压，防止系统憋压导致爆炸。

⑦气化炉火灾要通过注氮置换等工艺措施，保持系统压力正常，抑制系统反应，防止正压工艺条件变为负压发生回火爆炸。

⑧气化装置火灾扑救要坚持"工艺为主、企消协同"的处置原则。

⑨车辆禁止停放于装置下，防止坠落物对车辆、器材和人员造成伤害，贻误战机。

⑩操作人员进入内部时，必须沿外部楼梯进入，不得沿内部步梯或乘坐电梯进入事故区域。

⑪水炮阵地设置尽量在着火装置地面或邻近装置，水炮尽量选用遥控或自摆水炮，从不同角度均匀喷射，冷却装置，抑制火势。

⑫现场处置车辆停靠装置上风或侧上风，车头朝撤离方向。

⑬适时采取关阀、堵漏、输转等工艺措施，采取工艺措施时，必须在单位技术人员配合下进行。

⑭参训人员操作熟练、动作规范，相互之间配合默契。

七、净化装置低温甲醇洗单元气体泄漏稀释操

目前，低温甲醇洗工艺广泛应用于国内外合成甲醇、合成氨等气体净化装置中。净化装置中含有大量氢气、一氧化碳和少量硫化氢、甲烷、氨等，均属易燃易爆物质，如果发生泄漏，会引发火灾、爆炸、中毒事故。为有效处置净化装置气体泄漏事故，特制定此操法，仅供学习借鉴。

1. 训练目的

通过训练，使消防员熟练掌握净化装置低温甲醇洗单元气体泄漏事故稀释处置技术、程序和方法。

2. 情况设定

假设净化装置低温甲醇洗单元气体发生泄漏。

3. 场地器材

在泄漏点上风向安全区两侧停放 2 辆水罐消防车（1 号、2 号车），水带、水幕水带、屏风水枪、喷雾水枪、分水器、空气呼吸器、重型防化服等器材装备，如图 10.11 所示。

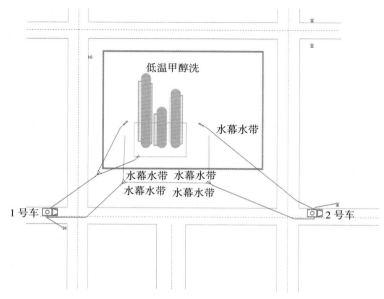

图 10.11　净化装置低温甲醇洗单元气体泄漏稀释操

4. 参训人员

1 号、2 号车组成稀释作战单元，按作战单元编配作战人员。

5. 操作程序

参训人员佩戴好个人防护装备，做好操作准备。当听到"净化装置低温甲醇洗单元气体泄漏稀释操——开始"的口令，指挥员通过 DCS 侦察人员了解装置温度、压力变化情况，事故区相关电动阀门是否关闭，合理确定任务分工，下达命令。

1 号车负责设置观察哨、稀释保护。

2 号车负责稀释保护、设置喷雾水枪掩护。

各车辆停于集结区一侧展开战斗：

1 号车占据就近水源，参训人员编成 3 组：第一组安全员占据有利位置，设置外部观察哨，判断风向，观察事故装置情况，做好通信联络，遇有紧急情况及时报告，发出紧急撤离信号；第二组在泄漏区上风向及侧风向设置水幕水带和屏风水枪进行稀释保护并开启厂区移动水炮；第三组在泄漏区下风向设置屏风水枪进行稀释保护。

2 号车占据就近水源，参训人员编成 3 组：第一组在泄漏区上风向及侧风向设置水幕水带和屏风水枪进行稀释保护并开启厂区移动水炮；第二组在泄漏区下风向设置屏风水枪进行稀释保护；第三组在水幕水带和屏风水枪设置完毕后，出一支喷雾水枪掩护厂区技术人员进行工艺处置。

操作完毕，指挥员举手喊"好"。

当听到"收操"的口令，参训人员将车辆、器材复位。

6. 操作要求

①参训人员个人防护装备符合防护要求，进入危险区人员必须穿着重型防化服，携带防爆通信、防爆照明等器材。

②DCS控制室侦察人员应准确掌握装置区温度、压力等情况，及时向指挥员反馈。

③安全员由指挥员兼任，要与参训人员明确撤离信号、撤离路线，并携带望远镜、测温仪、风速仪、强光手电、风向旗等。每名参训人员都应加强警惕，遇有险情及时撤离。如果不能及时撤离，要就地卧倒紧急避险。

④堵漏等工艺处置应由厂区技术人员承担。

⑤铺设水带时不得向泄漏方向打开。

⑥处置时要确认事故区雨排处于关闭状态。

⑦所有车辆必须加装防火帽。

⑧参训人员操作熟练、动作规范，相互之间配合默契。

八、费托合成装置灭火处置操

目前，费托合成装置作为煤间接制油广泛应用于煤化工企业。费是煤制油企业中的核心工艺，装置中主要介质石脑油、混合柴油、重柴油、氢气和硫化氢，均属易燃易爆危险化学品，这些物质能与空气形成爆炸性混合物，具有毒害性，易发生火灾、爆炸、毒害等危险性。如果不能有效控制，会造成邻近多个装置起火，作战时间长，处置难度大。为解决费托合成装置事故处置技术难题，特制定此操法，仅供学习借鉴。

1. 训练目的

通过训练，使消防员熟练掌握费托合成装置灭火处置技术、程序和方法。

2. 情况设定

假设一个费托合成装置框架6层E6102合成气-循环气二次换热器出口法兰焊缝泄漏发生火灾，邻近装置受到火势威胁。

3. 场地器材

在费托合成装置环形通道一侧停放3辆水罐消防车（1号、2号、4号车）、1辆举高喷射消防车（3号车）、1辆照明车（5号车，夜间使用），移动炮、分水器、空气呼吸器、隔热服、水带等器材装备，如图10.12所示。

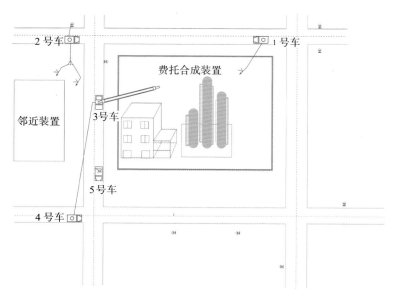

图 10.12　费托合成装置灭火处置操

4. 参训人员

1 号、2 号车组成冷却作战单元，3 号、4 号车组成高喷车作战单元，按作战单元编配作战人员。

5. 操作程序

参训人员佩戴好个人防护装备，做好操作准备。当听到"费托合成装置灭火处置操——开始"的口令，1 号车指挥员根据储罐大小，估算冷却药剂用量，合理确定任务分工，下达命令。

1 号车负责 DCS 控制中心侦察、冷却起火装置。

2 号车负责设置外观察哨、冷却邻近装置。

3 号车负责事故部位进出料阀门确认，开启氮气、蒸气系统。

4 号车负责为 3 号车供水。

各车辆驶入操作区展开战斗：

1 号车占据就近消火栓，参训人员编成 2 组：第一组出 1 门移动水炮对起火装置进行冷却；第二组进入 DCS 控制中心，设立内部观察哨，与相关技术人员通过 DCS 系统共同观察费托合成装置事故部位温度、压力、物料量等数据变化情况，查看装置区的界区阀、紧急切断阀等电动阀门是否关闭，并随时向指挥员汇报情况。

2 号车占据就近消火栓，参训人员编成 2 组：第一组出 2 门移动水炮对邻近装置进行冷却；第二组安全员占据有利位置，设置外部观察哨，判断风向，观察装置情况，做好通信联络，遇有紧急情况及时报告，发出紧急撤离信号。

3 号车停靠上风位置，参训人员编成 2 组：第一组利用高喷车对着火装置部位层进行喷雾水冷却；第二组确认装置进出料、界区进出料电动阀门处于关闭状态，如未关闭应在厂区技术人员的协助下关闭手动阀，开启氮气、蒸气系统，确认完毕后迅速撤离。

4 号车占据 3 号车附近消火栓，参训人员编成 2 组：第一组连接消火栓；第二组为 3 号车进行供水。

操作完毕，指挥员举手喊"好"。

当听到"收操"的口令，参训人员将车辆、器材复位。

6. 操作要求

①参训人员个人防护装备符合防护要求，必须戴好阻燃头套、消防手套、隔热服、空气呼吸器等个人防护装备，携带防爆通信、照明等器材，必要时应设置喷雾水枪掩护。

② DCS 控制室侦察人员应准确掌握事故装置管线内物料液位、压力、温度等参数，及时向指挥员反馈，适时进行冷却，确保邻近装置的安全。

③安全员由指挥员兼任，要与参训人员明确撤离信号、撤离路线，并携带望远镜、测温仪、风速仪、强光手电、风向旗等。每名参训人员都应加强警惕，遇有险情及时撤离。如果不能及时撤离，要就地卧倒紧急避险。

④水炮必须选用遥控水炮或水力自摆炮，每门水炮距装置距离应根据现场实地情况确认，以确保移动炮最佳射流仰角和冷却范围。

⑤水炮流量应为 25 ~ 40 L/s，不宜过大，冷却装置要均匀，不留死角。

⑥利用水炮固定架将水炮固定牢固，防止因后坐力冲击造成水炮移位、跌落。

⑦本操法训练只开展 1 ~ 2 个冷却作战单元实施冷却保护作战任务，移动炮、高喷车数量应根据邻近装置数量及大小进行实际确定，参考开展多个作战单元联合保护邻近储存装置训练。

⑧举高喷射消防车水炮应在被冷却装置事故部位上方开花出水，形成漫流冷却。

⑨车辆应停靠在便于撤离的位置，现场应考虑地势差，车辆停靠位置不应低于罐区水平面，防止流淌火对参训人员造成伤害。

⑩参训人员操作熟练、动作规范，相互之间配合默契。

九、内浮顶甲醇储罐冷却操

目前，甲醇作为生产原料、成品广泛应用于煤化工企业，甲醇的储存形式多为内浮顶储罐。在煤化工企业中，有的甲醇内浮顶储罐为铝合金易熔盘，有的没有氮封保护系统，有的氮封保护系统没有自力式调节阀，有的有通风口，一旦发生火灾突破本质安全，极易造成沉盘、卡盘等现象，对火灾扑救极为不利，如果不能有效控制，会造成邻近多个储罐起火，作战时间长，处置难度大。为解决内浮顶甲醇储罐冷却技术难题，特制定此操法，仅供学习借鉴。

1. 训练目的

通过训练，使消防员熟练掌握内浮顶甲醇储罐冷却处置技术、程序和方法。

2. 情况设定

假设一个内浮顶甲醇储罐发生火灾，邻近甲醇储罐受到火势威胁。

3. 场地器材

在储罐区环形通道一侧停放 3 辆水罐消防车（1 号、2 号、3 号车）和 1 辆举高喷射消防车（4 号车），移动炮、分水器、空气呼吸器、隔热服、水带等器材装备，如图 10.13 所示。

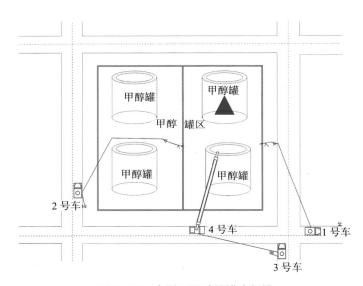

图 10.13　内浮顶甲醇储罐冷却操

4. 参训人员

1 号、2 号车组成冷却作战单元，3 号、4 号车组成高喷车作战单元，按作战单元编配作战人员。

5. 操作程序

参训人员佩戴好个人防护装备，做好操作准备。当听到"内浮顶甲醇储罐冷却操——开始"的口令，1 号车指挥员根据储罐大小，估算冷却药剂用量，合理确定任务分工，下达命令。

1 号车负责 DCS 控制中心侦察、冷却邻近罐。

2 号车负责设置观察哨、冷却邻近罐。

3 号车负责为 4 号车供水。

4 号车负责确认着火罐进出料阀门是否关闭、冷却邻近罐。

各车辆驶入操作区展开战斗:

1 号车占据就近消火栓,参训人员编成 2 组:第一组出 1 门移动水炮对邻近罐进行冷却;第二组进入 DCS 控制中心,设立内部观察哨,与相关技术人员通过 DCS 系统共同观察罐体温度、压力等数据变化情况,查看罐区的界区阀、罐根阀、罐与罐联通阀等电动阀门是否关闭,并随时向指挥员汇报情况。

2 号车占据就近消火栓,参训人员编成 2 组:第一组出 1 门移动水炮对邻近罐进行冷却;第二组安全员占据有利位置,设置外部观察哨,判断风向,观察罐体情况,做好通信联络,遇有紧急情况及时报告,发出紧急撤离信号。

3 号车占据 4 号车附近消火栓,参训人员编成 2 组:第一组连接消火栓;第二组为 4 号车进行供水。

4 号车停靠上风位置,参训人员编成 2 组:第一组支臂至罐顶,在罐顶进行漫流冷却;第二组确认罐底物料进出料、界区进出料电动阀门处于关闭状态,如未关闭应在厂区技术人员的协助下关闭手动阀,确认完毕后迅速撤离。

操作完毕,指挥员举手喊"好"。

当听到"收操"的口令,参训人员将车辆、器材复位。

6. 操作要求

①参训人员个人防护装备符合防护要求,戴好阻燃头套、消防手套、隔热服、空气呼吸器等个人防护装备,携带防爆通信、照明等器材,必要时应设置喷雾水枪掩护。

② DCS 控制室侦察人员应准确掌握储罐液位,及时向指挥员反馈,确保现场冷却液位以上 0.5 m 处的罐壁。

③安全员由指挥员兼任,要与参训人员明确撤离信号、撤离路线,并携带望远镜、测温仪、风速仪、强光手电、风向旗等。每名参训人员都应加强警惕,遇有险情及时撤离。如果不能及时撤离,要就地卧倒紧急避险。

④水炮必须选用遥控水炮或水力自摆炮,每门水炮距罐壁距离应根据现场实地情况确认,确保移动炮最佳射流仰角和冷却范围。

⑤水炮流量应为 25 ~ 40 L/s,不宜过大,冷却罐体要均匀,不留死角。

⑥利用水炮固定架将水炮固定牢固,防止因后坐力冲击造成移动水炮移位、跌落。

⑦本操法训练只开展 1 ~ 2 个冷却作战单元实施冷却保护作战任务,移动炮、高喷车数量应根据邻近罐数量及大小进行实际确定,参考开展多个作战单元联合保护邻近储罐训练。

⑧举高喷射消防车水炮应在被冷却罐罐顶上方开花出水，形成漫流冷却。

⑨如罐区有氮封系统，必须启动氮封系统保护邻近罐；如无氮封系统或氮封系统损坏，可通过外接注氮实施必要的保护。

⑩车辆应停靠在便于撤离的位置，现场应考虑地势差，车辆停靠位置不应低于罐区水平面，防止流淌火对参训人员造成伤害。

⑪参训人员操作熟练、动作规范，相互之间配合默契。

十、利用半固定泡沫灭火装置扑救甲醇储罐火灾操

为有效控制煤化工企业甲醇储罐泄漏、爆炸着火事故，防止火势扩大，解决甲醇储罐火灾处置技术难题，特制定本操法，仅供学习借鉴。此操法只适用于具有半固定设施的甲醇储罐火灾，邻近储罐冷却保护参考"内浮顶甲醇储罐冷却操"开展训练。

1. 训练目的

通过训练，使消防员熟练掌握利用半固定泡沫灭火装置扑救甲醇储罐火灾处置技术、程序和方法。

2. 情况设定

假设某煤化工企业储罐区甲醇储罐发生火灾，储罐区装有半固定泡沫灭火装置，固定泡沫灭火系统泡沫灭火药剂储量不足。初战力量到场后，利用泡沫消防车为半固定泡沫灭火装置输送抗溶性泡沫液，控制着火罐火势，等待后续增援力量，其他冷却邻近罐、现场侦察警戒抢险作战单元可同步按照相应操法展开。

3. 场地器材

在储罐区环形通道一侧停放 1 辆泡沫消防车（载有抗溶性泡沫），空气呼吸器、隔热服、分水器、水带、泡沫管枪等器材装备，如图 10.14 所示。

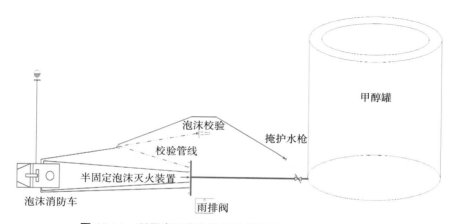

图 10.14　利用半固定泡沫灭火装置扑救甲醇储罐火灾操

4. 参训人员

指挥员、班长、驾驶员、1 号至 6 号员。

5. 操作程序

参训人员佩戴好个人防护装备，做好操作准备。当听到"利用半固定泡沫灭火装置扑救甲醇储罐火灾操——开始"的口令，指挥员合理确定任务分工，下达命令。

指挥员兼任现场安全员设置观察哨，观察罐体情况，与到场人员确认撤离路线和信号，遇有紧急情况及时发出紧急撤离信号。

班长确认手动雨排阀门关闭，打开半固定泡沫注入装置阀门。

1 号员铺设一条 80 mm 的水带干线设置一个分水器；2 号、3 号员携带 65 mm 水带与 1 支开花水枪，连接分水器，掩护 4 号员进入罐区关闭阀门，关闭阀门后与 4 号员共同退至安全地点；5 号员携带 65 mm 水带与分水器连接泡沫枪验证泡沫的发泡效果，校验完毕后将水带接口连接半固定设施；3 号员关闭阀门后，铺设 1 条 65 mm 的水带连接至半固定泡沫注入装置；5 号员铺设 2 条 65 mm 水带干线连接半固定泡沫注入装置。

驾驶员双干线连接消火栓，向泡沫车供水。

2 号、3 号员打开半固定泡沫注入装置开关。

1 号员切换分水器开关，驾驶员稳定向半固定装置连续供应泡沫灭火。

操作完毕，指挥员举手喊"好"。

当听到"收操"的口令，参训人员将车辆、器材复位。

6. 操作要求

①参训人员个人防护装备符合防护要求，戴好阻燃头套、消防手套、隔热服、空气呼吸器等个人防护装备，携带防爆通信、照明等器材，必要时应设置喷雾水枪掩护。

②安全员由指挥员兼任，要与参训人员明确撤离信号、撤离路线，并携带望远镜、测温仪、风速仪、强光手电、风向旗等。每名参训人员都应加强警惕，遇有险情及时撤离。如果不能及时撤离，要就地卧倒紧急避险。

③车辆应停靠在便于撤离的位置，现场应考虑地势差，车辆停靠位置不应低于罐区水平面，防止流淌火对参训人员造成伤害。

④处置的过程中，应加强对罐体的冷却，降低罐体内气体饱和蒸气压。

⑤在注入泡沫混合液前，必须由专人对泡沫液进行校验。

⑥在注入泡沫前，泡沫消防车泡沫比例混合器配比与泡沫混合比一致。

⑦泡沫消防车应确保不间断供给泡沫，泡沫消防车泵出口压力不得低于 1.1 MPa。

⑧训练时，要假设燃烧介质储量、燃烧量，估算泡沫灭火剂用量，要估算出 30 分钟使用泡沫用量，确保不间断向着火罐半固定泡沫灭火装置供应泡沫不低于 30 分钟。

同时，战勤保障作战单元可同步开展灭火剂调运、充装等训练。

⑨参训人员操作熟练、动作规范，相互之间配合默契。

十一、罐体液位温度监测操

煤化工企业储罐发生火灾时，现场需要实时监测罐体液位温度，监测的数据对火场科学决策尤为重要。为规范罐体液位温度监测方法，特制定本操法，仅供学习借鉴。

1. 训练目的

通过训练，使消防员熟练掌握罐体液位温度监测处置技术、程序和方法。

2. 情况设定

假设储罐发生火灾，罐体液位计损坏，无法监测体液位温度。罐体液位温度监测组进入罐区后，根据指挥员命令，立即向储罐区岗位员工调阅罐体液位实时监测记录本中最后一次罐体液位，确定储罐介质储量，并定时检测现场液位温度。

3. 场地器材

在储罐区环形通道一侧停放 1 辆抢险救援车，配备有热成像仪、测温仪、隔热服、防化服、空气呼吸器、防爆对讲机、记录本等器材装备，如图 10.15 所示。

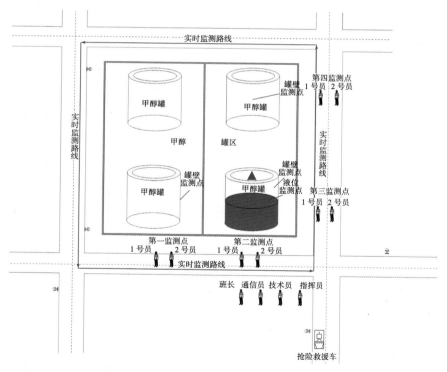

图 10.15　罐体液位温度监测操

4. 参训人员

指挥员、安全员、班长、1 号员、2 号员、通信员、企业技术人员。

5. 操作程序

参训人员佩戴好个人防护装备，做好操作准备。当听到"罐体液位温度监测操——开始"的口令，班长合理确定任务分工，下达命令。

安全员占据有利位置，设置外部观察哨，判断风向，观察罐体情况，做好通信联络，遇有紧急情况及时报告，发出紧急撤离信号。

1 号、2 号员利用热成像仪、测温仪监测，对着火罐不同位置监测热波和温度。

班长向企业技术人员了解情况，调阅罐体液位实时监测记录本中最后一次罐体液位数据和时间。

根据以上检测和调阅的数据，判定罐体液位和温度，通信员做好记录。

操作完毕，班长举手喊"好"。

当听到"收操"的口令，参训人员将车辆、器材复位。

6. 操作要求

①参训人员个人防护装备符合防护要求，戴好阻燃头套、消防手套、隔热服、空气呼吸器等个人防护装备，携带防爆通信、照明等器材，必要时应设置喷雾水枪掩护。

②安全员由班长兼任，遇到紧急情况，发出撤离信号。每名参训人员都应加强警惕，遇有险情及时撤离。如果不能及时撤离，要就地卧倒紧急避险。

③监测小组根据厂内监测记录本最后一次的记录，结合可燃液体燃烧速度和燃烧时间，估算罐体液体量。

④监测小组保持现场监测不间断，应每 5 分钟对罐体温度进行一次检测。

⑤通信员做好登记，及时向指挥部汇报。

⑥参训人员要熟练掌握检测仪器的使用方法，操作动作要规范、准确。

十二、储罐火灾手动关阀断料操

煤化工企业储罐区发生火灾，DCS 系统无法关阀断料时，如果现场不能及时采取手动关阀断料，会引发灾害事故扩大，后果不堪设想。为解决手动关阀断料技术难题，特制定此操法，仅供学习借鉴。

1. 训练目的

通过训练，使消防员熟练掌握储罐火灾手动关阀断料处置技术、程序和方法。

2. 情况设定

某煤化工储罐区发生火灾，DCS 系统无法关阀断料时，现场需要采取手动方式关阀断料，关闭事故区域进出料阀、界区阀、雨排阀等阀门。

3. 场地器材

在储罐区环形通道一侧停放 1 辆抢险救援车（1 号车）、1 辆水罐消防车（2 号车），空气呼吸器、隔热服、开花水枪、水带等器材装备，如图 10.16 所示。

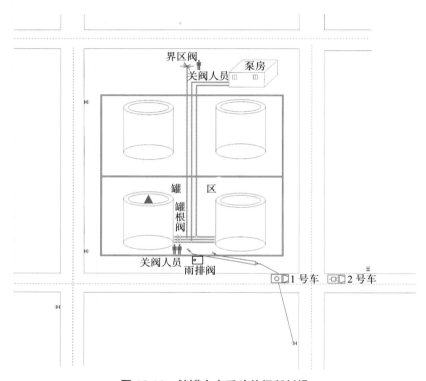

图 10.16　储罐火灾手动关阀断料操

4. 参训人员

水罐消防车：指挥员、驾驶员、1 号至 4 号员；抢险救援消防车：班长、安全员、1 号、2 号员。

5. 操作程序

参训人员佩戴好个人防护装备，做好操作准备。当听到"储罐火灾手动关阀断料操——开始"的口令，指挥员根据现场情况，合理确定任务分工，下达命令。

1 号车负责对关阀人员进行掩护。

2 号车负责 DCS 控制中心侦察和关阀。

各车辆驶入操作区展开战斗：

1 号车占据就近消火栓，单干线出 2 支开花水枪对关阀人员进行掩护。

2号车停于上风位置，班长进入 DCS 系统控制中心，监察罐区储罐液位、温度、压力，及时向指挥员汇报情况；1号员与厂区技术人员关闭雨排阀、事故区域进出料阀；2号员与厂区技术人员关闭事故区域界区阀；安全员占据有利位置，设置外部观察哨，判断风向，观察罐体情况，做好通信联络，遇有紧急情况及时报告，发出紧急撤离信号。

操作完毕，指挥员举手喊"好"。

当听到"收操"的口令，参训人员将车辆、器材复位。

6.操作要求

①参训人员个人防护装备符合防护要求，戴好阻燃头套、消防手套、隔热服、空气呼吸器等个人防护装备，携带防爆通信、照明等器材。

② DCS 控制室侦察人员应准确掌握储罐液位、温度、压力，发现危险及时向指挥员汇报。

③安全员由指挥员兼任，要与参训人员明确撤离信号、撤离路线，并携带望远镜、测温仪等器材。每名参训人员都应加强警惕，遇有险情及时撤离。如果不能及时撤离，要就地卧倒紧急避险。

④关阀断料必须由厂区技术人员配合进入事故区域操作，并实施水枪保护。同时，消防参训人员要了解关阀断料的阀门种类、位置和方法。

⑤车辆应停靠在便于撤离的位置，现场应考虑地势差，车辆停靠位置不应低于罐区水平面，防止流淌火对参训人员造成伤害。

⑥参训人员操作熟练、动作规范，相互之间配合默契。

十三、储罐区池火灭火操

储罐区发生火灾，防护堤内易形成池火，燃烧速度快，极易导致多个储罐起火。为解决储罐区池火灭火难题，特制定此操法，仅供学习借鉴。

1.训练目的

通过训练，使消防员熟练掌握储罐区池火灭火处置技术、程序和方法。

2.情况设定

假设储罐发生泄漏着火，防护堤内形成池火。

3.场地器材

在储罐区环形通道一侧停放3辆泡沫消防车（1号至3号车），罐区消火栓附近停放3辆水罐消防车（4号至6号车），泡沫钩管、分水器、泡沫管枪、隔热服、空气呼吸器、水带等器材装备，如图10.17所示。

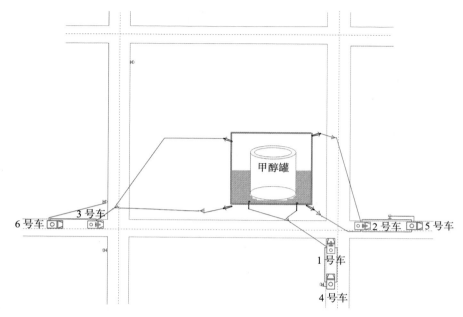

图 10.17　储罐区池火灭火操

4. 参训人员

1 号至 3 号车组成 3 个灭火作战单元，4 号至 6 号车组成 3 个供水作战单元，按作战单元编配作战人员。

5. 操作程序

参训人员佩戴好个人防护装备，做好操作准备。当听到"储罐区池火灭火操——开始"的口令，1 号车指挥员根据询情和侦察情况及防护堤容积大小，估算灭火力量，合理确定任务分工和所需器材种类、数量，下达命令。

1 号车负责设置观察哨、利用泡沫钩管覆盖灭火。

2 号、3 号车负责利用泡沫管枪覆盖灭火。

4 号至 6 号车负责供水。

各车辆驶入操作区展开战斗：

1 号车停于防护堤上风向一侧，指挥员通过 DCS 侦察人员了解罐体温度、压力等数据变化情况，参训人员编成 3 组：第一组安全员占据有利位置，设置外部观察哨，判断风向，观察罐体情况，做好通信联络，遇有紧急情况及时报告，发出紧急撤离信号；第二组出 2 根泡沫钩管在上风向防护堤进行覆盖灭火；第三组出 1 支泡沫管枪校验泡沫。

2 号车停于防护堤一侧，参训人员编成 2 组：第一组出 1 支泡沫管枪从防护堤内上风向进行覆盖灭火；第二组出 1 支泡沫管枪从防护堤一侧进行覆盖灭火。

3 号车停于防护堤另一侧，参训人员编成 2 组：第一组出 1 支泡沫管枪从防护堤内上风向进行覆盖灭火；第二组出 1 支泡沫管枪从防护堤另一侧进行覆盖灭火。

4 号至 6 号车参训人员以作战车辆进行编组，占据就近消火栓，连接消火栓，分别为 1 号至 3 号车进行供水。

操作完毕，指挥员举手喊"好"。

当听到"收操"的口令，参训人员将车辆、器材复位。

6. 操作要求

①参训人员个人防护装备符合防护要求，戴好阻燃头套、消防手套、隔热服、空气呼吸器等个人防护装备，携带防爆通信、照明等器材，必要时应设置喷雾水枪掩护。

② DCS 控制室侦察人员应准确掌握储罐罐体温度、液位、压力变化情况，及时向指挥员反馈。

③安全员由指挥员兼任，要与参训人员明确撤离信号、撤离路线，并携带望远镜、测温仪、风速仪、强光手电、风向旗等。每名参训人员都应加强警惕，遇有险情及时撤离。如果不能及时撤离，要就地卧倒紧急避险。

④泡沫消防车载泡沫种类、混合比、发泡倍数应一致，使用泡沫前要利用泡沫管枪进行泡沫校验。

⑤指挥员要根据燃烧物质种类，合理选用泡沫灭火剂。

⑥泡沫钩管覆盖灭火应在上风方向防火堤均匀设置，间隔距离约为 5 m。

⑦泡沫钩管、泡沫管枪、泡沫炮数量应根据防护堤大小确定。

⑧泡沫管枪、泡沫炮射流应喷射在防护堤或储罐距燃烧液面上方 50 cm 处形成反射，禁止直接打池内着火区域。

⑨灭火时，应在罐体周围设置冷却力量，加强对罐体的冷却保护。

⑩车辆应停于上风或侧上风方向及便于撤离的位置，现场应考虑地势差，车辆停靠位置不应低于罐区水平面，防止现场火势突变对参训人员造成伤害。

⑪参训人员操作熟练、动作规范，相互之间配合默契。

十四、流淌火灭火操

煤化工企业储罐、管线、阀门泄漏会有大量带压液体流出，发生火灾后易形成流淌火，流淌火蔓延速度快，威胁邻近区域。为扑灭流淌火，防止火势扩大，特制定此操法，仅供学习借鉴。

1. 训练目的

通过训练，使消防员熟练掌握流淌火灭火处置技术、程序和方法。

2. 情况设定

假设某储罐管线、阀门泄漏燃烧，由于堤内事故水漫堤，形成大面积流淌火。扑救流淌火必须遵循"围堵合击、分片消灭"的作战原则，操法只针对两个灭火作战单元扑救流淌火开展训练，实战中应根据流淌火面积合理估算现场所需扑灭流淌火力量。

3. 场地器材

事故罐区道路一侧停放 2 辆泡沫消防车（1 号、2 号车）、2 辆水罐车（3 号、4 号车），移动炮、分水器、空气呼吸器、隔热服、水带等器材装备，如图 10.18 所示。

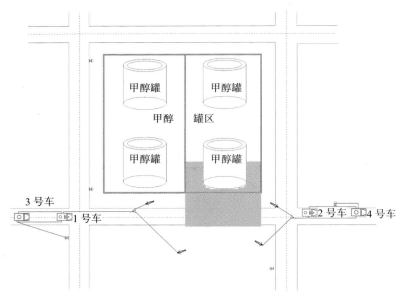

图 10.18　流淌火灭火操

4. 参训人员

1 号至 4 号车组成 2 个灭火作战单元，按作战单元编配作战人员。

5. 操作程序

参训人员佩戴好个人防护装备，做好操作准备。当听到"流淌火灭火操——开始"的口令，指挥员根据流淌火面积大小，估算灭火力量，合理确定任务分工，下达命令。

1 号、2 号车负责合围处置地面流淌火。

3 号、4 号车负责供水。

各车辆驶入操作区展开战斗：

1 号车选择上风方向安全位置停靠道路一侧，参训人员编成 2 组：各出 1 支泡沫枪在上风方向对流淌火进行覆盖灭火。指挥员兼任安全员观察现场情况，遇有紧急情况及时发出紧急撤离信号。

2号车选择上风方向安全位置停靠道路一侧，参训人员编成2组：各出1支泡沫枪在上风方向对流淌火进行覆盖灭火。

3号车占据1号车附近消火栓，参训人员编成2组：第一组连接消火栓；第二组为1号车进行供水。

4号车占据2号车附近消火栓，参训人员编成2组：第一组连接消火栓；第二组为2号车进行供水。

操作完毕，指挥员举手喊"好"。

当听到"收操"的口令，参训人员将车辆、器材复位。

6. 操作要求

①参训人员个人防护装备符合防护要求，戴好阻燃头套、消防手套、隔热服、空气呼吸器等个人防护装备，携带防爆通信、照明等器材，必要时应设置喷雾水枪掩护。

②安全员由指挥员兼任，要与参训人员明确撤离信号、撤离路线，随时观察现场情况。

③泡沫灭火之前必须由专人负责对泡沫进行校验，对水溶性液体流淌火，应使用抗溶性泡沫。

④车辆应停靠在便于撤离的位置，现场应考虑地势差，车辆停靠位置不应低于罐区水平面，防止流淌火造成参训人员伤害。

⑤筑堤围堵时应注意对地势低处、危险储罐、下风向的堵截。

⑥开展流淌火灭火操法训练时，应同步开展罐体和防护堤冷却操法训练，确保对储罐和防火堤进行冷却保护，防止罐体爆炸及防护堤开裂、塌陷。

⑦训练过程中，切忌急于展开战斗灭火，必须科学研判灾情，做好准备后，再统一行动。

⑧训练过程中，指挥部可以模拟调集社会联动力量联合处置，例如，协调厂区装载机选择合适位置，利用沙土填埋堵截流淌火，防止流淌顺地沟、排水沟等低洼处扩散到其他区域，导致火势蔓延扩大。

⑨参训人员操作熟练、动作规范，相互之间配合默契。

十五、防护堤打孔导流操

煤化工储罐区火灾事故易造成泄漏物料与灭火剂形成的事故水漫堤、防护堤垮塌，为防止事故水漫堤造成防护堤外形成大面积流淌火，我们利用水钻、导流管等革新器材进行打孔导流，从而降低防护堤内液位高度，特制定此操法，仅供借鉴参考。

1. 训练目的

通过训练，使消防员熟练掌握对着火罐区防护堤进行打孔，对防护堤内事故水进行导流的处置技术、程序和方法。

2. 情况设定

假设储罐区储罐发生火灾，防护堤高 1.8 m，指挥部命令到场的导流组做好打孔导流准备。处置过程中，发现堤内事故水积聚至 1.6 m，指挥部立即命令导流组实施打孔导流，将防护堤内液体排放至指定区域，防止堤内事故水漫堤形成流淌火。

3. 场地器材

储罐区道路一侧停放 1 辆抢险救援消防车（1 号车）、1 辆泡沫消防车（2 号车），水钻机、导流管等导流器材，泡沫管枪、隔热服、空气呼吸器、防爆对讲机等器材装备，如图 10.19 所示。

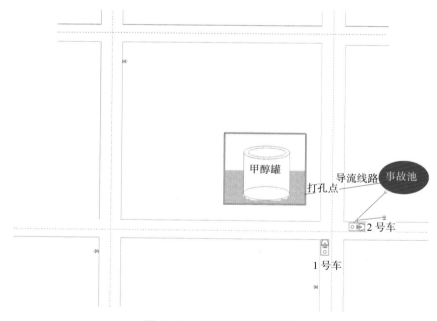

图 10.19　防护堤打孔导流操

4. 参训人员

抢险救援消防车：指挥员、安全员、班长、驾驶员、1 号至 3 号员；泡沫消防车：班长、驾驶员、1 号至 3 号员。

5. 操作程序

参训人员佩戴好个人防护装备，做好操作准备。当听到"防护堤打孔导流操——开始"的口令，指挥员根据询情、侦察情况，下达命令。

1 号车负责对事故水进行打孔导流。

2 号车负责对导流出的事故水进行泡沫覆盖。

各车辆驶入操作区展开战斗：

安全员观察罐体情况，遇有紧急情况及时发出紧急撤离信号。

1 号车班长、1 号至 3 号员携带打孔导流器材进入事故现场，班长对罐区防护堤进行打孔，1 号员携带卷线盘配合班长进行打孔，2 号员将导流管安装在防护堤上，3 号员铺设引流水带连接 2 号员的导流管，将事故水引流至事故水池。

2 号车班长、1 号员、2 号员各出 1 支泡沫枪待导流完毕后对事故水池进行覆盖，3 号员利用附近消火栓为泡沫消防车供水。

操作完毕，指挥员举手喊"好"。

当听到"收操"的口令，参训人员将车辆、器材复位。

6. 操作要求

①参训人员个人防护装备符合防护要求，戴好阻燃头套、消防手套、隔热服、空气呼吸器等个人防护装备，携带防爆通信、照明等器材，必要时应设置喷雾水枪掩护。

②安全员要与参训人员明确撤离信号、撤离路线，并携带望远镜、测温仪、风速仪、强光手电、风向旗等。每名参训人员都应加强警惕，遇有险情及时撤离。如果不能及时撤离，要就地卧倒紧急避险。

③泡沫覆盖之前必须由专人负责对泡沫进行校验。

④车辆应停靠在便于撤离的位置，现场应考虑地势差，车辆停靠位置不应低于罐区水平面，防止流淌火对参训人员造成伤害。

⑤打孔导流应在事故水达到防护堤 2/3 前进行打孔，打孔位置为物料输送管线以上防护堤 2/3 以下，保证事故水对管线进行冷却保护（并将手动阀门开关留在液位上，便于开关阀），防止管线长期烘烤爆炸。

⑥指挥员在导流前，要判定罐区内泄漏物料种类，合理选用泡沫灭火剂。

⑦根据现场情况可设置多个打孔导流组同时实施打孔导流。

⑧指挥部要协调调集挖掘机等工程机械车，计算储罐区防护堤最大容积，决策现场需要准备的事故水池数量和容积。

⑨参训人员操作熟练、动作规范，相互之间配合默契。

十六、全压力球型罐火灾冷却保护操

目前，煤化工的液化烃储存方式主要是以全压力球型罐为主，一旦泄漏引发火灾，邻近球型罐将受到火势威胁，易发生爆炸着火。为保护邻近球型罐，防止事故扩大，特制定此操法，仅供学习借鉴。

1. 训练目的

通过训练，使消防员熟练掌握全压力式球型罐火灾冷却保护处置技术、程序和方法。

2. 情况设定

假设一个全压力液化烃球型储罐泄漏起火，邻近罐受到威胁。

3. 场地器材

在液化烃罐区环形通道一侧停放 1 辆抢险救援车（1 号车），8 辆水罐消防车（2 号车至 9 号车），移动炮、空气呼吸器、隔热服、可燃气体检测仪、有毒气体探测仪、水带等器材装备，如图 10.20 所示。

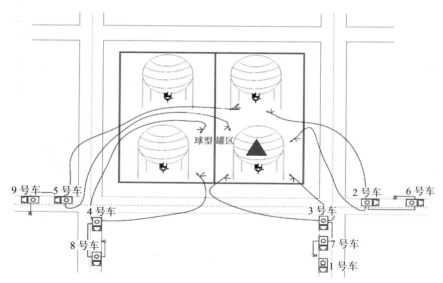

图 10.20　全压力球型罐火灾冷却保护操

4. 参训人员

1 号车组成侦检作战单元，2 号至 5 号车组成冷却保护作战单元，6 号至 9 号车组成供水作战单元，按作战单元编配参训人员。

5. 操作程序

参训人员佩戴好个人防护装备，做好操作准备。当听到"全压力球型罐火灾冷却保护操——开始"的口令，1 号车指挥员根据储罐大小，估算冷却药剂用量，合理确定任务分工，下达命令。

1 号车负责设置内部和外部观察哨及侦检、警戒。

2 号至 5 号车负责冷却着火罐及相邻罐。

6 号至 9 号车负责为 2 号至 5 号车供水。

各车辆驶入操作区展开战斗：

1 号车停靠于上风向，参训人员编成 3 组：第一组 1 名班长进入 DCS 控制中心，与相关技术人员通过 DCS 系统共同观察罐体温度、压力等数据变化情况，并随时向指挥员汇报情况；第二组 1 名指挥员兼任安全员占据有利位置，设置外部观察哨，判断风向，观察罐体情况，做好通信联络，遇有紧急情况及时报告，发出紧急撤离信号；第三组侦检小组携带侦检仪器进入事故现场划定安全区域。

2 号至 5 号车停靠于上风方向，每车参训人员编成 2 组：每组在着火罐及相邻罐架设 1 门移动炮对罐体进行冷却。

6 号至 9 号车连接厂区消火栓为 2 号至 5 号车进行供水。

6. 操作要求

①参训人员个人防护装备符合防护要求，戴好阻燃头套、消防手套、隔热服、空气呼吸器等个人防护装备，携带防爆通信、照明等器材，必要时应设置喷雾水枪掩护。

② DCS 控制室侦察人员应准确掌握储罐液位，及时向指挥员反馈，确保现场冷却部位液位以上 0.5 m 处的罐壁。

③安全员由指挥员兼任，要与参训人员明确撤离信号、撤离路线，并携带望远镜、测温仪、风速仪、强光手电、风向旗等。每名参训人员都应加强警惕，遇有险情及时撤离。如果不能及时撤离，要就地卧倒紧急避险。

④消防车辆应在上风或侧上风方向储罐区道路一侧。

⑤水炮必须选用遥控水炮或水力自摆炮，每门水炮距罐壁距离应根据现场实地情况确认，确保移动炮最佳射流仰角和冷却范围。

⑥相邻罐冷却移动炮应布置在迎火面，流量不宜过大，冷却应当均匀，不留空白点。

⑦冷却水炮设置完成后，所有参训人员应当及时撤离到安全区域，远距离观察罐区情况。

⑧参训人员操作熟练、动作规范，相互之间配合默契。

> ## 附录1
> # 煤化工主要危险品名录

1. 氨

分子式：NH$_3$

分子量：17.0

英文名称：Ammonia

别名：阿摩尼亚

危险分类及编号：有毒气体。GB2.3 类 23003。CAS 7664-41-7。UN No. 1005。IMDG CODE 2014 页，2.3 类。副危险 3 类和 6.1 类。

用途：用于制造氨盐、硝酸、尿素等。

物化性质：无色气体，有刺激臭味。易于液化，在 20 ℃下 891 kPa 即可液化，并放出大量的热。液氨的温度变化时，体积变化的系数很大。相对密度 0.771。熔点 −77.7 ℃。沸点 −33.35 ℃。临界温度 132.44 ℃。蒸气相对密度 0.597。易溶于水，形成氢氧化氨。溶于乙醚等有机溶剂。

危险特性：氨虽有易燃性的危险，但只在烈火情况下，在有限的区域内才显示出来。若有油脂或其他可燃物存在，能增强燃烧危险。爆炸极限为 16% ～ 25%（V/V）。自燃点 651 ℃。高毒，氨对皮肤、黏膜和眼睛有腐蚀性。在空气中的允许限值为 20 mg/m^3。

应急措施：①消防方法：消防人员必须穿戴全身防护服，切断一切气源。用水保持火场中容器冷却。用水喷淋保护切断气源的人员。②急救：救护人员必须穿戴全身防护服，使吸入氨气的患者急速脱离污染区。若呼吸微弱或停止时，立即进行人工呼吸，同时输氧，安置休息并保暖。严重者立即送医院救治。眼睛或皮肤受污染者，用大量流动清水冲洗 15 分钟以上，同时脱下受污染的衣服，迅速就医诊治。

储运须知：①包装标志：腐蚀品。②包装方法：用耐低压或耐中压的钢瓶装。③储运条件：储存于阴凉、通风良好的专用库房。远离热源、火源。设备都要接地线。与其他化学物品，特别是氧化性气体，以及氟、溴、碘和酸类油脂等隔离储运。平时检查漏气情况。搬运时穿戴全身防护服，戴好钢瓶安全帽及防震橡皮圈，避免滚动和撞击，防止容器受损。

泄漏处理：先切断一切火源，对泄漏物处理必须戴好防毒面具和全身防护服。钢瓶泄漏应使阀门处于顶部，并关闭钢瓶阀门，无法关闭时，应将钢瓶浸入水中。对残余废气和钢瓶中泄漏出来的气体，用排风机排至水洗塔或与塔相连的通风橱中。

2. 2- 氨基乙醇

分子式：$HOCH_2CH_2NH_2$

分子量：61.1

英文名称：2-Aminoethanol

别名：乙醇胺，Acetaldehyde ammonia，Acetaldehyde ammonia

危险分类及编号：碱性腐蚀品。GB8.2 类 82504。CAS 141-43-5。UN No.1841。IMDG CODE 9021 页，8.2 类。

用途：通用试剂，有机合成，橡胶硫化促进剂。

物化性质：白色结晶性固体。在空气中逐渐变成黄至棕色。熔点 97 ℃。沸点 110 ℃（部分水解）。溶于水。微溶于乙醚。

危险特性：可燃。暴漏于热源或明火时有燃烧危险。遇热分解出氨和乙醛，与氧化剂接触反应。对眼睛和黏膜有刺激。遇热分解出有毒烟雾。

应急措施：①消防方法：用水、干粉、抗溶性泡沫、二氧化碳灭火。消防人员必须穿戴全身防护服和氧气防毒面具。用水保持接近火场容器冷却。用水冲散泄漏的物品，以免着火扩大火灾。用水喷淋保护堵漏的人员。②急救：应使吸入气体的患者脱离污染区，移至新鲜空气处，安置休息并保暖。眼睛受刺激者用大量流动清水冲洗。皮肤接触者用水冲洗，再用肥皂彻底洗涤。误服立即漱口，急送医院抢救。

储运须知：①包装标志：腐蚀品。②包装方法：Ⅱ 类，玻璃瓶外木箱内衬垫料。③储运条件：储存于阴凉、干燥、通风良好的仓间内。与酸类、氧化剂隔离储运。

泄漏处理：先切断一切火源，对泄漏物处理必须戴好防毒面具与全身防护服。撒上足量的硫酸氢钠，用水混匀后再用大量水冲洗，经稀释的污水排入废水系统。

3. 苯酚

分子式：C_6H_5OH

分子量：94.1

英文名称：Phenol

别名：酚，石炭酸，Carbolic acid，Hydroxybenzene，Phenylic acid

危险分类及编号：毒害品。GB6.1 类 61067。CAS 108-95-2。UN No.1671、2312。

IMDG CODE 6224、6225 页，6.1 类。

用途：合成树脂、合成纤维、塑料的材料，有机合成、医药、染料、防腐剂等。本厂酚回收装置生产粗酚产品。

物化性质：无色或白色结晶，块状，带显著气味及尖锐灼烧味道，若不完全纯粹在光影响下，变粉红或红色，由空气中吸收水分而液化。相对密度 1.058。熔点 41 ℃。沸点 181.7 ℃。折射率 1.576。溶于水呈酸性。溶于水、乙醇、醚、氯仿、甘油、二硫化碳、石油、油类及碱类。在石油醚中几乎不溶解。

危险特性：易燃。闪点 79 ℃。加热时能与空气形成爆炸性混合物。有刺激性和毒性。腐蚀性强。吸入高浓度蒸气可产生眩晕、昏迷、麻木、痉挛、食欲不振等症状。蒸气与液体都能严重损伤眼睛和黏膜。若溅入眼内能引起结膜灼伤，有恶心、呕吐、腹痛等症状，或出现黄疸及肝、肾损伤。

应急措施：①消防方法：用水、干粉、泡沫、二氧化碳灭火。消防人员必须穿戴全身防护服和防毒面具。②急救：眼睛受污染者用水冲洗。皮肤受污染者先用酒精擦拭，再用肥皂及清水洗涤。

储运须知：①包装标志：毒害品。②包装方法：Ⅱ类，用镀锌铁桶或玻璃瓶外木箱内衬垫料。③储运条件：储存于阴凉处，远离热源和明火。

泄漏处理：对泄漏物处理必须戴好防毒面具与手套。用碱水冲洗，经稀释的污水排入废水系统。

4. 丙烷

分子式：$CH_3CH_2CH_3$

分子量：44.1

英文名称：Propane

别名：三碳烷烃

危险分类及编号：易燃气体。GB2.1 类 21011。CAS 74-98-6。UN No.1978。IMDG CODE 2131 页，2.1 类。副危险 3 类。

用途：可裂解生产乙烯和丙烯，也可用于石油产品的脱蜡及脱沥青；乙烯酯类的聚合过程及脂肪萃取；民用煤气、液化气产品中含有丙烷。

物化性质：无色、无臭易燃气味。可被液化或固化。相对密度 0.585（-44.5 ℃）。凝固点 -187.1 ℃。沸点 -42.1 ℃。临界温度 96.8 ℃。微溶于水、乙醇和乙醚。临界压力 4.26×10^6 Pa。蒸气压 1.17 kPa（25 ℃），蒸气相对密度 1.6。

危险特性：极易燃。自燃点 537 ℃。最大燃烧速度 0.45 m/s。最小着火能量 2.5×10^5 J。在空气中燃烧发出有烟而光亮的火焰。最高火焰温度 2155 ℃。气体能与空气形成爆炸性混合物。爆炸极限为 2.1% ～ 9.5%（V/V）。遇明火、热源有着火、爆炸危险。与氧化剂剧烈反应。微毒。高浓度吸入会引起麻醉作用。空气中丙烷浓度达到1% 时，人短暂接触不出现症状；浓度为 10% 时，对眼、鼻和呼吸道无明显刺激，但几分钟后可产生轻度头晕。

应急措施：①消防方法：参照氢气。但必须注意地面和死角处的通风置换。②急救：应使吸入气体的患者脱离污染区，移至新鲜空气处，安置休息并保暖。当呼吸失调时进行输氧，如呼吸停止，立即进行口对口的人工呼吸，并送医院急救。

储运须知：①包装标志：易燃气体。②包装方法：耐压钢瓶装。③储运条件：储存于通风良好的、阴凉的专用库房内，严禁曝晒。远离热源、火源和可燃物。与氧化剂隔离储运。搬运时要戴好钢瓶的安全帽及防震橡皮圈，防止钢瓶撞击。

泄露处理：管道、法兰或阀门泄漏：关闭泄漏点两侧的阀门，通过旋紧法兰或阀门螺栓制止泄漏；若泄漏点前端无阀门或阀门已坏，封闭现场。储罐轻微泄漏：将储罐泄压，用浸水的棉纱、抹布放在泄漏处，利用液态丙烷气化吸热，让其结冰延缓泄漏。厂区大面积泄漏：迅速撤离泄漏污染区人员至上风处，并进行隔离，严格限制出入。切断火源。建议应急处理人员戴自给正压式呼吸器，穿防静电工作服。尽可能切断泄漏源。用工业覆盖层或吸附 / 吸收剂盖住泄漏点附近的下水道等地方，防止气体进入。合理通风，加速扩散。喷雾状水稀释、溶解。构筑围堤或挖坑收容处理过程产生的大量废水。

5. 丙烯

分子式：C_3H_6

分子量：42.08

英文名称：Propylene，Propene

危险分类及编号：易燃气体。GB2.1 类 21018。CAS 115-07-1。IMDG CODE 2131 页，2.1 类。副危险 3 类。

用途：丙烯是三大合成材料的基本原料，主要用于生产聚丙烯、丙烯腈、异丙醇、丙酮和环氧丙烷等。

物化性质：无色、稍带有甜味的气体。液态密度 0.5139 g/cm^3（20/4 ℃），气体密度 1.905（0 ℃，101 325 Pa.abs）。冰点 -185.3 ℃。沸点 -47.4 ℃。稍有麻醉性，在815 ℃、101.325 kPa 下全部分解。易燃，爆炸极限为 2% ～ 11%。不溶于水，溶于有机溶剂，是一种低毒类物质。

危险特性：易燃，与空气混合能形成爆炸性混合物。遇热源和明火有燃烧爆炸的危险。为单纯窒息剂及轻度麻醉剂。人吸入丙烯可引起意识丧失，当浓度为 15% 时，需30 分钟；24% 时，需 3 分钟；35% ～ 40% 时，需 20 秒钟；40% 以上时，仅需 6 秒钟，并引起呕吐。长期接触可引起头昏、乏力、全身不适、思维不集中。个别人胃肠道功能发生紊乱。

应急措施：①消防方法：参照氢气。但必须注意地面和死角处的通风置换。②急救：应使吸入气体的患者脱离污染区，移至新鲜空气处，安置休息并保暖。当呼吸失调时进行输氧，如呼吸停止，立即进行口对口的人工呼吸，并送医院急救。

储运须知：①包装标志：易燃气体。②包装方法：耐压钢瓶装。③储运条件：储存于通风良好的、阴凉的专用库房内，严禁曝晒。远离热源、火源和可燃物。与氧化剂隔离储运。搬运时要戴好钢瓶的安全帽及防震橡皮圈，防止钢瓶撞击。

泄漏处理：迅速撤离泄漏污染区人员至上风处，并进行隔离，严格限制出入。切断火源。建议应急处理人员戴自给正压式呼吸器，穿消防防护服。尽可能切断泄漏源。用工业覆盖层或吸附/吸收剂盖住泄漏点附近的下水道等地方，防止气体进入。合理通风，加速扩散。喷雾状水稀释、溶解。构筑围堤或挖坑收容产生的大量废水。如有可能，将漏出气用排风机送至空旷地方或装设适当喷头烧掉。漏气容器要妥善处理，修复、检验后再用。

6. 氮（液化的）

分子式：N 和 N_2

分子量：14.0 和 28.0

英文名称：Nitrogen （refrigerated liquid）

危险分类及编号：不燃气体。GB2.2 类 22006。UN No.1977。IMDG CODE 2163 页，2.2 类。

用途：用于合成氨，进一步合成硝酸、化肥及其他含氮化合物，用作冶金、电子、色谱分析、半导体器件制备、电器、化学和食品包装惰性气体。液态用作制冷剂、医疗、集成电路的外延清洗、退火、封装等。

物化性质：在室温下不与空气、碱、水反应，加热到 3273 K 时，只有 0.1% 分解。氮的最重要的矿物是硝酸盐。氮有两种天然同位素：氮 14 和氮 15，其中氮 14 的丰度为 99.625%。晶体结构：晶胞为六方晶胞。元素类型：非金属元素。氮气为无色、无味的气体。氮通常的单质形态是氮气。其无色无味无臭，是很不易有化学反应呈化学惰性的气体，而且它不支持燃烧。主要成分：高纯氮 ≥ 99.999%；工业级一级 ≥ 99.5%；二级 ≥ 98.5%。外观与性状：无色无臭气体。溶解性：微溶于水、乙醇。

危险特性：氮气钢瓶在日光下曝晒或搬运时摔甩，易使钢瓶中的氮气膨胀。如果钢瓶铜阀门被摔坏，容易引起爆裂。氮气本身无毒，但能在密封空间内置换空气。当氮气在空气中的分压升高，而氧分压降到 13.3 kPa 以下时，则可引起窒息，严重时可出现呼吸困难，如不及时处置，则可引起意识丧失而死亡。液氮可引起皮肤和其他肌体组织的严重冻伤。

应急措施：①消防方法：用雾状水保持火场中容器冷却。可用雾状水喷淋加速液态蒸发但不可使水枪射至液氮。②急救：应使患者脱离污染区，移至新鲜空气处，安置休息并保暖。如液氮与皮肤接触须用水冲洗，如果引起冻伤，须就医诊治。

储运须知：①包装标志：不燃气体。②包装方法：压缩氮通常用耐高压钢瓶或高压储罐储运。液氮用特殊绝热容器（如杜瓦瓶）在极低的温度下装运，这种低温通过液化气体的蒸发来保持或低温槽车运输。③储运条件：储存于阴凉、通风良好的库房内，最好专库专储。远离热源、火源。钢瓶装氮气，平时用肥皂水检查钢瓶是否漏气。搬运时要戴好钢瓶的安全帽及防震橡皮圈，避免滚动和撞击，防止容器受损。液氮存放在特殊绝热的容器中，依靠液化气体的蒸发来保持低温，故不易储存。

泄漏处理：处理泄漏物必须穿戴氧气防毒面具和全身防护服，防止液氮灼伤。关闭泄漏的钢瓶阀门，并用雾状水保护关闭阀门人员。进行通风，将氮气排入大气中。

7. 蒽（油）

分子式：$C_{14}H_{10}$

分子量：178.22

英文名称：Anthracene oil

别名：精蒽，绿油脑

危险分类及编号：其他腐蚀品。GB8.3 类 83018。CAS 120-12-7。

用途：是制造涂料、电极、沥青焦、炭黑等的原料，可提取蒽、菲、咔唑等化工原料。

物化性质：黄绿色油状液体。室温下有结晶析出，结晶为黄色，有蓝色荧光。不溶于水，微溶于乙醇和乙醚，有强烈刺激性。熔点 217 ℃。沸点 345 ℃。蒸气压 133.3 Pa（145 ℃）升华。蒸气相对密度 6.15。

危险特性：可燃，自燃点 540 ℃，闪点 121.11 ℃（闭杯），爆炸极限：下限 0.6%，并有腐蚀性，属有机腐蚀物品。遇高热、明火或铬酸有爆炸危险。毒性，纯品蒽，小鼠经口 LD_{50}：2.3 g/kg；工业品蒽，小鼠经口 LD_{50}：4.88 g/kg。遇氧化剂激烈反应。刺激眼睛及呼吸道。误服刺激肠胃。

应急措施：①消防方法：消防人员穿戴全身防护服。用二氧化碳、干粉灭火。用水可能引起沸腾或飞溅，容易灼伤人员。②急救：应使患者脱离污染区，移至新鲜空气处，安置休息并保暖。眼睛受刺激者用水冲洗。皮肤接触者先用水冲洗，再用肥皂彻底洗涤，严重者就医诊治。误服急送医院救治。

储运须知：①包装标志：腐蚀品。②包装方法：包装密封。应与氧化剂分开存放，切忌混储。③储运条件：储存于阴凉、通风的仓间内。远离火种、热源。与氧化剂隔离储运。

泄漏处理：对泄漏物处理必须穿戴好防毒面具与手套。扫起倒至空旷地方深埋或安全地区焚烧。

8. 二氧化硫

分子式：SO_2

分子量：64.1

英文名称：Sulfur dioxide

别名：无水亚硫酸，亚硫酸酐

危险分类及编号：有毒气体。GB2.3 类 23013。CAS 7446-09-5。UN No.1079。IMDG CODE 2179 页，2.3 类。副危险 6.1 类。

用途：用于农业熏蒸剂、杀菌剂、漂白剂、造纸、鞣革、各种亚硫酸盐或其他化学试剂的制造。

物化性质：无色、有强烈刺激性的气体。极易液化。-10 ℃时在常压下是一种无色液体。有水分存在时呈现还原作用。相对密度 1.5（液体）。熔点 -72 ℃。沸点 -10 ℃。临界温度 157.2 ℃，临界压力 7.87×10^6 Pa。蒸气压 338.3 kPa（21.1 ℃）。溶于水、硫酸、乙酸、醇、氯仿和醚等。

危险特性：不燃。二氧化硫是一种危险性气体，主要经呼吸道吸入，对局部有刺激的腐蚀作用。对皮肤、眼睛及黏膜有腐蚀性和毒性。蒸气刺激呼吸系统，能造成支气管炎和窒息。刺激眼睛，造成结膜炎。在空气中容许限值 PC-TWA：5 mg/m^3；PC-STEL：10 mg/m^3。

应急措施：①消防方法：消防人员穿戴有氧气防毒面具的全身防护服。关闭钢瓶阀门，以杀火势。用水保护火场中的钢瓶使其冷却，并迅速转移到安全地带。②急救：应使吸入蒸气的患者脱离污染区，安置休息并保暖，严重者就医医治并输氧。如果呼吸停止，须立即进行人工呼吸。眼睛或皮肤受刺激者用大量流动清水冲洗，并就医诊治。

储运须知：①包装标志：有毒气体。②包装方法：高压钢瓶储装。③储运条件：储存于阴凉、通风良好的仓间内，避免容器受日光直晒或受热。远离热源和火种。与有机物、可燃物、氧化剂和其他可燃物品隔离储运。平时检查钢瓶是否漏气。搬运时须套防震橡皮圈，防止撞击和剧烈运动，避免容器受损。

泄漏处理：对泄漏物处理必须穿戴氧气防毒面具与手套。对残余气体或钢瓶泄漏出来的气体用排风机排送到水洗塔或与塔相连的通风橱内。

9. 二硫化碳

分子式：CS₂

分子量：76.1

英文名称：Carbon disulfide

危险分类及编号：易燃液体。GB3.1 类 31050。CAS 124-38-9。UN No.1131。IMDG CODE 3109 页，3.1 类。副危险 6.1 类。

用途：溶剂。用于制取四氯化碳、橡胶促进剂、高含量不溶性硫黄、粘胶纤维、玻璃纸、杀菌剂、选矿剂、羊毛脱脂剂。本厂所购 CS₂ 用于加氢催化剂和制氢变换催化剂预硫化等。

物化性质：无色或淡黄色易挥发、易燃液体。纯品有微弱芳香味，粗品有不愉快臭气。相对密度 1.261。熔点 -110.8 ℃。沸点 46.5 ℃。折射率 1.6295（18 ℃）。蒸气压 61.3 kPa（28 ℃）。蒸气相对密度 2.64。漏光易变质，生成棕色絮状沉淀，臭味增加。不溶于水。溶于乙醇和醚。与一般有机溶剂混溶。

危险特性：闪点 -30 ℃。自燃点 90 ℃。蒸气即使接触亮着的普通灯泡也可燃着。气体能与空气形成范围宽广的爆炸性混合物。爆炸极限为 1.3%～50%（V/V）。在空气中容许限值 PC-TWA：5 mg/m³；PC-STEL：10 mg/m³。受热分解释放出有毒的氧化硫烟雾。与铝、锌、钾、氟、氯、叠氮化合物等反应剧烈，有引起着火、爆炸的危险。本品容易产生和积聚静电，经高速冲击、流动、激荡后可因静电放电而引起着火、爆炸。吸入高浓度蒸气会引起麻醉作用，使人失去知觉。对眼睛、皮肤和呼吸系统有刺激性。影响神经系统和心脏血管系统。

应急措施：①消防方法：消防人员穿戴有氧气防毒面具的全身防护服。关闭钢瓶阀门，以杀火势。用水保护火场中的钢瓶使其冷却，并迅速转移到安全地带。②急救：应使吸入蒸气的患者脱离污染区，安置休息并保暖，严重者就医医治。眼睛受刺激者用水冲洗。皮肤接触者先用水冲洗，再用肥皂彻底洗涤，严重者就医诊治。误服立即漱口、诱吐，急送医院救治。

储运须知：①包装标志：易燃有毒品。②包装方法：高压钢瓶储装。③储运条件：储存于阴凉、通风良好的仓间内，避免容器受日光直晒或受热。远离热源和火种。与有机物、可燃物、氧化剂和其他可燃物品隔离储运。储罐须放置在水泥水池内，罐内用水或惰性气体封闭。

泄漏处理：先切断一切火源，对泄漏物处理必须穿戴防毒面具与手套。用沙土吸收，送至安全空旷处烧掉。对污染地面用不燃性分散剂制成乳液洗刷，经稀释的污水放入废水系统。大面积泄漏时，周围应设雾状水幕抑爆。

10. 二甲醚

分子式：C_2H_6O

分子量：46.7

英文名称：Methyl ether，Dimethyl ether

别名：甲醚

危险分类及编号：易燃液体。GB2.1 类 21040。CAS 115-10-6。VN No.1103。IMDG CODE，2.1 类。

用途：用做致冷剂、溶剂、萃取剂、聚合物的催化剂和稳定剂。

物化性质：无色、有轻微醚香味的气体。具有惰性，无腐蚀性、无致癌性，还具有优良的混溶性，能同大多数极性和非极性有机溶剂混溶。在 100 mL 水中可溶解 3.700 mL 二甲醚气体，且二甲醚易溶于汽油、四氯化碳、丙酮、氯苯和乙酸甲酯等多种有机溶剂，加入少量助剂后就可与水以任意比互溶。其燃烧时火焰略带亮光。在常温、常压下为无色、无味气体，在压力下为液体，性能与液化石油气（LPG）相似。蒸气压 0.51 MPa（20 ℃）。熔点 -138.5 ℃。沸点 -24.9 ℃。蒸发热（-20 ℃）410 kJ/kg。临界温度 127 ℃。自燃温度 235 ℃。液体密度（20 ℃）0.67 kg/L。爆炸极限为 3%～17%（V/V）。蒸气密度 1.61 kg/m。闪点 -41 ℃。

危险特性：易燃气体。与空气混合能形成爆炸性混合物。接触热、火星、火焰或氧化剂易燃烧爆炸。接触空气或在光照条件下可生成具有潜在爆炸危险性的过氧化物。气体比空气重，能在较低处扩散到相当远的地方，遇明火会引着回燃。若遇高热，容器内压增大，有开裂和爆炸的危险。对中枢神经系统有抑制作用，麻醉作用弱。吸入后可引起麻醉、窒息感。对皮肤有刺激性。

应急措施：①消防方法：使用雾状水、抗溶性泡沫、干粉、二氧化碳、砂土灭火。尽快切断气源。喷水冷却容器，尽快将容器从火场移至空旷处。②急救：对吸入者，迅速将其转移至空气新鲜处，保持呼吸道通畅。如呼吸困难，给输氧。

储运须知：①包装标志：易燃气体。②包装方法：大容量储槽采用 -25℃的低温贮槽储存。③储运条件：二甲醚（DME）与 LPG 持有相似的物性，国内法规中的高压气体安全法规仍适用。输送与储藏系统也与 LPG 相同。对金属无腐蚀，对运输船只、管材、储槽等与 LPG 无太大差别。用低温储槽，只需要一般的 BOG(气化气) 的再液化设备，但所要求的压力可比 LPG 略低。

泄漏处理：迅速切断电源，切断火源，撤离泄漏污染区人员至安全地带，并进行隔离，严格限制出入。应急处理人员按规定佩戴好防护用品尽可能切断泄漏源。大量泄漏时，喷雾状水冷却和稀释二甲醚蒸气，保护现场人员。

11. 甲醇

分子式：CH₃OH

分子量：32.0

英文名称：Methanol

别名：木醇，木精，哥伦比亚酒精

危险分类及编号：易燃液体。GB3.2 类 32058。CAS 67-56-1。UN No.1230。IMDG CODE 3151 页，3.2 类。副危险 6.1 类。

用途：用于生产甲醛、氯甲烷、甲胺、硫酸二甲酯和农药、医药等的原料。

物化性质：相对密度 0.7914。熔点 -93.9 ℃。沸点 65 ℃。折射率 1.3288（18 ℃）。蒸气压 12.8 kPa（20 ℃）。蒸气相对密度 1.1。临界压力 7.96 × 10⁶ Pa。可能有静电作用。能与水、乙醇、醚、苯、酮类和其他有机溶剂混合，能与多种化合物形成共沸物。

危险特性：易燃。闪点 11 ℃。自燃点 385 ℃。蒸气能与空气形成爆炸性混合物。爆炸极限为 6.0% ～ 36%（V/V）。遇明火有着火、爆炸危险。燃烧时发出蓝色火焰。在火场中受热的容器有爆裂危险。与氧化剂接触发生化学反应。在常温下挥发的蒸气有毒。属中等毒类。甲醇为主要危害神经及血管的毒品，具有麻醉作用，有十分显著的蓄积作用。可引起视神经及视网膜损伤。口服甲醇 1 g/kg 或低于此值时，即可失明致死，也有饮用不到 30 mL 甲醇即发生死亡的例子。吸入高浓度蒸气可产生眩晕、昏迷、麻木、痉挛、食欲缺乏等症状。蒸气与液体都能严重损害眼睛和黏膜。皮肤接触后将会干燥、裂开、发炎，也有人因甲醇溅撒在足部，甲醇浸润了衣服及皮靴仍继续工作，数日后失明的报道。

应急措施：①消防方法：消防人员必须穿戴全身防护服和防毒面具。小火用二氧化碳、干粉、1211、抗溶性泡沫、雾状水灭火。大火使用大量水灭火效果较好。用雾状水冷却火场中的容器并保护堵漏人员。②急救：应使吸入气体的患者脱离污染区，移至新鲜空气处，安置休息并保暖。眼睛或皮肤接触者，应脱去污染衣服，用水冲洗 15 分钟以上，严重者就医诊治。误服立即漱口，急送医院抢救。

储运须知：①包装标志：易燃液体。②包装方法：Ⅱ类，玻璃瓶外木箱或钙塑箱加固内衬垫料或铁桶装。③储运条件：储存于阴凉、通风的仓库或储罐。远离高温、明火，避免阳光直射。与氧化剂隔离储运。炎热季节早晚运输。搬运时轻装轻卸，防止容器受损。

泄漏处理：先切断一切火源，处理泄漏物必须戴好防毒面具与手套。用水冲洗，经稀释的污水放入废水系统。对污染地面进行通风排除残余蒸气。大面积泄漏时周围应设雾状水幕抑爆。

12. 甲烷（压缩的）

分子式：CH_4

分子量：16.0

英文名称：Methane（compressed）

危险分类及编号：易燃气体。GB2.1 类 21007。CAS 74-82-8。UN No.1971。IMDG CODE 2156 页，2.1 类。副危险 3 类。

用途：动力燃料，经氧与水蒸气合成气体。可用于生产氨、醇及其他有机产品的原料。

物化性质：无色、无臭易燃气体。可被液化或固化。相对密度 0.415（-183.2 ℃）。凝固点 -205 ℃。沸点 -161.5 ℃。临界温度 -82.1 ℃。蒸气相对密度 0.55。微溶于水、乙醇和乙醚。

危险特性：易燃。自燃点 537 ℃。最大燃烧速度 0.34 m/s。最小着火能量 2.8×10^5 J。气体比空气轻。在空气中燃烧时为清白色火焰。气体能与空气形成爆炸性混合物。爆炸极限为 5.3% ～ 15%（V/V）。遇明火、高热和摩擦、撞击的火花能引起着火、爆炸。与五氧化溴、氯气、次氯酸、三氟化氮、液氧、二氟化溴、强氧化剂接触剧烈反应。甲烷本身无害，属单纯窒息性气体。吸入高浓度时因缺氧而引起窒息。空气中甲烷浓度达到 25% ～ 30% 时，出现头晕、呼吸加速、运动失调。液化甲烷与皮肤接触能造成严重冻伤。

应急措施：①消防方法：参照氢气。②急救：应使吸入气体的患者脱离污染区，移至新鲜空气处，平卧、保暖。当呼吸失调时进行输氧，如呼吸停止，要先清洁口腔和呼吸道中的黏液和呕吐物，然后立即进行口对口的人工呼吸，并送医院急救。

储运须知：①包装标志：易燃气体。②包装方法：钢瓶；液化甲烷用特制绝热的容器装。③储运条件：储存于阴凉、通风良好的仓间或大型气柜。远离容易起火的地方。与五氟化溴、氯气、二氧化氯、液氧、二氟化氧氧化剂隔离储运。液化甲烷必须在低温下装运，这种低温可通过液化气体的蒸发来保持或用甲烷专用罐车保温运输。

泄漏处理：参照氢气。

13. 七水合硫酸亚铁

分子式：$FeSO_4 \cdot 7H_2O$

分子量：278.05

别名：绿矾

英文名称：Ferrous sulfate

危险分类及编号：无。

用途：用做净水剂、煤气净化剂、媒染剂、除草剂及制墨水、颜料等，医学上用做补血剂。

物化性质：浅蓝绿色单斜晶体。熔点（℃）：64（-3H$_2$O）。沸点：无资料。相对密度（水 =1）：1.897（15 ℃）。溶于水、甘油，不溶于乙醇。

危险特性：具有还原性。受高热分解放出有毒的气体。有害燃烧产物为氧化硫。对呼吸道有刺激性，吸入可引起咳嗽和气短。对眼睛、皮肤和黏膜有刺激性。误服引起虚弱、腹痛、恶心、便血、肺及肝受损、休克、昏迷等，严重者可致死。

急救措施：①消防方法：消防人员必须穿全身防火防毒服，在上风向灭火。灭火时尽可能将容器从火场移至空旷处。然后根据着火原因选择适当灭火剂灭火。灭火剂：水、二氧化碳、干粉、砂土。②急救：皮肤接触者脱去污染的衣着，用大量流动清水冲洗。眼睛接触者提起眼睑，用流动清水或生理盐水冲洗，并立即就医。吸入者迅速脱离现场至空气新鲜处，保持呼吸道通畅。如呼吸困难，给输氧。

储运须知：①包装标志：危险化学品。②包装方法：密封，切勿受潮。储存条件：储存于阴凉、通风的库房。远离火种、热源。防止阳光直射。起运时包装要完整，装载应稳妥。运输过程中要确保容器不泄漏、不倒塌、不坠落、不损坏。严禁与氧化剂、碱类、食用化学品等混装混运。运输途中应防曝晒、雨淋，防高温。车辆运输完毕应进行彻底清扫。公路运输时要按规定路线行驶。

泄漏处理：隔离泄漏污染区，限制出入。建议应急处理人员戴防尘口罩，穿一般作业工作服。不要直接接触泄漏物。小量泄漏：避免扬尘，小心扫起，收集于干燥、洁净、有盖的容器中。大量泄漏：收集回收或运至废物处理场所处置。

14. 硫黄

分子式：S$_8$

分子量：256.5

英文名称：Sulfur

别名：硫，硫块，粉末硫黄，磺粉等

危险分类及编号：易燃固体。GB4.1 类 41501。CAS 7704-34-9。UN No.1350。IMDG CODE 4174 页，4.1 类。

用途：除用做二硫化碳、硫酸、亚硫酸、火柴、黑色火药等的原料外，还用做橡胶硫化剂、医药、造纸、染料、杀虫剂等。

物化性质：固体主要有斜方晶系和单斜晶系两种。在常温下化合力较迟钝，但在高温下则反应非常活跃，几乎能与金、白金以外的所有金属及氢化合而成硫化物。此外，还能与氧、碳、卤素等化合。斜方晶系硫黄为黄色结晶。相对密度 2.06。熔点 112.8 ℃。沸点 444.65 ℃。几乎不溶于水。微溶于乙醚、乙醇、苯、甘油。极易溶于氯化硫、二硫化碳。单斜晶系硫黄为淡黄色针状结晶。室温下不稳定，逐渐变成斜方晶系硫黄。相对密度 1.96。熔点 119.0 ℃。不溶于水。溶于二硫化碳、乙醇、苯、甲苯。

危险特性：粉尘或蒸气与空气或氧化剂混合形成爆炸性混合物。闪点 207 ℃。自燃点 232 ℃。空气中含量达到 35 g/m^3 以上即具有燃烧性。与卤素、金属粉末等接触剧烈反应。硫黄为不良导体，在运输或储存时易产生静电荷，可导致硫尘起火，硫黄堆放场所的意外火灾颇为多见且是一种隐患，火被扑灭后甚至可以复燃。急性中毒常见的有支气管炎，伴有呼吸困难、持续咳嗽，有时可带有血丝。对眼睛也可产生刺激，引起流泪、羞明、结膜炎。皮肤接触可出现红斑和湿疹。

应急措施：①消防方法：雾状水，但避免水流直接射至熔融硫黄。遇小火用沙土闷熄。消防人员须穿戴防毒面具与消防服。②急救：应使吸入气体的患者脱离污染区，移至新鲜空气处，安置休息并保暖。眼睛受刺激者须用水冲洗。误服立即漱口、饮水，急送医院抢救。

储运须知：①包装标志：易燃固体固体。②包装方法：Ⅲ类，编制袋内衬塑料袋、布袋。③储运条件：储存于阴凉、通风良好的地方。与氯酸盐、硝酸盐、有机物、卤素、金属粉末、酸类或其他氧化剂隔离储运。防止粉末在空气中着火、爆炸。防止静电荷的产生。

泄漏处理：用不燃性分散剂制成乳液刷洗。对污染区的地面用肥皂或洗涤剂刷洗，经稀释的污水放入废水系统。

15. 硫化氢（液化的）

分子式：H_2S

分子量：34.1

英文名称：Hydrogen sulfide（liquefied）

别名：Hydrogen sulphide，Hydrosulfuric acid（liquefied）

危险分类及编号：易燃气体。GB2.1 类 21006。CAS 7783-06-4。UN No.1053。IMDG CODE 1053 页，2.3 类。副危险 3 类和 6.1 类。

用途：用于金属精制、溶剂、农药、医药、通用试剂、荧光体(夜明)、荧光染料、电放光、光导体光电曝光剂等的制造。有机合成还原剂。

物化性质：无色，有臭鸡蛋恶臭气味。在空气中容易燃烧，燃烧时发出蓝色火焰。相对密度 1.5392（0 ℃）。熔点 -85.5 ℃。沸点 -60.3 ℃。临界温度 100.5 ℃。临界压力 9.0×10^5 Pa。蒸气压 2.7 kPa（25.5 ℃）。蒸气相对密度 1.19。溶于水、乙醇、甘油和二硫化碳。硫化物遇酸会形成硫化氢。

危险特性：易燃。自燃点 260 ℃。气体能与空气形成爆炸性混合物。爆炸极限为

4% ～ 44%（V/V）。遇高热、明火和摩擦、撞击的火花能引起着火、爆炸。气体比空气重，能扩散到相当远，遇明火会引起回燃。与浓硝酸、发烟硝酸或强氧化剂剧烈反应，发生爆炸。硫化氢具有与氰化氢相似的毒性。人吸入 LC_{20}：600×10^{-6}（30 min）。主要经呼吸道吸收而引起全身中毒。先出现气急，继而出现呼吸麻痹。如不及时进行人工呼吸，就会死亡。吸入极高浓度，往往造成电击样窒息死亡，且闻不到嗅气。低浓度气体能刺激呼吸器官和眼睛，出现咳嗽、结膜炎，伴有头痛、眩晕、虚弱等症状。在空气中容许限值 PC-TWA：$10 \ mg/m^3$。

应急措施：①消防方法：参照氢气，但消防队员必须佩戴隔绝式面具。对空气不易流通的场所要进行强制通风置换。②急救：应将吸入硫化氢的患者移至新鲜空气处，安置休息并保暖。严重者须就医诊治。如呼吸停止，应立即进行人工呼吸，并送医院救治。眼睛受刺激者须用大量流动清水冲洗，并就医诊治。

储运须知：①包装标志：有毒气体。副标志：易燃气体和有毒品。②包装方法：耐压、防腐蚀的钢瓶装。③储运条件：储存于阴凉、通风良好的低温仓间内。远离热源、火源。防止日光曝晒和产生静电。与硝酸、强氧化剂、腐蚀性液体或气体、其他高压容器或钢瓶隔离储运。搬运时轻装轻卸，防止钢瓶受损泄漏。

泄漏处理：参照氢气。处理泄漏物必须穿戴包括氧气防毒面具的全身防护服。对残余废气或钢瓶泄漏出来的气体用排风机送到水洗塔或与塔相连的通风橱内。

16. 硫酸

分子式：H_2SO_4

分子量：98.1

英文名称：Sulfuric acid

别名：绿矾油，硫镪水

危险分类及编号：酸性腐蚀品。GB8.1 类 81007。CAS 7664-93-9。UN No.1830。IMDG CODE 8230 页，8.1 类。

用途：化学工业的基础原料，尤其用于化肥、纤维、无机药品、金属冶炼、纺织、造漆、食品等工业，还用作化学试剂和医药。

物化性质：无色、无臭透明黏稠的油状液体。由于纯度不同，颜色也不同，颜色自无、黄至黄棕色，有时还有浑浊状。强腐蚀性。浓硫酸具有明显的脱水作用和氧化作用。与可燃物质接触会发生剧烈反应，引起燃烧。相对密度 1.834。熔点 10.49 ℃。蒸气压 133.3 Pa（145.8 ℃）。易溶于水，同时发生大量高热，使酸液飞溅伤人。所以在混合时只能把硫酸倒至水中加以搅拌，而绝不能把水倒入硫酸中。

危险特性：硫酸本身不燃，但化学性质非常活泼。有强烈腐蚀性及吸水性。遇水发生高热而飞溅。与许多物质，特别是木屑、稻草、纸张等接触猛烈反应，放出高热，并可引起燃烧。遇电石、高氯酸盐、硝酸盐、金属粉末及其他可燃物质能发生猛烈反应，发生爆炸或起火。遇金属即反应放出氢气。腐蚀性强，能严重灼伤眼睛和皮肤。稀酸也能强烈刺激眼睛并造成灼伤，并刺激皮肤产生皮炎。进入眼中有失明危险。$0.35 \sim 5\,\mathrm{mg/m^3}$时，可出现呼吸改变，呈全身性呼吸变浅变快。$5\,\mathrm{mg/m^3}$以上时，有不快感，咳嗽。$6 \sim 8\,\mathrm{mg/m^3}$时，对上呼吸道有强烈刺激作用。与三氧化硫一样，可引起上呼吸道炎症及肺损伤。

应急措施：①消防方法：用水、干粉、二氧化碳灭火。避免直接将水喷入硫酸，以免遇水会放出大量的热灼伤皮肤。消防人员必须穿戴全身防护服及其用品，防止灼伤。②急救：脱去污染衣物，洗净后再用。皮肤接触用大量流动清水冲洗15分钟以上，并用碱性溶液（2% ～ 3%）的碳酸氢钠、5%的碳酸钠及5%的硫代硫酸钠溶液中和。眼睛刺激，则冲洗的水流不应过急。接触硫酸蒸气时应立即使患者脱离污染区，脱去可疑的污染衣物，吸入2%的碳酸氢钠气雾剂。误服立即漱口，急送医院抢救。

储运须知：①包装标志：腐蚀品。②包装方法：Ⅱ类，耐酸坛外木格箱或塑料桶，或玻璃瓶外木箱内衬垫料或铁罐车运输。③储运条件：应单独储存于通风、阴凉和干燥的地方，并有耐酸地坪。避免阳光直射。远离火源。储槽应有足够的通气孔，四周有"堤坝"围住，以防储罐泄漏。严禁与硝酸混放。严禁与铬酸盐、氯酸盐、电石、氟化物、高氯酸盐、雷酸盐、硝酸盐、苦味酸盐、金属粉末、可燃物共储混运。操作人员应穿戴耐酸防护服，橡皮围裙、长筒靴、手套及防护眼镜和口罩。仓库附近应装有水龙头及水管。装运时勿将水直接倒入硫酸，以防酸液发生爆炸性反应。

泄漏处理：处理泄漏物必须穿戴全身耐酸防护服、防毒面具与橡胶手套。污染地面撒上碳酸钠中和后，用水冲洗，经稀释的污水放入废水系统。

17. 磷酸三钠

分子式：$Na_3PO_4 \cdot 12H_2O$

分子量：380.20

英文名称：Trisodium phosphate

别名：正磷酸钠，商业上又称磷酸钠

危险分类及编号：无。

用途：用做软水处理、日用化工、电镀磷化、印染固色、搪瓷助熔及制革脱脂等。

物化性质：无色立方结晶或白色粉末。密度 $1.62\,\mathrm{g/cm^3}$。熔点，73.3 ℃。加热到100 ℃失去12个结晶水而成无水物。在干燥空气中易风化。均易溶于水。其水溶液呈强碱性。不溶于二硫化碳和乙醇。

应急措施：①消防方法：消防人员佩戴自吸过滤式防尘口罩。避免产生粉尘。避免与酸类接触。隔离泄漏污染区，限制人员出入。②急救：皮肤接触，脱去污染的衣物，用流动清水冲洗；眼睛接触，提起眼睑，用流动清水或生理盐水冲洗；吸入，迅速脱离现场至空气新鲜处，必要时到医院做进一步处理；食入，饮足量温水，必要时到医院做进一步处理。

储运须知：①包装标志：暂无资料。②包装方法：塑料容器或内塑外编袋等。③储运条件：储存于阴凉、通风的库房。远离火种、热源。应与酸类分开存放，切忌混储。储区应备有合适的材料收容泄漏物。运输时包装要完整，装载应稳妥。运输过程中要确保容器不泄漏、不倒塌、不坠落、不损坏。严禁与酸类等混装混运。运输途中应防曝晒、雨淋，防高温。

泄漏处理：泄漏区域人员应撤离至指定的安全区域，快速关闭所有点火的来源。消防人员进入泄漏区域，应穿戴个人防护器材。进入大量溶剂泄漏区域，需先测定蒸气浓度，应避免人员处于蒸气浓度大于 25% 的环境。对泄漏区域进行通风换气，泄漏出来的气体应被导入废气处理装置处理，避免外泄物流入下水道、雨水沟或其他密闭空间而污染环境。

18. 氯（液化的）

分子式：Cl_2

分子量：70.9

英文名称：Chlorine（liquefied）

别名：氯气，绿气，液氯

危险分类及编号：有毒气体。GB2.3 类 23002。剧毒 GA58-93A1050。UN No.1017。IMDG CODE 1053 页，2.3 类。副危险 3 类和 6.1 类。

用途：用做氧化剂、漂白剂的原料。生产多种有机氯产品和氯化物的原料。用于金属工业、杀菌、橡胶制造等。

物化性质：常温下为黄绿色有强烈刺激性臭味的气体。常温下 7.09×10^5 Pa 以上压力时为液体。液态氯为金黄色。相对密度 3.214。熔点 -102 ℃。沸点 -34.6 ℃。临界温度 144 ℃。临界压力 7.71×10^6 Pa。蒸气压 6.40×10^5 Pa（20 ℃）。蒸气相对密度 2.49。

危险特性：氯气在空气中不燃，但一般可燃物大都能在氯气中燃烧，就像在氧气中一样。一般易燃性气体或蒸气也都能与氯气形成爆炸性混合物。氯气能与许多化学品如乙炔、松节油、乙醚、氨、燃料气、烃类、氢气、金属粉末等猛烈反应，发生爆炸或生成爆炸性物质。氯气几乎能与金属、非金属都起腐蚀作用。氯气对眼睛和呼吸系统黏膜有强烈的刺激性。如与潮湿空气接触则生成初生态氧，并形成盐酸。由于两者的存在致使机体组织发生严重炎症。在肺中可发生淤血和水肿。3.5×10^{-6} 时可感到臭味；

15×10^{-6} 时对眼睛和呼吸道有刺激作用，并感到头痛、咳嗽、窒息感和胸部紧束感；50×10^{-6} 时可引起严重损伤，有胸痛、吐黏膜及咳血；100×10^{-6} 时，瞬间可引起呼吸困难，发绀；1000×10^{-6} 时立即死亡。对皮肤也有强刺激性，有时在面部等处可见氯痤疮。

应急措施：①消防方法：消防人员必须穿戴全身防护服和防毒面具。用水、泡沫、二氧化碳、干粉灭火；用水保持火场中容器冷却。须关闭钢瓶阀门、切断气流，以消杀火势。用水保持火场容器冷却，并用水喷淋保护去关闭阀门的人员。②急救：应将吸入气体的患者移至新鲜空气处，安置休息并保暖，严重者就医诊治。眼睛受刺激者用水冲洗，严重者急送医院救治。皮肤接触者先用水冲洗，再用肥皂彻底洗涤，如产生灼伤须就医诊治。误服立即漱口、诱吐，急送医院救治。

储运须知：①包装标志：有毒气体。副标志：腐蚀品。②包装方法：耐压、防腐蚀的钢瓶装。③储运条件：储存于阴凉、干燥、通风良好的专用库房内。远离热源和火源。避免阳光直射。液氯是剧毒气体，应当保持通风。与可燃物、有机物或其他易氧化物质隔离。特别须注意与乙炔、氨、氢气、烃类、乙醚、松节油、金属粉末等隔绝。搬运时要戴好钢瓶的安全帽及防震橡皮圈，避免滚动和撞击，防止容器受损。平时用肥皂水检查阀门是否漏气。

泄漏处理：先切断一切火源，处理泄漏物必须穿戴防毒面具和全身防护服。发现漏气立即关闭漏气阀门，如无法修复，应将漏气钢瓶搬出仓间，在空旷地方浸入石灰乳中以防中毒事故。对残余废气用排风机排送至水洗塔或与塔相连的通风橱内。

19. 煤尘（粉）

粉尘种类	粉尘名称	温度组别	高温表面堆积粉尘层（5 mm）的点燃温度 /℃	粉尘云的点燃温度 /℃	爆炸下限浓度 /（g/m³）	粉尘平均粒径 /μm	危险性质
煤尘（煤矽尘）	无烟煤粉	T11	>430	>600	—	100～150	爆炸
	有烟煤粉	T11	235	595	41～57	5～10	爆炸

煤尘爆炸是煤矿最严重的灾害事故之一。煤尘爆炸主要危害表现如下：

（1）产生高温。煤尘爆炸要释放大量的热能，其瞬时温度可达 $2300 \sim 2500 \, ℃$，可引起矿井火灾、烧毁设备、烧伤人员，也是引发连续爆炸的主要热源。

（2）产生高压。煤尘爆炸的理论压力可达 $735 \, kPa$，但实际发生爆炸时往往超过此值，而且爆炸压力会随着离开爆源距离一定范围内呈跳跃式增大。可损坏设备，推倒机架，造成冒顶和人员伤亡。

（3）产生冲击波。冲击波的传播速度可达 2340 m/s，使设备、支架、人员遭受损害，扬起落尘，被随之而来的火焰点燃，造成煤尘的连续爆炸。

备煤装置、气化备煤装置及催化剂制备装置和煤制氢车间煤气化工序均有煤尘（粉）环境。

应急措施：一旦发生煤尘（粉）燃烧爆炸事故，必须迅速停止输送、研磨煤粉，加热炉熄火。粉尘爆炸往往沿管道、楼梯间、走廊等通道进行传播，要对上下游设备进行隔离，控制物料进入事故区域，实行工艺断料。在处置时应注意用喷雾水减少其传播路径的粉尘扬起，避免连锁爆炸。对于面积大、距离长的车间的粉尘火灾，要注意采取有效的分隔措施，防止火势沿沉积粉尘蔓延或引发连锁爆炸。

20. 煤焦油

英文名称：Coal tar

别名：煤膏

危险分类及编号：易燃气体。GB3.2 类 32192。CAS 65996-93-2。IMDG CODE 3200、3321 页，3.2 类。副危险 3 类。

用途：煤焦油是焦化工业的重要产品之一，其产量占装炉煤的 3% ～ 4%，其组成极为复杂，多数情况下是由煤焦油工业专门进行分离、提纯后加以利用。焦油各馏分进一步加工，可分离出多种产品，如樟脑丸、沥青、塑料、农药等。

物化性质：黑色黏稠液体，具有特殊臭味。相对密度（水 =1）：1.02 ～ 1.23，闪点 96 ～ 105 ℃。微溶于水，溶于苯、乙醇、乙醚、氯仿、丙酮等多数有机溶剂。主要分为低温（450 ～ 650 ℃）干馏焦油、低温和中温（600 ～ 800 ℃）发生炉焦油、中温（900 ～ 1000 ℃）立式煤焦油、高温（1000 ℃）炼焦焦油。

危险特性：易燃，为致癌物。其蒸气与空气可形成爆炸性混合物，遇明火、高热极易燃烧爆炸，与氧化剂接触猛烈反应，若遇高热、容器内压增大等情况有开裂和爆炸的危险。作用于皮肤，可能引起皮炎、痤疮、毛囊炎、光毒性皮炎、中毒性黑皮病、疣赘及癌肿，可引起鼻中隔损伤，还可能腐蚀皮肤。

应急措施：①消防方法：疏散泄漏污染区人员至安全区，禁止无关人员进入污染区，切断火源。建议应急处理人员戴自给式呼吸器，穿一般消防防护服。在确保安全的情况下堵漏。喷水雾会减少蒸发，但不能降低泄漏物在受限制空间内的易燃性。用沙土或其他不燃性吸附剂混合吸收，收集运至废物处理场所处置。如大量泄漏，利用围堤收容，然后收集、转移、回收或无害处理后废弃。②急救：应使吸入蒸气的患者脱离污染区，安置休息并保暖。眼睛受刺激用大量流动清水冲洗，并就医诊治。皮肤接触用肥皂洗涤。误服即用手指伸入促使呕吐，然后立即漱口，并送医院救治。

储运须知：①包装标志：易燃液体。副标志：腐蚀品。②包装方法：Ⅲ类，铁桶。③储运条件：储存于阴凉通风的地方。远离火种及热源，与氧化剂、硝酸、过氧化氢、漂白粉等隔离储运。久储会腐蚀铁桶而胀桶。

泄漏处理：戴好防毒面具与手套。用砂土混合，倒至空旷地方掩埋；被污染地面用肥皂或洗涤剂刷洗，经稀释的污水排入废水系统。

21. 氢气（压缩的）

分子式：H_2

分子量：2.0

英文名称：Hydrogen（compressed）

别名：压缩氢，氢气

危险分类及编号：易燃气体。GB2.1 类 21001。CAS 133-74-0。UN No.1049。IMDG CODE 2148 页，2.1 类。副危险 3 类。

用途：工业用气体燃料，用于氨、盐酸、甲醇等的合成，金属焊接和切割，气球充填气，冷却剂。高纯氢广泛用于半导体工业、硅和砷化镓的外延等。

物化性质：无色、无臭低密度的气体或液体。易燃。燃烧时生成蓝色火焰。极易扩散和渗透。系强还原剂，在高温时能还原金属氧化物。相对密度 0.0899。熔点 -259.2 ℃。沸点 -252.8 ℃。临界温度 -239.9 ℃。临界压力 1297 kPa。蒸气相对密度 0.0780（0 ℃）。

危险特性：极易燃。气体能与空气形成爆炸性混合物。爆炸极限为 4.1% ～ 74.2%（V/V）。最低爆炸能为 0.2×10^{-4} J。自燃点 550 ℃。氢气与氟、氯、溴等卤素会剧烈反应。无毒，但高浓度时有窒息作用。液氢与皮肤接触能引起严重的冻伤或烧伤。

应急措施：①消防方法：由于氢有复燃可能，在氢气源未切断前，可扑灭气源周围火势，防止扩大。但不得灭掉气源渗漏处的火。用水冷却容器，以防受热爆裂，并用水保护进行关阀或堵漏的人员。如泄漏物未被点燃，可用雾状水直接射至易燃蒸气和空气的混合物，以使其远离火源。如需使泄漏物蒸发加快，须在蒸气蒸发能控制的情况下，用雾状水加快其蒸发速度。禁止向液氢使用水枪施救。如有必要扑灭少量蒸气的火种时，可用水、干粉、二氧化碳、卤素灭火剂灭火。如有可能应迅速将钢瓶转移至安全地带。②急救：应使患者转移至通风地带，安置休息并保暖。如发生冻伤，须就医诊治。

储运须知：①包装标志：易燃气体。②包装方法：压缩氢气用钢瓶装。液氢用特殊的绝缘容器。③储运条件：液氢通常在大气压、温度稍高于沸点的情况下低温储运。压缩氢气常温下储存于不燃结构的、通风良好的、阴凉的专用库房内，严禁曝晒。远离热源、火源和可燃物。与其他化学品，特别是氧化性气体，如氯、溴、碘等隔离储运。钢瓶装用压缩氢，平时用肥皂水检查钢瓶是否漏气。搬运时要戴好钢瓶的安全帽及防震橡皮圈，避免滚动和撞击，防止容器受损。

泄漏处理：先切断一切火源，勿使其燃烧，同时关闭阀门等措施，制止渗漏，并用雾状水保护关闭阀门的人员。

22. 氰化物

英文名称：Cyanides

危险分类及编号：毒害品。GB6.1 类 61001。

用途：氰化物被广泛应用于湿法冶炼金、银。

物化性质：氰化物是金属或非金属与 CN^- 基团的化合物，外形一般为块状、晶体或粉末。

危险特性：不燃物，与氯酸盐或亚硝酸钠（钾）混合引起爆炸。口服剧毒。遇酸或漏置空气中能吸收水分和二氧化碳分解出剧毒的氰化氢气体。氰化物以氰化钠为代表物品。气态及粉末状可被吸入中毒。严重者致死，非骤死的氰化物中毒患者，先出现感觉无力、头痛、眩晕、恶心、呕吐、四肢沉重及呼吸困难等症状，随后面色苍白、失去知觉，甚至呼吸停止而死亡。氰化物分子中引入卤原子则刺激作用增强，如溴化氰在低浓度时有糜烂性作用，并具催泪作用，大量吸入可导致水肿。

应急措施：①消防方法：氰化物是不燃物，大火时应尽量抢救商品，防止包装破损，引起环境污染。消防人员必须穿戴供氧式防毒面具及全身防护服。邻近地区火灾时可用雾状水灭火。禁止使用酸碱灭火剂。②急救：对吸入中毒者（救护人员至现场必须戴好供氧式防毒面具）急救要迅速，使患者立即脱离危险区，脱去受污染衣物，在通风处安置休息并保暖。如果呼吸停止则须立即进行人工呼吸（切不可用口对口的人工呼吸）。在现场立即打开一支亚硝酸异戊酯，使吸入 15 ～ 30 秒，必要时隔 2 ～ 3 分钟再吸一次。一般不超过 2 支。同时迅速送医院抢救，要及早进行输氧。眼睛受刺激或皮肤接触者，须用大量流动清水冲洗。如系误服速送医院催吐，用 4% 的碳酸氢钠（小苏打）水溶液或用 5% 的硫代硫酸钠水溶液充分洗胃。

储运须知：①包装标志：毒害品。②包装方法：Ⅰ类，固体或液体氰化物用玻璃箱外木箱内衬垫料，或铁桶装。气体氰化物按其性质，装入特殊的钢瓶。③储运条件：储存于干燥、通风的仓间内。宜专库专储。仓间应由双人双锁加强保管。工作人员进入库房要穿戴工作服、防毒面罩及其他防护用具，工作后脱去全部防护用品，再用水冲洗手、脸，双手浸入次氯酸钠内消毒后用水洗净。工作间隙不可饮茶、吸烟，皮肤伤口未愈不可接触。切忌与酸类、氯酸盐、亚硝酸钠（钾）或食用原料共储混运。不可受潮，保证容器密封。

泄漏处理：对泄漏物处理必须戴好防毒面具与手套。扫起，倒至大量水中，加入过量次氯酸钠，放置 24 小时，确认氰化物全部分解，稀释后放入废水系统。污染区用次氯酸钠溶液浸泡 24 小时后，用大量水冲洗，经稀释的污水放入排水系统。

23. 汽油

英文名称：Gasoline

危险分类及编号：易燃液体。GB3.1 类 31001。CAS 8006-61-9。UN No.1257、1203。IMDG CODE 3141 页，3.1 类。

用途：航空汽油用于活塞式航空发动机燃料；车用汽油适用于汽化器式发动机燃料。

物化性质：水白色芳香味挥发性液体，由多种烃类组成。相对密度＜1.000。车用汽油的馏程为 70 ～ 205 ℃，为汽油组分与其他高辛烷值组分和抗爆剂、抗氧剂、金属钝化剂等组成。

危险特性：易燃。闪点 -43 ℃。自燃点 280 ～ 456 ℃。蒸气能与空气形成爆炸混合物。遇明火、高热、强氧化剂有引起燃烧的危险。爆炸极限 1.4% ～ 7.6%（V/V）。吸入气油蒸气能引起头痛、眩晕、恶心、心动过速等现象。吸入大量蒸气时，会引起严重的中枢神经障碍。空气中浓度为 0.02%（体积分数）时，对敏感的人有轻度的症状。长期皮肤接触工业性汽油产生脱脂作用。误饮汽油，引起呕吐、消化道黏膜刺激等症状，进而出现抽搐、不安、心力衰竭、呼吸困难。

应急措施：①消防方法：小面积可用雾状水扑救，面积较大时可用干粉、泡沫、二氧化碳、1211、沙土、水泥灭火。②急救：吸入蒸气的患者应脱离污染区，安置休息并保暖。皮肤接触者用肥皂彻底洗涤。误服立即漱口，急送医院救治。

储运须知：①包装标志：易燃液体。②包装方法：Ⅰ 类，铁桶或散装。③储运条件：储存于阴凉、通风的仓库或储罐。远离热源、火种。与可燃物、有机物、氧化剂隔离储运。夏季炎热季节，早晚运输。

泄漏处理：先切断一切火源，在周围设置雾状水幕，用沙土吸收，倒至空旷地任其蒸发。对污染地面进行通风，蒸发残余液体并排除蒸气。

24. 氢氧化钠

分子式：NaOH

分子量：40.0

英文名称：Sodium hydroxide

别名：烧碱，苛性钠，固碱，火碱

危险分类及编号：碱性腐蚀品。GB8.2 类 82001。CAS 1310-73-2。UN No.1823。IMDG CODE 8225 页，8.2 类。

用途：广泛用于中和剂，如各种钠盐制造、肥皂、造纸、棉织品、黏胶纤维、金属清洗等。

物化性质：无色至青白色棒状、片状、粒状、固体或液体。吸湿性强。从空气中迅速吸收水分的同时，也吸收二氧化碳。相对密度 2.13。熔点 318 ℃。沸点 1390 ℃。溶于水、醇和甘油并放出大量的热。不溶于乙醚、丙酮。蒸气压 133.3 Pa（739 ℃）。

危险特性：不燃。但遇水能放出大量的热，使可燃物着火。遇潮时对铝、锌和锡有腐蚀性，并放出易燃易爆的氢气。与酸类剧烈反应，放出氢气。典型的强碱，腐蚀性强。如果咽下它的水溶液就产生呕吐、腹部剧痛、衰竭、虚脱等症状，严重者致死。对皮肤、黏膜、角膜等有极大的腐蚀作用。吸入粉末或烟雾能腐蚀呼吸道。

应急措施：①消防方法：用水、沙土扑救，但须防止物品遇水产生飞溅，造成灼伤。②急救：接触者应尽可能用大量水仔细清洗。眼睛受刺激者用大量水冲洗，然后用硼酸水冲洗。误服立即漱口，饮水及醋或 1% 的醋酸，并送医院急救。

储运须知：①包装标志：腐蚀品。②包装方法：Ⅱ 类，固体碱可装入钢瓶中严封。塑料袋、编织袋外成组包装，或塑料瓶外木箱，碱液散装储运。③储运条件：防止容器受损。储存于干燥的地方，防止受潮。与酸类、铝、锡、铅、锌及其合金、爆炸物、有机过氧化物、铵盐及易燃物隔离储运。操作人员必须穿戴防护用品。

泄漏处理：处理泄漏物应戴防护眼镜与手套。扫起、慢慢倒至大量水中，地面用水冲洗，经稀释的污水放入排水系统。

25. 石脑油

英文名称：Naphtha

别名：轻汽油

危险分类及编号：易燃液体。GB3.2 类 32004。CAS 8030-30-6。UN No.1256。IMDG CODE 3432 页，3.2 类。

用途：用做裂解、催化重整和制氢原料等。

物化性质：无色透明液体。密度小，饱和烃含量高，烯烃、硫、砷、铝等含量低，具有良好的稳定性。

危险特性：易燃。闪点 < -17 ℃。自燃点 290 ℃。蒸气能与空气形成爆炸混合物。爆炸极限 1.4% ～ 7.6%（V/V）。蒸气比空气重，能扩散到相当远，遇火源会回燃。毒性一般比石油系溶剂大，脱脂能力强。大量吸入蒸气能引起神经症状。

应急措施：①消防方法：用泡沫、二氧化碳、干粉、1211、沙土灭火。小面积可用雾状水扑救。②急救：吸入蒸气的患者应脱离污染区，安置休息并保暖。眼睛受刺激者用水冲洗，溅入眼内的严重患者就医诊治。皮肤接触者先用水冲洗，再用肥皂彻底洗涤。误服应立即漱口，急送医院救治。

储运须知：①包装标志：易燃液体。②包装方法：Ⅱ、Ⅲ类，铁桶。③储运条件：储存于阴凉、通风的仓库或储罐。远离热源、火种。与可燃物、有机物、氧化剂隔离储运。

泄漏处理：先切断一切火源，处理泄漏物必须戴好防毒面具与手套。用沙土吸收，倒至空旷地方任其蒸发或掩埋。大量泄漏周围应设雾状水幕抑爆。对污染地面进行通风，蒸发残余液体并排除蒸气。

26. 羰基镍

分子式：Ni（CO）$_4$

分子量：170.73

英文名称：Nickel carbonyl，Nickel tetracarbonyl

别名：四羰基镍，四碳酰镍

危险分类及编号：剧毒品，易燃液体。GB6.1 类 61031。CAS 13463-39-3。UN No.1856。IMDG CODE 6364 页，6.1 类。

用途：用于制高纯镍粉，也用于电子工业，以及制造塑料中间体，也用作催化剂。

物化性质：蒸气压 53.32 kPa（25.8 ℃）。闪点 < 4 ℃。熔点 -25 ℃。沸点 43 ℃。不溶于水，溶于醇等多数有机溶剂。相对密度（水 =1）1.32。相对密度（空气 =1）5.9。

危险特性：暴漏在空气中能自燃。遇明火、高热强烈分解燃烧。能与氧化剂、空气、氧、溴强烈反应，引起燃烧爆炸。燃烧（分解）产物为一氧化碳。属高毒类。急性毒性：LD_{50}39 mg/kg（大鼠腔膜内）；63 mg/kg（大鼠皮下）；LC_{50}35 mg/L，7 小时（大鼠吸入）。镍及其化合物已被国际癌症研究中心（IARC）确认为致癌物。可通过吸入、食入、经皮吸收致癌。对呼吸道有刺激作用，并有全身毒作用，可导致肺、肝、脑损伤。如肺水肿抢救不及时，可引起死亡。急性中毒早期表现有头痛、头晕、步态不稳、视物模糊、眼刺激、恶心、心悸、胸闷、气短等。迟发的症状主要有明显的胸闷、气短、严重呼吸困难、发绀、咳嗽、咳大量粉红色泡沫痰、心动过速等，这些是肺水肿及弥漫性间质肺炎的表现。

应急措施：①消防方法：消防人员应佩戴自给式空气呼吸器、穿全身防火防化服，在上风向灭火。尽可能将容器从火场移至空旷处。喷水保持火场容器冷却，直至灭火结束。处在火场中的容器若已变色或从安全泄压装置中产生声音，必须马上撤离。用水灭火无效。灭火剂：泡沫、雾状水、干粉、二氧化碳。②急救：皮肤接触者脱去污染的衣物，用流动清水冲洗。眼睛接触者立即提起眼睑，用流动清水冲洗。吸入者迅速脱离污染区，移至新鲜空气处，安置休息并保暖。保持呼吸道通畅，必要时进行人工呼吸。误服者给饮大量温水、催吐，急送医院抢救。

储运须知：①包装标志：剧毒品；易燃液体。②包装方法：Ⅰ类，螺纹口玻璃瓶、铁盖压口玻璃瓶、塑料瓶或金属桶（罐）外普通木箱。③储运条件：运输前应先检查包装容器是否完整、密封，运输过程中要确保容器不泄漏、不倒塌、不坠落、不损坏。严禁与酸类、氧化剂、食品及食品添加剂混运。运输时运输车辆应配备相应品种和数量的消防器材及泄漏应急处理设备。运输途中应防曝晒、防雨淋、防高温。

泄漏处理：疏散泄漏污染区人员至安全区，禁止无关人员进入污染区，切断火源。建议应急处理人员戴正压自给式呼吸器，穿厂商特别推荐的化学防护服（完全隔离）。不要直接接触泄漏物，在确保安全的情况下堵漏。喷水雾会减少蒸发，但不能降低泄漏物在受限制空间内的易燃性。用沙土或其他不燃性吸附剂混合吸收，然后收集运至废物处理场所处置。如大量泄漏，利用围堤收容，然后收集、转移、回收或无害处理后废弃。

27. 盐酸

分子式：HCl

分子量：36.5

英文名称：Hydrochloric acid

别名：氢氯酸，盐镪水，Hydrogen chloride，Muriatic acid

危险分类及编号：酸性腐蚀品。GB8.1 类 81013。CAS 7647-01-0。UN No.1789。IMDG CODE 8183 页，8.1 类。

用途：用做电池、医药、染料、纺织、化肥、冶金、玻璃加工、金属清洗、有机合成、照相制版、陶器、食品处理、通用试剂等。

物化性质：无色至微黄色液体。是氯化氢的水溶液。微黄色主要是因为含有铁离子、氯和有机物等杂质。工业品分为 31%、33%、36% 三种。相对密度 1.12～1.19。凝固点 -17～-62 ℃。溶于水，溶液呈酸性。溶于乙醇和乙醚，在常温下易挥发。

危险特性：对大多数金属有强腐蚀性。能与普通金属发生反应，放出氢气而与空气形成爆炸性混合物。浓盐酸在空气中发烟，触及氨蒸气生成白色云雾。盐酸酸雾刺激性强，能严重刺激眼睛和呼吸道黏膜。3.5×10^{-6} 时，短时间接触可出现咽喉痛、咳嗽、窒息感、胸部压迫感；（$50～100$）$\times 10^{-6}$ 时，经受不住 1 小时以上，超过浓度时则可引起喉痉挛和肺水肿。（$1000～2000$）$\times 10^{-6}$ 时，极其危险。浓盐酸对眼睛和呼吸道有强烈刺激，能引起鼻中隔的溃疡。与皮肤接触，能引起腐蚀性灼伤。对牙齿特别是门齿可产生酸蚀症。

应急措施：①消防方法：用碱性物质如碳酸氢钠、碳酸钠、消石灰等中和，也可用大量水扑救。消防人员须穿戴氧气防毒面具及全身防护服。②急救：应使吸入气体的患者脱离污染区，移至新鲜空气处，安置休息并保暖。眼睛受刺激者用水冲洗，并就医诊治。误服立即漱口，急送医院抢救（不应使用催吐方法）。

储运须知：①包装标志：腐蚀品。②包装方法：Ⅱ类，耐酸坛外木格箱或塑料桶，或玻璃瓶外木箱内衬垫料或铁桶装。也可用硬乙烯槽车装运。③储运条件：储存于石棉瓦或玻璃瓦货篷下，使用耐盐酸地坪。不可与硫酸、硝酸混放。不可与碱类、金属粉末、氧化剂、氰化物、氯酸盐、遇水易燃物品共储混运。操作人员应穿戴耐酸防护服，包括兜帽、眼镜和面罩等防护工具，在有吸入氯化氢蒸气危险的地方，应戴氧气防毒面具。库外应装有水龙头，并备有中和剂。

泄漏处理：处理泄漏物时须穿戴防护用具和防毒面具。将地面洒上碳酸氢钠，用水冲洗。经稀释的污水放入废水系统。

28. 氧（压缩的）

分子式：O_2

分子量：32.0

英文名称：Oxygen（compressed）

别名：氧气

危险分类及编号：易燃液体。GB2.2 类 22001。CAS 7782-44-7。UN No.1072。IMDG CODE 2169 页，2.1 类。副危险 5.1 类。

用途：用于焊接、切割中热源，海中、海底作业及医疗等供吸入用，净化空气，制造臭氧、制冷剂、炸药，高发热量灯的气体和火箭推进剂。电子纯液态氧广泛用于大规模集成电路制造工艺。其中，超纯氧作为光刻剂、氧化剂、光导纤维等。

物化性质：常温下为无色、无味的气体。液态时凝结成淡蓝色液体。相对密度 1.33。熔点 -218.4 ℃。沸点 -183 ℃。临界温度 -118.6 ℃。临界压力 5.11×10^6 Pa。蒸气相对密度 1.05。化学性能活泼，可与绝大多数元素生成氧化物。与可燃性气体（如氢、乙炔、甲烷等）混合形成爆炸性混合物。与氢气混合后燃烧火焰温度达 2100 ～ 2500 ℃。微溶于水和醇。

危险特性：氧气本身不燃，但能助燃。与有机物或其他易氧化物质能形成爆炸性混合物。氧气与乙炔等可燃气体混合能形成爆炸性混合物。液态氧和易燃物共储时，特别是在高压下有爆炸的危险。液氧易被衣物、木材、纸张等吸收，见火即燃。氧无腐蚀性，但有水分存在时会促进金属的腐蚀。气体本身无毒。健康成人吸入 3 小时一般认为无任何影响。但吸入更长的时间或在 202.65 ～ 303.98 kPa（2 ～ 3atm）以上时持续吸入高浓度氧，则可出现"氧中毒症"。皮肤接触液氧时可引起严重冻伤。

　　应急措施：①消防方法：用水保持容器冷却，以防受热爆炸，急剧助长火势。迅速切断电源，用水喷淋保护切断气源的人员。如果由于液氧泄漏造成木材、纸张等可燃物燃烧，先切断液氧的气流，然后用水将火扑灭。如果因氧气与液体燃料相遇引起火灾，则先切断液体燃料，再行灭火。如氧气与燃料已混合但尚未燃烧，须立即切断火源，迅速撤离危险区，任氧气自行挥发。如燃料是水溶性的，可用水稀释或灭火。如果是非水溶性燃料，必须先让氧气全部挥发后再用适当灭火剂灭火。②急救：应使患者迅速脱离污染区，移至空气新鲜处，安置休息并保暖。皮肤冻伤立即用水冲洗，并送医院救治。

　　储运须知：①包装标志：不燃气体和氧化剂。②包装方法：压缩氧通常装在耐高压钢瓶内，液氧用特殊绝热容器（如杜瓦瓶）在极低的温度下装运，这种低温通过液化气体的蒸发来保持或低温槽车运输。③储运条件：储存于于阴凉、通风的不燃材料结构的库房，最好专库专储。严禁与酸、油脂、乙炔、还原剂、可燃物和易燃易爆物品混合储运。隔绝高温、电火花和热源。钢瓶装压缩氧，平时用肥皂水检查钢瓶是否漏气。搬运时要戴好钢瓶的安全帽及防震橡皮圈，避免滚动和撞击，防止容器受损。液氧存放在特殊绝热的容器中，依靠液化气体的蒸发来保持低温，故不易储存。液氧易被衣物吸收，见火即燃，故在未换去工作服前禁止吸烟。

　　泄漏处理：先切断一切火源，同时再切断气源，选择远离可燃物和火源的安全场所排入大气。

　　29. 液化气

　　英文名称：Petroleum gases，Liquefied

　　别名：原油气，液化石油气

　　危险分类及编号：易燃液体。GB2.1 类 21053。CAS 68476-85-7。UN No.1075。IMDG CODE 2168、2147 页，2.1 类。副危险 3 类和 6.1 类。

　　用途：民用燃料及工业燃料。

　　物化性质：无色气体，有特殊臭味。主要由 C_3、C_4 混合烃类组成，主要成分为丙烷、丁烷。对空气的相对密度为 1.5～2.0。沸点在 0 ℃以下。蒸发热大，热值高。

　　危险特性：极易燃。气体能与空气形成爆炸性混合物。爆炸极限为5%～33%(V/V)。遇热源、火源有爆炸危险。与氧化剂接触剧烈反应。高浓度时有麻醉作用。如果吸入含丁烷5%～6%的空气达30分钟时，即稍现意志消沉、抑郁。

　　应急措施：①消防方法：参照氢气，但消防队员必须佩戴隔绝式面具。如有可能应迅速将钢瓶转移至安全地带。②急救：应将吸入空气的患者移至新鲜空气处，安置休息并保暖。当呼吸失调时进行输氧，如呼吸停止，应立即进行人工呼吸，并送医院救治。

　　储运须知：①包装标志：易燃液体。副标志：毒害品。②包装方法：钢瓶、大型气柜。③储运条件：液化石油气（乙烯除外）系在常温及相应的压力下（一般达 1.6 ～ 1.8 kPa）输送。充装容器时必须考虑留有必要的蒸发空间。温差达 40 ℃时，充装液化石油气的压力储槽的液相最大装量为 85%，在温差更大时其装量更底。钢瓶应储存于阴凉、通风良好的仓间内，远离热源和火种。与卤素、液氧、氧化剂隔离储运。

泄漏处理：先切断一切火源，处理泄漏物必须戴好防毒面具与手套。勿使其燃烧，同时关闭阀门等措施，制止渗漏。用雾状水保护关闭阀门的人员，对残余废气或钢瓶泄漏出来的气体用排风机排至空旷地方。

30. 一氧化碳

分子式：CO

分子量：28.0

英文名：Carbon monoxide

危险分类及编号：易燃气体。GB2.1 类 21005。CAS 630-08-0。UN No.1016。IMDG CODE 2114 页，2.1 类。

用途：用于合成光气、丙酮、氨、甲醇、甲酸，与金属反应则生成羰基化合物。

物化性质：无色、无臭无刺激的气体。相对密度 0.814（-195 ℃，液体）。熔点 -205 ℃。沸点 -191.5 ℃。临界温度 -140.2 ℃。临界压力 3.5×10^5 Pa。蒸气相对密度 0.97。微溶于水。在家庭中由于取暖、厨房、浴室等加热设备的不完全燃烧也能产生一氧化碳。

危险特性：易燃。自燃点 608.9 ℃。气体比空气轻。在空气中燃烧时为蓝色火焰。气体能与空气形成爆炸性混合物。爆炸极限为 12.5% ～ 74%（V/V）。遇明火、高热、摩擦、撞击的火花能引起着火、爆炸。剧毒，接触大量的一氧化碳会立即发生意识丧失。接触浓度（10000 ～ 40000）$\times 10^{-6}$，几分钟内即可致死；浓度（1000 ～ 10000）$\times 10^{-6}$，在 13 ～ 15 分钟内引起头痛、眩晕和恶心，如果再继续接触 10 ～ 45 分钟，根据浓度的不同，则可能迅速昏迷，直至死亡；低于这个水平，发生症状前的时间长些，500×10^{-6} 在 20 分钟后、200×10^{-6} 约 50 分钟后引起头痛。典型一氧化碳中毒者皮肤常为樱红色。职业接触限值 PC-TWA：20 mg/m³（非高原）。

应急措施：①消防方法：参照氢气，但消防队员必须佩戴氧气防毒面具。如有可能应迅速将钢瓶转移至安全地带。②急救：应使中毒患者脱离危险区，安置在有新鲜空气处。如呼吸停止，应立即进行人工呼吸，必要时作胸外心脏按摩，输氧，安置休息并保暖，并速送医院救治，最好进行高压氧治疗。

储运须知：①包装标志：易燃气体。副标志：毒害品。②包装方法：高压钢瓶装。③储运条件：储存于阴凉、通风良好的仓间内。远离热源、火源和容易着火的地方。搬运时轻装轻卸，防止钢瓶受损泄漏。

泄漏处理：参照氢气。处理泄漏物必须穿戴防毒面具与手套。对残余废气或钢瓶泄漏出来的气体用排风机排送到空旷地方。

31. 异丙醚

分子式：$(CH_3)_2CHOCH(CH_3)_2$

分子量：102.2

英文名称：Isopropyl ether

别名：二异丙基醚

危险分类及编号：易燃液体。GB3.1 类 31027。CAS 108-20-3。UN No.1159。IMDG CODE 3117 页，3.1 类。

用途：溶剂。

物化性质：无色透明液体，有类似乙醚的气味。相对密度 0.726。熔点 -85.9 ℃。沸点 68.5 ℃。折射率 1.368。临界温度 228 ℃。临界压力 2.74×10^6 Pa。微溶于水。能与醇、醚、苯、氯仿等多种有机溶剂混溶。

危险特性：易燃。闪点 -28 ℃。自燃点 443 ℃。蒸气能与空气形成爆炸性混合物。爆炸极限为 1.4% ~ 7.9%（V/V）。遇明火、热源有着火、爆炸危险。有毒，毒性较乙醚大。溶液及其蒸气能刺激眼睛、皮肤和呼吸系统，影响神经系统。高浓度蒸气有麻醉作用。

应急措施：①消防方法：用干粉、泡沫、二氧化碳、沙土灭火。消防人员必须穿戴全身防护服和防毒面具。小面积可用雾状水扑救。用水保持火场中的容器冷却。②急救：应使吸入气体的患者脱离污染区，移至新鲜空气处，安置休息并保暖。眼睛受刺激者用水冲洗，严重者须就医诊治。皮肤接触者用水冲洗，再用肥皂彻底洗涤。误服立即漱口，急送医院抢救。

储运须知：①包装标志：易燃液体。②包装方法：Ⅱ类，玻璃瓶外木箱或钙塑箱加固内衬垫料或铁桶装。③储运条件：储存于阴凉、通风的仓库或储罐。远离高温、明火，避免阳光直射。与氧化剂隔离储运。搬运时轻装轻卸，防止容器受损。

泄漏处理：先切断一切火源，处理泄漏物必须戴好防毒面具与手套。用沙土吸收，倒至空旷地方掩埋。对污染的地面进行通风，蒸发残余液体，并排除蒸气。大面积泄漏时，周围应设雾状水幕抑爆。

32. 乙醚

分子式：$C_4H_{10}O$

分子量：74.12

英文名称：Aether

别名：二乙（基）醚，醚

危险分类及编号：低闪点易燃液体。GB3.1 类 31026。CAS 60-29-7。UN No.1143。IMDG CODE 3117 页，3.1 类。

用途：主要用做油类、染料、生物碱、脂肪、天然树脂、合成树脂、硝化纤维、碳氢化合物、亚麻油、石油树脂、松香脂、香料、非硫化橡胶等的优良溶剂。医药工业用做药物生产的萃取剂和医疗上的麻醉剂。毛纺、棉纺工业用做油污洁净剂。火药工业用于制造无烟火药。

物化性质：微溶于水，溶于乙醇、苯、氯仿等多数有机溶剂。相对密度 0.7134。熔点 -116.3 ℃。沸点 34.6 ℃。折光率 1.35555。闪点（闭杯）-45 ℃。易燃、低毒。

危险特性：其蒸气与空气可形成爆炸性混合物，遇明火、高热极易燃烧爆炸。与氧化剂能发生强烈反应。在空气中久置后能生成有爆炸性的过氧化物。在火场中，受热的容器有爆炸危险。其蒸气比空气重，能在较低处扩散到相当远的地方，遇火源会着火回燃。该品的主要作用为全身麻醉。急性大量接触，早期出现兴奋，继而嗜睡、呕吐、面色苍白、脉缓、体温下降和呼吸不规则，而有生命危险。急性接触后的暂时后作用有头痛、易激动或抑郁、流涎、呕吐、食欲下降和多汗等。液体或高浓度蒸气对眼睛有刺激性。长期低浓度吸入，有头痛、头晕、疲倦、嗜睡、蛋白尿、红细胞增多等症状。长期皮肤接触，可发生皮肤干燥、皲裂。

应急措施：①消防方法：消防人员必须穿全身防火防毒服，在上风向灭火。灭火时尽可能将容器从火场移至空旷处。②急救：皮肤接触者脱去污染的衣物，用流动清水冲洗。眼睛接触者提起眼睑，用流动清水或生理盐水冲洗，就医。吸入者迅速脱离污染区，移至空气新鲜处。如呼吸困难，给输氧。误服饮足量温水、催吐，急送医院抢救。

储运须知：①包装标志：易燃物品。②包装方法：I 类，玻璃瓶外木箱或钙塑箱加固内衬垫料或铁桶装。③储运条件：储存阴凉、干燥、通风的低温度房内，库温最好控制在 25℃以下，远离热源、火种，避免阳光直射。乙醚具有优良的绝缘性，在空气中振动或因磨擦产生静电也有自燃的危险，与可燃物、氧化剂隔离储运。对大量存放的库房须设自动喷水装置及射出二氧化碳装置。不宜久储，以防止变质。

泄漏处理：先切断一切火源，急处理人员戴好防毒面具与手套。在四周设置雾状水幕，用砂土吸收，倒至空旷地方任其蒸发。对污染地面用肥皂或洗涤剂刷洗，经稀释的污水排入废水系统。

33. 乙二醇

分子式：$C_2H_6O_2$

分子量：62.07

英文名称：Ethylene glycol

别名：甘醇

危险分类及编号：无。

用途：主要用做聚酯涤纶、聚酯树脂、吸湿剂、增塑剂、表面活性剂、合成纤维、化妆品和炸药，以及染料、油墨等的溶剂，配制发动机的抗冻剂，气体脱水剂，也可用于玻璃纸、纤维、皮革、粘合剂的湿润剂。可生产合成树脂 PET、纤维级 PET 即涤纶纤维、瓶片级 PET 用于制作矿泉水瓶等，还可生产醇酸树脂、乙二醛等。除用做汽车用防冻剂外，还用于工业冷量的输送，一般称呼为载冷剂，同时，也可以与水一样用做冷凝剂。

物化性质：无色、无臭有甜味液体。对动物有毒性，人类致死剂量约为 1.6 g/kg。熔点 -12.9 ℃。沸点 197.3 ℃。能与水、丙酮互溶，但在醚类中溶解度较小。

危险特性：遇明火、高热或与氧化剂接触，有引起燃烧爆炸的危险。若遇高热，容器内压增大，有开裂和爆炸的危险。国内尚未见本品急慢性中毒的报道。国外的急性中毒多系因误服。吸入中毒表现为反复发作性昏厥，并可有眼球震颤，淋巴细胞增多。口服后急性中毒分三个阶段：第一阶段主要为中枢神经系统症状，轻者似乙醇中毒表现，重者迅速产生昏迷抽搐，最后死亡；第二阶段，心肺症状明显，严重病例可有肺水肿、支气管肺炎、心力衰竭；第三阶段主要表现为不同程度的肾功能衰竭。人的本品一次口服致死量估计为 1.4 mL/kg（1.56 g/kg）。

应急处理：①消防方法：可用泡沫、二氧化碳、干粉、四氯化碳、砂土扑灭，用水灭火无效。②急救：脱去污染者衣着，立即用流动清水彻底冲洗。再用肥皂水彻底清洗。眼睛接触者立即提起眼睑，用大量流动水彻底冲洗，至少冲洗 15 分钟以上。吸入者迅速脱离现场至空气新鲜处，安置休息并保暖。呼吸困难者给输氧。严重者进行人工呼吸，立即就医。误服者立即用 1:2000 高锰酸钾溶液洗胃，腹泻严重者送医院就医。

储运须知：①包装标志：易燃液体。②包装方法：用镀锌铁桶包装。③储运条件：储存时应密封，长期储存要氮封、防潮、防火、防冻。按易燃化学品规定储运。

泄漏处理：疏散泄漏污染区人员至安全区，禁止无关人员进入污染区，切断火源，建议应急处理人员戴自给式呼吸器，穿一般消防服，在确保安全的情况下堵漏，喷水会减少蒸发，但不能降低泄漏物在受限制空间内的易燃性。用砂土或其他不燃性吸附剂混合吸收，倒至空旷地方掩埋。被污染区地面进行通风，蒸发残余液体并排除蒸气。然后收集运至废物处理所处理。也可用大量水或洗涤剂冲洗，经稀释的污水排入废水系统。如大量泄漏，利用围堤收容，然后收集、转移、回收或无害处理后废弃。

34. 乙烯

分子式：C_2H_4

分子量：28.06

英文名称：Ethylene

别名：高纯乙烯

危险分类及编号：易燃气体。GB2.1 类 21016。CAS 74-85-1。UN No.1962。IMDG CODE 2131 页，2.1 类。副危险 3 类。

用途：用于制造塑料，合成乙醇、乙醛，合成纤维等的重要原料。

物化性质：无色气体，略具烃类特有的臭味。少量乙烯具有淡淡的甜味。熔点 -169.4 ℃。沸点 -103.9 ℃。凝固点 -169.4 ℃。相对密度 0.00127。相对密度（水 =1）0.61。相对蒸气密度（空气 =1）0.99。饱和蒸气压 4083.40 kPa（0 ℃）。燃烧热 1411.0 kJ/mol。临界温度 9.2 ℃。临界压力 5.04 MPa。引燃温度 425 ℃。爆炸极限为 2.74% ～ 36.95%（V/V）。不溶于水，微溶于乙醇、酮、苯，溶于四氯化碳等有机溶剂。

危险特性：易燃，与空气混合能形成爆炸性混合物。遇热源和明火有燃烧爆炸的危险。具有较强的麻醉作用，吸入高浓度乙烯可立即引起意识丧失，无明显的兴奋期，但吸入新鲜空气后，可很快苏醒。对眼睛及呼吸道黏膜有轻微刺激性。液态乙烯可致皮肤冻伤。

应急措施：①消防方法：参照氢气。但必须注意地面和死角处的通风置换。②急救：应使吸入气体的患者脱离污染区，移至新鲜空气处，安置休息并保暖。当呼吸失调时进行输氧，如呼吸停止，立即进行口对口的人工呼吸，并送医院急救。

储运须知：①包装标志：易燃气体。②包装方法：耐压钢瓶装。③储运条件：储存于通风良好的、阴凉的专用库房内，严禁曝晒。远离热源、火源和可燃物。与氧化剂隔离储运。搬运时要戴好钢瓶的安全帽及防震橡皮圈，防止钢瓶撞击。

泄漏处理：迅速撤离泄漏污染区人员至上风处，并进行隔离，严格限制出入。切断火源。建议应急处理人员戴自给正压式呼吸器，穿防静电工作服。尽可能切断泄漏源。合理通风，加速扩散。喷雾状水稀释。如有可能，将漏出气用排风机送至空旷地方或装设适当喷头烧掉。漏气容器要妥善处理，修复、检验后再用。

附录2
煤化工常用词汇和缩写中英文对照

缩写	英文	中文
AB	Anchor Bolt	地脚螺栓
AC	Alternating Current	交流电
Adpt	Adapter	连接器、接头
AL	Aluminium	铝
Alk	Alkaline	碱的、强碱的
Anh	Anhydrous	无水的
App	Apparatus	设备
AS	Alloy steel	合金钢
Asb	Asbestos	石棉
ASL	Above Sea Level	海拔高度
Atm	Atmosphere Pressure	大气压
Auto	Automatic	自动
Aux	Auxiliary	辅助设备、辅助的
Baf	Baffle	折流板、缓冲板
BD	Blow Down	放空、放料
BF	Blind Flange	法兰盖（盲法兰）
Bld	Blind	盲板
BP	Base Plate	底板
BRG	Bearing	轴承
BRKT	Bracket	支架
Cat	Catalyst	触媒、催化剂
Chan	Channel	通道、沟槽、管箱、槽钢
Chk	Check	检查

Col	Column	柱、塔
Corr	Corrosion	腐蚀
CW	Cooling Water	冷却水
DP	Design Pressure	设计压力
DP	Differential Pressure	压差、分压
EF	Electric Furnace	电炉
Emer、Emerg	Emergency	事故、紧急
Encl	Enclosure	密封、封闭
Eq	Equipment	设备
Exh	Exhaust	废气、排气
FL	Full Load	满载
Flg	Flange	法兰
FOS	Factor of Safety	安全系数
FREQ	Frequency	频率
FST	Forged Steel	锻钢
Ftg	Fitting	管件、装配
FV	Full Vacuum	全真空
FW	Fresh Water	新鲜水
Genr	Generator	发电机、发生器
Gl	Glass	玻璃
Gnd	Ground	接地、地面
HP	High Pressure	高压
HR	Rockwell Hardness	洛氏硬度
HT	High Temperature	高温
HW	Hot Water	热水
LN	Liquid Nitrogen	液氮
LN	Level Normal	正常液位
LNG	Liquefied Natural Gas	液化天然气
LP	Low Pressure	低压
LPG	Liquefied Petroleum Gas	液化石油气
LT	Low Temperature	低温
MAWP	Maximum Allowable Working Pressure	最大允许工作压力

MH	Manhole	人孔
MP	Medium Pressure	中压
MPC	Maximum Permissible Concentration	最大许用浓度
MS	Medium Pressure Steam	中压蒸汽
OH	Open Hearth	平炉
Ovhd	Overhead	高架的、顶部的
Oxyg	Oxygen	氧
P	Pressure	压力
PE	Polyethylene	聚乙烯
PFD	Process Flow Diagram	工艺流程图
PID	Piping & Instruments Diagram	管道和仪表流程图
Pl	Plate	板
Pneum	Pneumatic	气、气动
PS	Polystyrene	聚苯乙烯
PVAL	Polyvinyl Alcohol	聚乙烯醇
PVC	Polyvinyl Chloride	聚氯乙烯
PWHT	Post Weld Heat Treatment	焊后热处理
R	Radius	半径
Rad	Radial	径向
Reg	Regulator	调节器
Regen	Regenerator	再生器、再生塔
Rev	Review	评论、检查
Sc	Scale	刻度、比例
SC	Standard Condition	标准状态（温度压力）
Sld	Solid	固体
Smls	Seamless	无缝的
SO	Slip on	平焊（法兰）
Sol	Solution	溶液
SP	Static Pressure	静压力
T	Ton	吨
Temp	Temperature	温度
Thk	Thickness	厚度

Trans	Transfer	输送器
Vac	Vacuum	真空
Vap	Vapor	蒸气
WP	Working Pressure	工作压力
WS	Water Supply	供水
WT	Weight	重量
WV	Wind Velocity	风速
XR	X-Ray	X 射线